JN236516

Word Hacks
プロが教える文書活用テクニック

Andrew Savikas 著

日向 あおい 訳

オライリー・ジャパン

本書で使用するシステム名、製品名は、それぞれ各社の商標、または登録商標です。
なお、本文中では™、®、©マークは省略しています。

WORD HACKS™

Andrew Savikas

O'REILLY®

Beijing · Cambridge · Farnham · Köln · Paris · Sebastopol · Taipei · Tokyo

©2005 O'Reilly Japan, Inc. Authorized translation of the English edition ©2004 O'Reilly Media, Inc. This translation is published and sold by permission of O'Reilly Media, Inc., the owner of all rights to publish and sell the same.

本書は、株式会社オライリー・ジャパンが O'Reilly Media, Inc. の許諾に基づき翻訳したものです。日本語版についての権利は、株式会社オライリー・ジャパンが保有します。

日本語版の内容について、株式会社オライリー・ジャパンは最大限の努力をもって正確を期していますが、本書の内容に基づく運用結果について責任を負いかねますので、ご了承ください。

クレジット

著者紹介

Andrew Savikas は O'Reilly の Tools Group に勤務しており、DTP ほか本の制作部門を技術面でサポートしています。彼は O'Reilly の書籍用の Word テンプレートや VBA マクロを作成・管理しており、どうしても Word を使いたくないという人を除いてすべての著者がこれらのテンプレートなどを利用しています。

彼は FrameMaker、FrameScript、InDesign、DocBook XML、Perl、Python、Ruby、その他興味のあるものを手当たりしだい試してみずにはいられない性格の持ち主です。イリノイ大学アーバナ・シャンペイン校でコミュニケーション学の学位を取得し、現在はボストンに妻の Audrey と暮らしています。

執筆協力者

本書の執筆に当たり、Hack を提供し、あるいはヒントを与えてくれた人々を紹介します。

- Andrew Bruno（http://qnot.org/）はバッファロー大学で計算機科学の学位を取得しました。寒さ厳しいニューヨーク西部で数年間を過ごしていましたが、現在は陽光降り注ぐ北カリフォルニアに在住しています。O'Reilly Media Inc. にソフトウェアエンジニアとして勤務しており、さまざまな社内向けソフトウェアの Hack にいそしむ毎日です。Perl、Java、C++ にも興味を持っています。

- Sean M. Burke は "*RTF Pocket Guide*" や "*Perl and LWP*"（ともに O'Reilly）の著者であり、"*Best of the Perl Journal*" に多くの記事を寄稿しています。Perl によるオープンソースソフトウェアのコミュニティで精力的に活動しており、CPAN に多数のモジュールを提供しています。また彼はマークアップ言語に関する権威でもあります。諸外国語に通じており、ソフトウェアの国際化ツールや方言の保護活動にも関与しています。アラスカ州ケチカン市で、おしゃれなネコ Fang とともに暮らしています。

- Greg Chapmanはかつて機械工でした。しかし長年にわたる思索の結論として、彼は優れたプログラマーが持つ資質の1つを自らも備えているということを悟りました。それは、「何度も繰り返される作業を1回にまとめて楽をするための苦労は惜しまない」という点です。MicrosoftにMVP（Most Valuable Professional）として認定された経歴を持ち、寝る暇も惜しんでMicrosoft製品ユーザーのコミュニティで活躍してきました。この活動の中で彼は、Wordが開発やシステム管理などにも便利であり、これを使いこなせばたくさん楽をできるという考えを持つにいたりました。彼の活動の一環はDian ChapmanによるオンラインマガジンのTechTrax（http://www.mousetrax.com/）で垣間見ることもできます。イリノイ州シカゴ在住。

- Paul Edsteinは1980年代後半から、主に文書作成と表計算の目的でパソコンを利用してきました。これらのソフトを試しているうちに、アセンブリ言語、VB、VBAなどに興味を持つようになりました。また、彼はメインフレームなどのサーバー向けアプリケーションもいくつか作成しています。Microsoft Office製品に対する豊富な利用経験を生かし、2002年ごろからさまざまな関連するニュースグループで精力的に活動しています。その中で対数、三角関数、日数などの計算をWordで行ったり、マクロを使わずにフィールドコードだけで各種の自動処理を行う方法などを彼は発見してきました。

- Guy Hart-Davis は、Windows版がまだ存在しなかった時代からWordを使いこなしてきました。趣味と実益を兼ねてマクロやコンピュータ全般に関する本も執筆しています。主な著書は"*Windows XP and Office 2003 Keyboard Shortcuts*"、"*Mac OS X and Office v.X Keyboard Shortcuts*"、"*Adobe Creative Suite Keyboard Shortcuts*"（すべてMcGraw-Hill）です。

- Evan Lenzは主にXSLTを得意とするアプリケーション開発者です。W3CのXSLワーキンググループのメンバーであり、XPath 2.0、XSLT 2.0、XQuery 1.0などの仕様策定に携わってきました。XML関連のコンファレンスで講演を多数行っており、"*Early Adopter XQuery*"の前書きや"*Professional XML, Second Edition*"（ともにWrox）の執筆も行っています。また、彼はWheaton大学でピアノの奏法や演奏理論を専攻し、音楽学の学位を取得しました。妻Lisaと息子Samuelとともに、ワシントン州シアトルに在住。Webサイトのアドレスは http://www.xmlportfolio.com/ です。

- Jack M. Lyonは編集者ですが、ここ数年は編集の単純作業に疲れを感じ始めてWord上での作業を自動化するプログラムを作り始めました。1996年にEditorium（http://www.editorium.com/）を開設し、同業者向けにこれらのプログラムを提供しています。また、Wordを使った編集作業に関するニュースレター Editorium Update を発

行しており、無料で購読できます。ソルトレークシティーにある出版社で編集局長を務めるかたわら、"Managing the Obvious"というビジネス書も執筆しています。

- Gus Perez（http://blogs.msdn.com/gusperez/）はMicrosoftで、C#コンパイラの品質管理に関するリーダーを務めています。Microsoftに入社してほぼ6年になりますが、その間Visual J++やVisual C++の開発グループを経てC#にはプロジェクトの開始時から携わっています。オフタイムには趣味でプログラムを書いたり、地元シアトルの小さなロックバンド（http://opus80.com/）でギターを弾いたりしています。シアトルは雨の街として有名ですが、ちょっとでも天気がよければゴルフに出かけています。

- Shyam Pillai（http://www.mvps.org/skp/）

- Phil Rabichowは検察官の仕事を辞めた後、ここ10年ほどの間パソコンやWordいじりに精を出すようになりました。Office関連のツールを集めたサイトWOPRで精力的に活動し、2001年1月にはこのサイトで「最も貢献度の高い人物」に認定されました。趣味は娘が所属しているサッカーチームの指導、ビリヤード、テニス、登山などです。

- Christopher Rath は、1977年にプログラム電卓HP-41Cを手に入れて以来のコンピュータマニアです。HP-41C用のマイクロコードを書いてきた経験を生かし、最初の就職先として産業用コンピュータのオペレーターを選びました。聖歌集用のLaTeXスタイルファイルや、本書でも紹介するVBacsなどが彼の作品として有名です。現在では、20年以上にわたるIT業界での経験を武器にビジネスコンサルタントとして活躍しており、IT投資から得られる価値の向上に取り組んでいます。

- Omar Shahine（http://www.shahine.com/omar/）は、MicrosoftでHotmailのフロントエンドを開発しているチームのリードプログラムマネージャを務めています。以前はMicrosoftのMacintosh Business Unitに所属しており、Outlook Express、Entourge、Virtual PCなどの開発におよそ5年間携わっていました。

はじめに

　この世の中で、Microsoft Word ほど幅広く普及しているアプリケーションはありません。Word が初めてリリースされたのは 20 年以上前のことであり、移り変わりの激しいコンピュータ業界においてはほぼ永遠と言ってよいほどの長い歴史を持っています。Word の競合製品としてはオープンソースの OpenOffice.org などがありますが、これらはすべて Word に似た操作性や Word との互換性の実現を目指しています。ほとんどの人が、ワープロソフトと言えば Word のことを最初に思い浮かべるのではないでしょうか。

　Word は単にワープロソフトとして強力なだけでなく、他にもさまざまな機能を提供してくれています。ほぼ無限にカスタマイズでき、デフォルトのままの機能やユーザーインタフェースを使い続けるのは野暮というものです。また、VBA（Visual Basic for Applications）を使ってプログラムを作成すれば、キーボードとマウスを使うよりもずっと高速かつ自由に Word を操作できます。

　VBA を使って作成された、Word を操作するためのプログラムは一般的に「マクロ」と呼ばれます。マクロはもともと「マクロコマンド」の略であり、あるアプリケーションに対して実行された一連のコマンド（キーボード入力なども含む）を記録しておき、後でこれらのコマンドを一度の操作でまとめて実行してしまおうというものです。確かに VBA を使えば Word 上でマクロを記録できますが、VBA にできることはこれだけではありません。VBA は強力な、れっきとしたプログラミング言語なのです。しかし残念ながら、本来の意味のマクロだけでなく VBA を使ったプログラムはすべてマクロと呼ばれてしまうことが多いため、本書でもこの慣習に従うことにします。

本書の意義

　マスメディアは「ハッキング」という言葉に悪いイメージを結び付けてしまいました。一般的に「ハッカー」とは、コンピュータを悪用して他のシステムに侵入したり混乱に陥れたりする人々のことを指します。しかしプログラマーの間では、「ハック（Hack）」という言葉は「手っ取り早い解決策」とか「冴えたやり方」といった意味を持ちます。さらに、プログ

ラマーにとってハッカーとはほめ言葉であり、創造的で物事を解決するための斬新な視点を持っているという意味なのです。O'ReillyのHacksシリーズももちろんこのような見地に立って書かれており、良い意味でのHackそしてHack魂とでも言うべきものを読者に伝えることを目指しています。何か新しいことを学ぶには、先輩のやり方にならうのが一番です。

本書『Word Hacks』は、Wordに関する皆さんの悩みを解消すべく執筆されました。例えば何度も繰り返される作業の自動化、Wordでできるとは思われてもいなかったような機能の実行、メニュー項目の並べ替え、他のプログラムからWordを操作する方法などを紹介しています。一方Wordは無数のユーザーによって日常的に使われていますが、各ユーザーが抱える問題は人それぞれであり、そのすべてを本書1冊で解消することは残念ながら不可能です。そこで、本書ではこのような問題を解決するためのツールやヒントを提供するということも目指しています。本書には初級から上級にいたるまでさまざまなHackが掲載されていますが、これらが必ずしも皆さんの悩みをすべて解消してくれるわけではないということは心に留めておいてください。

本書で紹介するHackのほとんどは、VBAに関する知識がまったくなくても利用できます。ただし、真のHackにとってVBAは不可欠であり、本書中のマクロを眺めているうちにVBAについていろいろ分かってくることもあるのではないでしょうか。

本書中のマクロについては、頑健性よりも読みやすさを優先して記述しています。これらのコードを業務あるいは製品の中で利用しようという場合は、エラー処理やデータの検証のためのコードを必ず追加するようにしてください。また、読みやすさを優先した結果コードの処理速度が若干低下している場合もあります。ただし、ほとんどのWordユーザーにとってこの違いはほとんど気にならない程度のものです。大きなサイズの文書を扱う場合には、読みやすさを多少犠牲にしてでも処理速度を追求しなければならない場合があるかもしれません。このような場合は [Hack #47] で紹介するようなテクニックが役に立つでしょう。

本書の使用法

本書中のHackはそれぞれ完結するように記述されており、読者が興味を持ったものを拾い読みできるようにしてあります。複数のHackの間に依存関係がある場合も、その旨明記してあるので安心してください。もちろん、1ページ目から順に読み進めていってもかまいません。

Wordをカスタマイズすることの便利さに気付き始めたビギナーから、さまざまな問題解決のための方策を追い求めるマクロの達人にいたるまで、本書は幅広い読者を対象としています。また、Wordに対する史上最大級の機能追加であるXML（Extensible Markup Language）についても本書では多くのHackで解説しています。このデータ形式を利用すると、作成した文書をWord以外のユーザーとも共有できるようになります。

Word のバージョンについて

現在使われている Word 2000、Word 2002（Word XP）、Word 2003 など各種のバージョンにはそれぞれ機能面などに微妙な違いがあります。本書で紹介する Hack のほとんどはこれらのどのバージョンでも正しく動作しますが、旧バージョンでは利用できない機能を使っている場合はその旨明記してあります。なお、Word 97 でも多くの Hack は動作するはずですが、本書では対象外としたいと思います。Word 97 愛好家の皆さん、ごめんなさい。

7章で紹介する XML 関連の機能のうち一部は Word 2003 でのみ利用できます。Word 2003 の中でも微妙なバージョンの違いがあり、動作したりしなかったりする機能もあります。そのような場合は本文中に明記してあります。代わりに、まだ Word 2000 などを使っている多くのユーザーのために、以降のバージョンで追加された機能と同等のものを利用できるようにするための Hack もいくつか紹介しています。これらの Hack を使えば、わざわざお金を払って Word をアップグレードせずにすむかもしれません。

（もちろんいい意味での）ハッカーの観点から見ると、残念ながら Macintosh 版の Word と Windows 版の Word はまったく別のプログラムといっていいほど異なります。実際に Macintosh 版の Word 上でマクロを書いてみればきっと分かると思います。本書で紹介する Hack の中には Macintosh 版でも動作するものもいくつかあるはずですが、本書は Windows 版の Word のみをサポートすることにします。

参考資料

本書中の Hack のうち上級者向けのもののいくつかについては、あらかじめ参考資料で学習しておくと理解が進むでしょう。Word やマクロのリファレンスとしては、O'Reilly から出版されている以下の書籍が役に立つと思われます。

- *Word Pocket Guide*
- *Writing Word Macros*
- *VB and VBA in a Nutshell*

Word に関する Web サイトは数多くあり、ユーザー同士が情報交換する大規模なオンラインコミュニティがそれらのそれぞれに付随しています。以下のサイトは特に役に立ちます。

- Microsoft Office の公式サイト（http://office.microsoft.com/）
  Microsoft 発のニュースや記事、ヒントなどが掲載されています。

- Office Update（http://office.microsoft.com/officeupdate/）

Office関連製品のアップデートのためのサイトです。サービスパック、セキュリティパッチ、その他のアップデート、アドインなどをダウンロードできます。

- マイクロソフト ヘルプとサポート（http://support.microsoft.com/）
Microsoftの全製品に関する技術情報が掲載されています。膨大なハウツー情報や技術的な記事を検索できます。

- Woody's Watch（http://www.woodyswatch.com/、英文）
Woody LeonhardによるOffice関連のヒント、最新情報、ニュースレターなどが掲載されています。

- WordのMVP（Most Valuable Professional）サイト（http://word.mvps.org/、英文）
Wordユーザーコミュニティへの多大な貢献がMicrosoftによって認められた人々のサイトです。Wordに関するFAQ、チュートリアル、ツールのダウンロード、その他さまざまな情報で構成されています。

- Word関連のニュースグループ
Wordに関する議論を取り扱うニュースグループがMicrosoftによって運営されています。これらのニュースはOutlook Expressやバージョン5.0以降のInternet Explorerを使って閲覧できます。ニュースサーバーのアドレスは news://msnews.microsoft.com/（設定によってはmsnews.microsoft.comだけでもOK）です。Word関連のニュースグループ名はすべてmicrosoft.public.word（英文）で始まります。日本語のニュースグループ（microsoft.public.jp.word）も開設されています。

- Microsoft Office テンプレート（http://office.microsoft.com/templates/）
Wordやその他のOffice製品用のテンプレートがMicrosoftによって提供されています。

本書の構成

本書で紹介するHackは、そのジャンルに応じて以下の7章に分けられています。

1章 Hackの基礎

本書を構成する他のHackすべての基礎となるような知識やテクニックを紹介します。メニューやツールバーをカスタマイズしたり、VBAを使ってマクロを作成する際のヒントについて解説します。

2章　Wordの基本操作

Wordの基本的な使い勝手を向上させるためのHackを紹介します。文書を開いたり新規作成したりするときなどに役立つでしょう。

3章　文書の作成

文書に対する書式の設定を中心に、アウトラインやテンプレートに関するHackなども紹介します。

4章　便利な編集テクニック

面倒な処理を文書全体に対して一括実行したり、高度な検索・置換機能を使いこなしたりするためのHackを紹介します。効率的な編集作業を追求するあなたに捧げます。

5章　マクロ

マクロの利便性を向上させるためのHackが満載です。中上級のHackとして、プログレスバーの作り方やアプリケーションイベントの利用方法なども紹介します。

6章　フィールド

フィールドは一見複雑そうに思えますが、文書の内容をさまざまに書き換えるためのとても強力な機能を提供してくれます。この章ではフィールドを活用し、日付計算を行ったり連番を作成したりするための方法を紹介します。

7章　アプリケーション間連携とXML

この章ではWordと他のアプリケーションを連携させるためのさまざまなHackについて解説します。Wordと他のアプリケーションとの間で相互に呼び出しを行ったり、XMLやXSLT（Extensible Stylesheet Language Transformations）を使ってWord文書を作成したりします。Wordの中からGoogleを使って検索を行う方法も紹介します。

表記上のルール

本書では、次に示す表記上のルールに従います。

等幅(Constant Width)

プログラムコードやその断片、ファイルの内容、コンソールへの出力、変数名、コマンドなどを表します。マクロ名やモジュール名にも用います。

等幅太字(Constant Width Bold)

コードの中で強調すべき部分（古いコードに対して追加された箇所など）や、ユーザー

がそのまま文字通り入力する必要のある部分に使います。

等幅イタリック(*Constant width italic***)**
コードや表などの中で、ユーザーが各自の環境に応じて適宜置き換える必要のある部分を示します。

アンダースコア(_)
VBAでは、アンダースコアは「行継続文字」として扱われます。つまり、コード中の行末にアンダースコアが記述されている場合、その文は次の行にも継続しているという意味になります。アンダースコアを使うことによって、コードの横幅を一定に収められるだけでなく読みやすさも向上します。アンダースコアの使用は必須ではありませんが、もし使う場合は行の末尾で、空白文字に続けて記述する必要があります。

改行マーク(↵)
フィールドコード(6章参照)が次の行にも継続していることを示します。このような改行を入力するには、Shiftキーを押しながらEnterキーを押します。この記号は、［ツール(T)］→［オプション(O)...］を選択したときに［表示］タブで［段落記号(M)］がチェックされている場合のみ表示されます。

以下のアイコンとともに示された文章は注意書きを表します。

このアイコンはちょっとしたコツやヒント、一般的なメモなどを表します。紹介されているHackに関する有益な情報が含まれています。

このアイコンは警告や注意事項を表します。ここに記述されている事柄を守らないと、財産の損失や個人情報の流出を招くかもしれません。

それぞれのHackの冒頭に表示されている温度計アイコンは、そのHackの相対的な難易度を表します。

 初級レベル　　 中級レベル　　 上級レベル

使用上の注意

本書で紹介するすべてのスクリプト、ツール、操作手順やリソースは動作確認済みですが、筆者や執筆協力者はこれらが読者の環境でも正しく動作するということを保証できません。また、これらの使用から生じた損害について筆者たちは責任を負いません。本書の情報は自

己責任の下での利用が求められており、製品レベルの信頼性が求められる環境下で利用する場合はあらかじめ動作確認を行っておくことを強くお勧めします。

本書は読者の方々の作業を手助けすることを目的として執筆されました。原則的に、本書で紹介するコードは読者自身のプログラムやドキュメントなどの中で自由に使ってかまいません。コードをほぼそのまま転載して書籍や記事などを作成するというケースでもない限り、特に許可を得る必要もありません。例えば、本書のコードの一部分を使ってプログラムを作成したり、質問を受けた際に本書の記述やサンプルコードを引用して回答したりする場合には許可は必要ありません。一方、オライリーの書籍からサンプルコードを転載したCD-ROMを販売および配布したり、本書中のサンプルコードの大部分をコピーして製品のドキュメントに含めたりする場合にはあらかじめ許可を取ってください。

本書の内容を引用される場合は、引用元(タイトル、著者、監訳者および訳者、出版社、ISBNといった情報)を明記していただけると幸いです。

上に述べたような条件の範囲外でサンプルコードを利用したい場合は、japan@oreilly.comまでお気軽にご相談ください。

意見と質問

本書(日本語翻訳版)の内容は最大限の努力をして検証/確認していますが、誤り、不正確な点、誤解や混乱を招くような表現、単純な誤植などに気が付かれることもあるかもしれません。本書を読んでいて気付いたことは、今後の版で改善できるように我々に知らせてください。将来の改訂に関する提案なども歓迎します。連絡先を以下に示します。

株式会社オライリー・ジャパン
〒160-0002　東京都新宿区坂町26番地27 インテリジェントプラザビル1F
電話　　　　03-3356-5227
FAX　　　　03-3356-5261
電子メール　japan@oreilly.co.jp

カタログなどのご要望は、次のあて先に電子メールを送ってください。

info@oreilly.com(英文)
japan@oreilly.co.jp

本書に関する技術的な質問や意見は、次のあて先に電子メールを送ってください。

bookquestions@oreilly.com(英文)
japan@oreilly.co.jp

本書の正誤表、サンプルコード、その他追加情報などは、次のWebサイトを参照してください。日本語翻訳版で使用したサンプルのExcelファイルは、オライリー・ジャパンのWebページからダウンロードできます。

http://www.oreilly.com/catalog/wordhks/（英文）

http://www.oreilly.co.jp/books/4873112389/

オライリーに関するその他の情報（文献、会議、リソースセンター、O'Reilly Networkに関する情報）は、次のオライリーのWebサイトを参照してください。

http://www.oreilly.com/（英文）

http://www.oreilly.co.jp/

オライリーのHacksシリーズに関する情報は、次のオライリーのWebサイトを参照してください。

http://hacks.oreilly.com/（英文）

謝辞

まず一番に、O'Reillyの同僚たちに感謝します。彼らは他の誰にもできないほどの充実したエキサイティングな作業環境を私に与えてくれました。本書の執筆というすばらしいチャンスを得られたのはRael Dornfest、Simon St. Laurent、Robert Luhnのおかげです。また、私の初めての著書である本書をまとめ上げてくれた、有能で誠実な編集担当Brett Johnsonにも感謝します。Steve Saundersは本書をレビューし、単なるコメントやヒント以上の有益なアドバイスを与えてくれました。Rachel Wheelerは原稿整理を行ってくれました。Mary Anne Weeks Mayoにも感謝します。Claire Cloutierは私に、Wordに関するさまざまな事柄を検証してみるチャンスを与えてくれました。これらの事柄が後にHackとして本書に結実しました。

本書にHackを提供してくれたAndrew Bruno、Sean M. Burke、Ian Burrell、Greg Chapman、Paul Edstein、Guy Hart-Davis、Evan Lenz、Jack M. Lyon、Gus Perez、Shyam Pillai、Phil Rabichow、Christopher Rath、Omar Shahineにも感謝します。彼らはみなスマートかつ創造的なHackを提供してくれただけでなく、他のWordユーザーすべてとHackを共有したいという、真のHacker精神の持ち主です。また、WOPR Lounge（http://www.wopr.com/、英文）の参加者にも感謝します。このLoungeはWordに関して人の手助けをしたくてたまらないという人々の集合体です。中でもJefferson Scherはとても複雑なコードを読みやすく編集し、Gary Friederはとても有益なフィードバックやヒントを私に与えてくれました。

もちろん、数ヶ月にもわたる本書の執筆の間コンピュータに向かいっきりだった私を許してくれた家族と友人にも感謝します。最後に妻Audreyの忍耐とサポートと愛、そして当初は自分ですら自信がなかった本書の執筆を成し遂げると確信し続けてくれていたことに最大の感謝を捧げます。

目次

クレジット v
はじめに ix

1章　Hackの基礎 1
1. 作業環境の整備 1
2. マクロ入門 8

2章　Wordの基本操作 19
3. ショートカットメニューをカスタマイズする 19
4. 自分用の表示方法を作成して保存する 23
5. 最後に保存したときの状態に戻す 27
6. ［ファイル］→［開く...］の参照先フォルダを簡単に変更する 29
7. 設定項目の値を一覧表示する 31
8. Word文書をInternet Explorer上で表示しないようにする 32
9. ［新しい文書］作業ウィンドウをカスタマイズする 35
10. Officeアシスタントをカスタマイズする 41
11. ［最近使ったファイル］の機能を強化する 45
12. トラブルシューティングの定石 54
13. Wordの起動方法を変更する 59

3章　文書の作成 67
14. フォントの一覧を表示する 67
15. タブを使って下線を引く 72
16. スタイルに分かりやすい別名を付ける 75
17. 簡単な棒グラフを作成する 77

- 18. 表のすぐ下に脚注を表示する 80
- 19. 長いセクションの各ページにタイトルを表示する 82
- 20. 画像の周囲に枠線を表示する 83
- 21. 見出しの一部分だけを目次に表示する 88
- 22. 前後の文脈に応じてスタイルを変更する 91
- 23. 箇条書きと段落番号を使いこなす 93
- 24. 見出しだけを含む文書を作成する 101
- 25. アウトラインを使って組織図を作成する 103
- 26. ワークグループテンプレートを簡単に適用する 106

4章　便利な編集テクニック 109

- 27. Emacs風のキー入力でWordを操作する 109
- 28. 簡単な計算を行う 113
- 29. 文字コードを使って特殊文字を入力・検索する 116
- 30. 正規表現を使って検索する 120
- 31. 複数のファイルに対して検索や置換を行う 126
- 32. 上書きモードを無効化する 128
- 33. すべてのハイパーリンクを解除する 131
- 34. すべてのブックマークを削除する 134
- 35. すべてのコメントを削除する 135
- 36. コメントを通常の文字列に変換する 137
- 37. 文書の内容をテキストとしてOutlookで送信する 139
- 38. 自動生成された文字スタイルを削除する 142
- 39. リストテンプレートを削除してファイルサイズを節約する 149

5章　マクロ 155

- 40. テンプレートを使ってマクロを管理する 155
- 41. ［マクロ］ダイアログボックスに余計なマクロを表示しない 158
- 42. フォルダ内のすべてのファイルに対してマクロを実行する 160
- 43. マクロを自動実行する 163
- 44. Wordコマンドの動作を変更する 164
- 45. アプリケーションイベントを利用する 168
- 46. 標準のダイアログボックスを呼び出す 171
- 47. VBAのコードを高速化するヒント 175

	48. 処理の進行状況を表示する 178
	49. .iniファイルに設定やデータを記録する 185
	50. ボタン用のアイコンを一覧表示する 187

6章 フィールド 191

51. テキスト入力欄を簡単に作成する 192
52. 頻繁に入力される語句をショートカットメニューに登録する 193
53. DATEフィールドを使いこなす 195
54. 数式フィールドを使って計算を行う 201
55. フィールドに表示される数値の表示形式を指定する 207
56. フィールドを使って複雑な計算を行う 208
57. 図表番号の機能を拡張する 211
58. 文書に通し番号を付ける 214
59. 相互参照の作成を自動化する 217
60. 文書間で相互参照を行う 222
61. フィールドコードと文字列を相互変換する 227

7章 アプリケーション間連携とXML 233

62. Adobe Acrobatを使わずにPDFファイルを作成する 234
63. 他のアプリケーションからWordを操作する 237
64. WordからPerlのコードを呼び出す 243
65. XML処理のためのツールを入手する 251
66. メモ帳を使ってWord文書を作成する 253
67. XML文書をWord文書に変換する 255
68. XSLTを使って複数のWord文書を一括処理する 262
69. XSLTを使って文書を整形する 266
70. Word上でGoogleサーチを行う 270

索引 277

1章
Hackの基礎
Hack #1-2

　Word以上の柔軟性を持ったソフトウェアはほとんどありません。全世界で数千万人にも上るであろうWordユーザー一人一人のニーズにこたえるため、Wordはバージョンアップのたびにその柔軟性を向上させてきました。しかし残念なことに、ほとんどのWordユーザーはこの柔軟性に気付いておらず、Wordをデフォルトの設定のまま何ヶ月あるいは何年も使い続けてしまっています。

　確かに、今まで長い間Wordを使い慣れてきた人にとって新しい操作方法を身に付けるというのは負担を伴います。このような人々はきっと、自分の思い通りにならない段落番号に1日20回は怒りを覚え、長文のレポートで使われているすべての見出しのフォントサイズを変更するのにまるまる2時間はかけていることでしょう。それでも1つ1つを手作業で修正する方法自体はシンプルなので、わざわざ未知の操作を学ぼうとは思わないユーザーが多いのではないでしょうか。

　もし上の段落の内容が自分にも当てはまると思ったなら、今こそHackの世界に飛び込むチャンスです。この章ではWordの仕組みを知るためのきっかけをお教えするとともに、すべてのHackの基礎となる知識を紹介します。このような初歩的な内容はもうすべて知っているという読者も、準備体操のつもりでお付き合いください。

Wordに関する基礎知識を深めたい読者には、"*Word Pocket Guide*" (O'Reilly)をお勧めします。Hackを志すすべてのWordユーザーにとってリファレンスガイドとして役立つでしょう。

作業環境の整備
［ツール］メニューを探検し、ツールバーやメニュー、ウィンドウなどをカスタマイズしてみましょう。

　Wordの作業環境にほんの少し手を入れるだけで、作業の効率は大幅にアップします。そのための窓口となるのが［ツール(T)］→［ユーザー設定(C)...］です。このメニュー項目を選

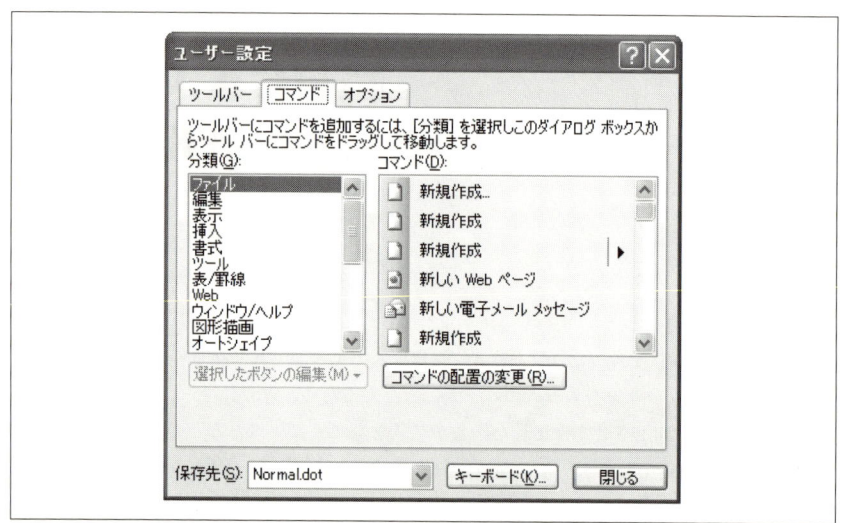

図1-1 ［ユーザー設定］ダイアログボックス

択すると、**図1-1**のようなダイアログボックスが表示されます。これが表示されている間、メニューとツールバーはそれら自身をカスタマイズするためのユーザーインタフェースとしての役割を果たします。ここでメニュー項目やツールバーのボタンの移動、その内容や名前の変更、削除などを行えます。

ここでは［コマンド］タブがとても重要な役割を果たします。もちろん他の［ツールバー］や［オプション］タブも Word を正しく理解し Hack するために重要ですが、ここでは［コマンド］タブに注目します。

その前にまず、訳の分からない設定項目が並ぶ［オプション］タブ(**図1-2**)について見ておきましょう。［常にすべてのメニューを表示する(N)］をチェックすると、一部のメニュー項目しか表示されなくなるという悪名高い機能が無効化されます。処理の遅いコンピュータを使っている場合、［フォント名をそのフォントで表示する(F)］のチェックを外すとフォント変更時の処理が高速化されるのでお勧めです。また［ボタン名と一緒にショートカットキーを表示する(H)］をチェックすると、よく使うボタンに対応するショートカットキーを覚えるのに役立ちます。

［ツールバー］タブはツールバーを管理するためのもので、表示されるツールバーを変更したり元に戻したりできます。自分でツールバーを作り、あるいはそれを削除することもできます。［ショートカットメニュー］ツールバー(**[Hack #3]**)を表示させるために使うのもこのタブです。

このダイアログボックスのいずれかのタブで［キーボード(K)...］をクリックすると、

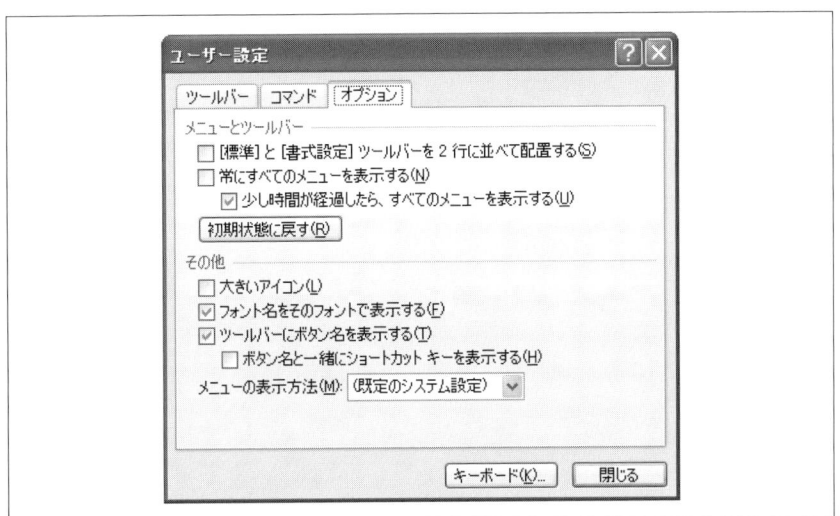

図1-2 [ユーザー設定] ダイアログボックスの [オプション] タブ

ショートカットキーを追加・削除・変更できます。

さて、話を [コマンド] タブに戻します。これから紹介する Hack を使い、ツールバーの中身に手を入れてみましょう。

ツールバー上のボタンを入れ替える

[標準] ツールバーには [表の挿入(I) ...] や [Microsoft Excel ワークシートの挿入(I)] というボタンがありますが、これらのボタンの隣にはなぜか [段組み(C)...] ボタンが配置されています。そこで、この [段組み(C)...] の代わりに [並べ替え(S)...] が表示されるようにしてみましょう。そうすれば、例えば表を作成してからその中のデータを並べ替えるといった処理を直感的に行えるようになります。

もちろん、並べ替えの処理対象は必ずしも表の中に含まれている必要はありません。例えば通常のテキストとして入力された人名録などに対しても並べ替えは可能です。

では早速やってみましょう。

まず [ツール(T)] → [ユーザー設定(C)...] を選択します。次に、[標準] ツールバー上の [段組み(C)...] ボタンを [ユーザー設定] ダイアログボックスへドラッグします。すると [段

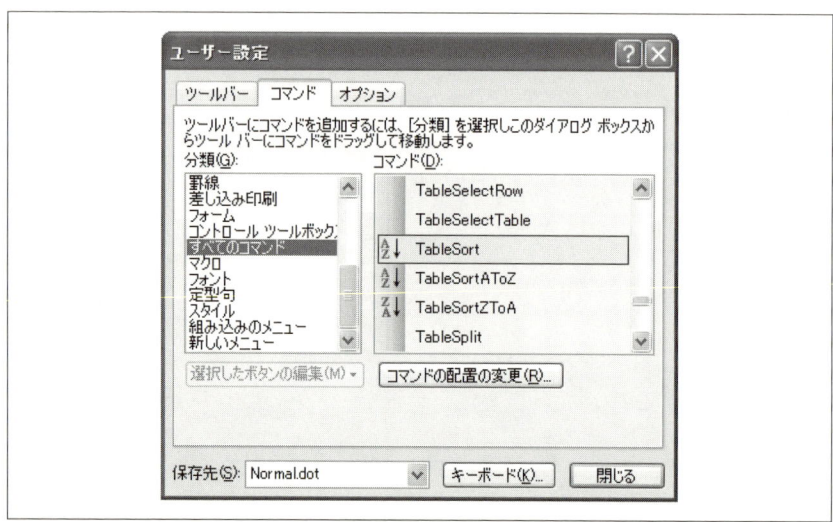

図1-3 ［TableSort］コマンド

組み(C)...］ボタンは表示されなくなりました。でもこのボタンが永遠に消えてなくなってしまうわけではないので、心配はいりません。

次に、［ユーザー設定］ダイアログボックスで［コマンド］タブをクリックし、［保存先(S)］に［Normal.dot］が選ばれていることを確認してください。こうしておけば、これから行う変更がすべての文書に対して適用されます。開いた文書が他のテンプレートを利用していても大丈夫です。

Normal.dotに対して行った変更内容を保管するには、Wordをいったん終了する必要があります。

左側の［分類(G)］から［すべてのコマンド］を選び、次に右側の［コマンド(D)］から［TableSort］を選びます（図1-3参照）。これを［標準］ツールバーの［Microsoft Excel ワークシートの挿入(I)］の隣までドラッグします。

はじめは、ボタンの位置に処理の名前を表す文字列が表示されます。ここにアイコンを表示させるためには、［ユーザー設定］ダイアログボックスが開いたままの状態でボタンを右クリックし、図1-4のように［既定のスタイル(U)］を選択します。ダイアログボックスを閉じると、追加したボタンが実際に使えるようになります。

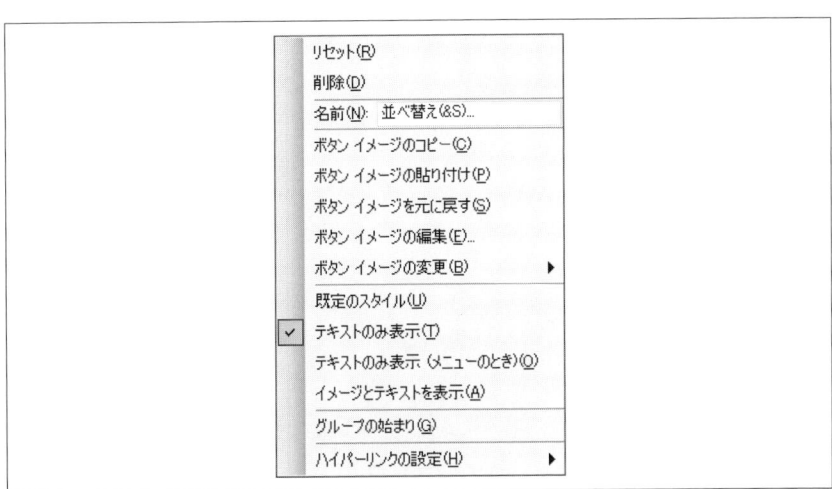

図1-4 ボタンの表示を文字列からアイコンに変更する

メニュー項目を変更する

多くのWordユーザーは脚注の機能を活用していると思われます。しかしWord 2002以降では図1-5のように、［脚注(N)...］のコマンドが［挿入(I)］メニューの直下から［参照(N)］

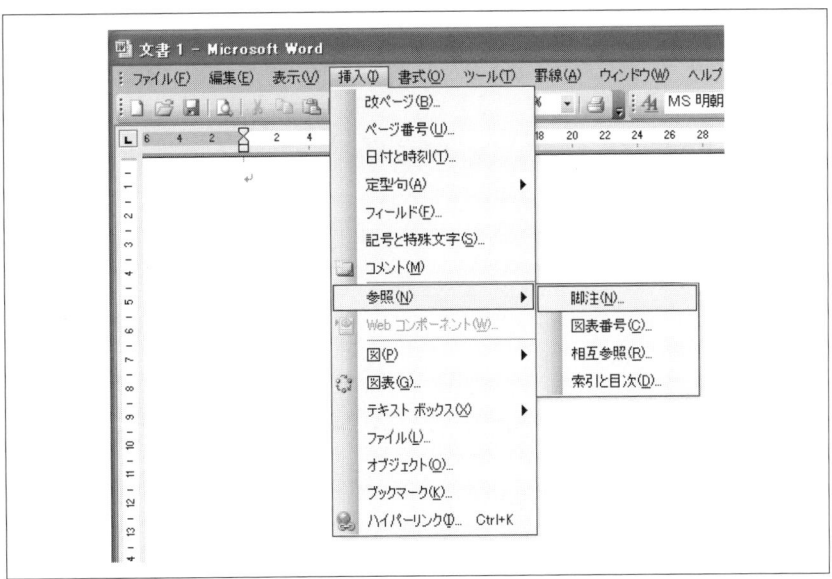

図1-5 ［脚注(N)...］コマンド

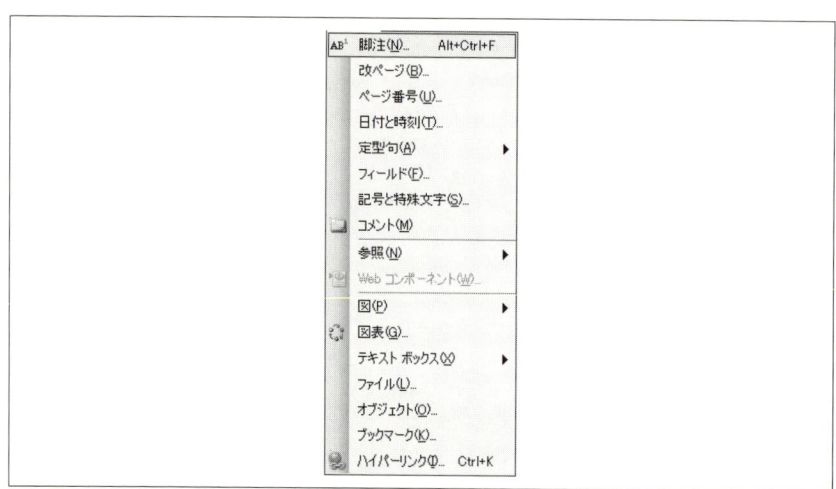

図1-6 メニュー項目を任意の場所に表示させる

サブメニューの中へと移動してしまいました。

そこでこのコマンドを［挿入(I)］メニューの直下に戻し、呼び出しやすいようにしてみましょう。

まず［ツール(T)］→［ユーザー設定(C)...］を選択し、［コマンド］タブで［保存先(S)］が［Normal.dot］になっていることを確認します(前項参照)。

次に［分類(G)］から［挿入］を選び、［コマンド(D)］で［脚注...］を選びます。これを図1-6のように、［挿入(I)］メニューの中にドラッグします。

［ユーザー設定］ダイアログボックスを閉じると、ドラッグされた［脚注(N)...］コマンドが利用できるようになります。

便利な表示オプション

ここで紹介する表示オプションを設定しておくと、書式関連の機能を正しく理解し使いこなす上で非常に役に立ちます。

Word文書にはさまざまなデータが含まれています。文字列や図表はもとより、文書に設定された書式を表すための目に見えない編集記号も存在します。

このような編集記号を表示させるには、［ツール(T)］→［オプション(O)...］を選択し、［表示］タブで以下の項目をチェックします。

- ［段落記号(M)］

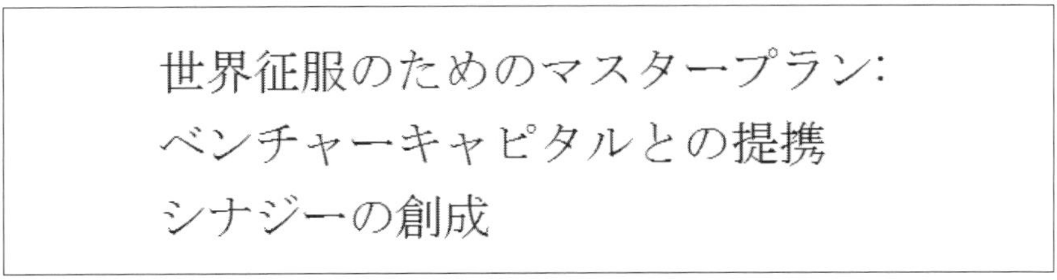

作業環境の整備 | 7 | HACK #1

> 世界征服のためのマスタープラン:
> ベンチャーキャピタルとの提携
> シナジーの創成

図1-7　これから書式設定しようとしている文字列

- ［タブ(T)］
- ［ブックマーク(K)］

　［フィールドの網掛け表示(:)］は［表示する］に指定しましょう。
　もちろん、これらの編集記号は印刷されません。編集記号がない状態の文書を確認したい場合は、［ファイル(F)］→［印刷プレビュー(V)］を選択します。
　本書中の他のHackを試しているうちに、編集記号を表示することのメリットは次第に明らかになるでしょう。端的な例を1つ示します。
　例えば上司が作成したレポートに、箇条書きや中央揃えされた見出しを追加しなければならないとします。今のところ、レポートは図1-7のように単なる文字列のままです。
　まず1行目を見出しとして中央揃えし、2行目と3行目を箇条書きにしなければなりません。そこで、1行目を選択した状態で［書式設定］ツールバーの［中央揃え］ボタンをクリックします。しかし、なぜか図1-8のように2行目まで中央揃えになってしまいました。
　仕方なく［元に戻す］ボタンをクリックし、2行目と3行目に対する箇条書きの設定を先に行ってみることにします。これらの行を選択して［書式設定］ツールバーの［箇条書き］ボタンをクリックしてみますが、今度は図1-9のように2行目ではなく1行目が箇条書きになってしまいました。そろそろあせってきたのではないでしょうか。
　これらのような問題が起こってしまった原因は、図1-10のように編集記号を表示させると一目瞭然です。実は、1行目と2行目は同じ段落に含まれていました。上司は1行目の末尾

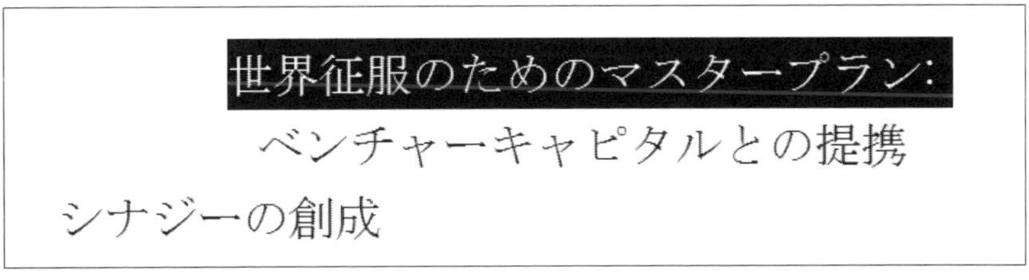

> **世界征服のためのマスタープラン:**
> ベンチャーキャピタルとの提携
> 　シナジーの創成

図1-8　誤った書式設定その1

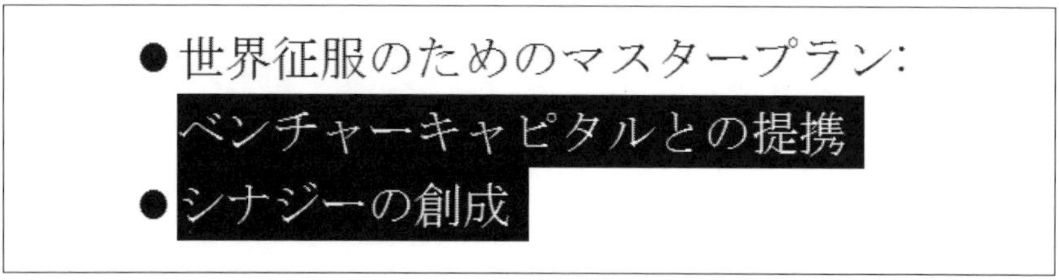

図1-9　誤った書式設定その2

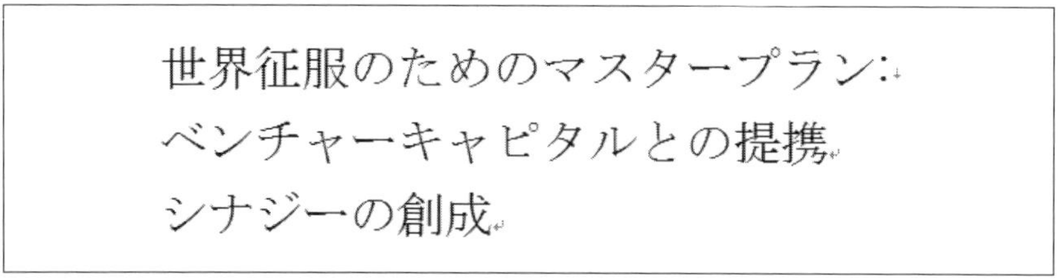

図1-10　編集記号を表示した状態

でShift+Enterを入力し、段落を改めることなく2行目の入力に移っていたのでした。そのため、見た目上は2つの段落に分かれているように見える2つの行が、実際には1つの段落として扱われていたのです。編集記号を常に表示するようにしておけば、このような得体の知れない問題も簡単に解決できるようになります。

マクロ入門

マクロを使えば面倒な処理や単調な繰り返しの作業を自動化できます。ここではマクロについて駆け足でおさらいします。

　Wordのバージョン6以降では、さまざまな作業を自動化するための「マクロ」と呼ばれるプログラムを作成できるようになりました。マクロという言葉は「マクロコマンド」の略で、複数のコマンドを一括して実行できるようにしたものという意味です。ユーザーが実行した一連のコマンドをWordが記憶し、これに名前を付け、後で必要なときに呼び出すという利用方法が一般的ですが、これはマクロが持つ本来の能力のうちほんの一部にすぎません。

　Wordのマクロは「VBA (Visual Basic for Applications)」というプログラミング言語を使って記述されます。VBAはテキストベースなので、後でその内容を目で見たり編集したりできます。ユーザーの操作を記録したマクロも、保存される際にはこのVBAに変換されます。

　VBAはBASICというプログラミング言語から派生しました。CやJavaなどの他の言語と比べて学習は容易ですが、どの言語にも当てはまるように「習うより慣れろ」です。

　本書はVBAそのものの解説書ではありませんが、このHackでは本書中で紹介されている

ようなマクロを作成して実行するまでの手順について簡単に紹介します。

 Wordマクロについての網羅的なガイドとしては"Writing Word Macros" (O'Reilly)がお勧めです。

初歩の初歩

マクロを手作業で記述した場合でもWordに記憶させた場合でも、実際の処理はほぼ必ず「サブルーチン」という単位に分割できます。サブルーチンは以下のような行から始まります。

    Sub MacroName

ここでMacroNameにはマクロの名前が入ります。また、サブルーチンの最終行には以下の内容が記述されます。

    End Sub

実際の処理はこれらの2行の間に記述されます。マクロは料理のレシピのようなものであり、その中には必要な材料とそれを調理するための手順が記述されています。また、1つのレシピをより小さな単位(例えばソースを作る手順と肉を焼く手順)に分割し、全体としてのレシピを理解しやすくすることもできます。以下のマクロでも、冒頭で必要な材料すなわちデータが記述され、以降の部分で調理手順すなわち実際の処理が記述されています。

```
Sub CountCommentsByBob()
Dim oComment As Comment
Dim iCommentCount As Integer
Dim doc As Document

iCommentCount = 0
Set doc = ActiveDocument

For Each oComment In doc.Comments
    If oComment.Author = "Bob" Then
        iCommentCount = iCommentCount + 1
    End If
Next oComment

MsgBox "Bobは " & iCommentCount & " 個のコメントを入力しました。"
End Sub
```

ここからはマクロを実際にWord文書の中で実行するための手順について解説します。

Hello, World

プログラミング関連の書籍では、一番最初の例の中で「Hello, World!」とあいさつするのが慣例です。そこで、Word VBA でもこのお作法に従ってごあいさつしてみましょう。

```
Sub HelloWorld
    MsgBox "Hello, World"
End Sub
```

マクロを作成するには、［ツール(T)］→［マクロ(M)］→［マクロ(M)...］を選択します。

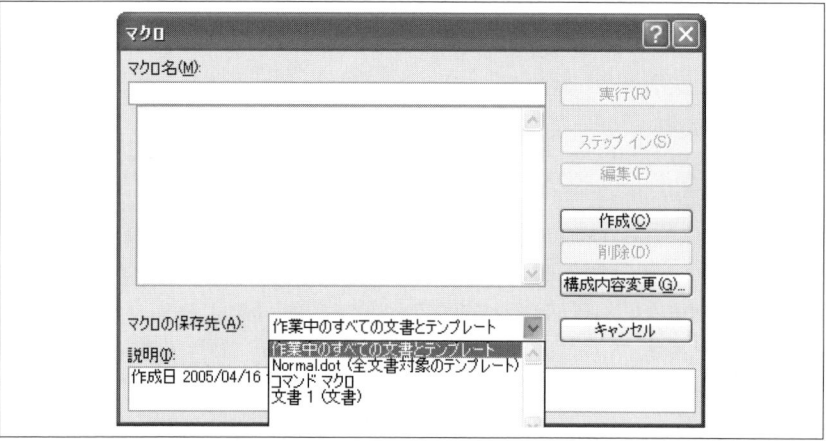

図 2-1　マクロの保存場所を指定する

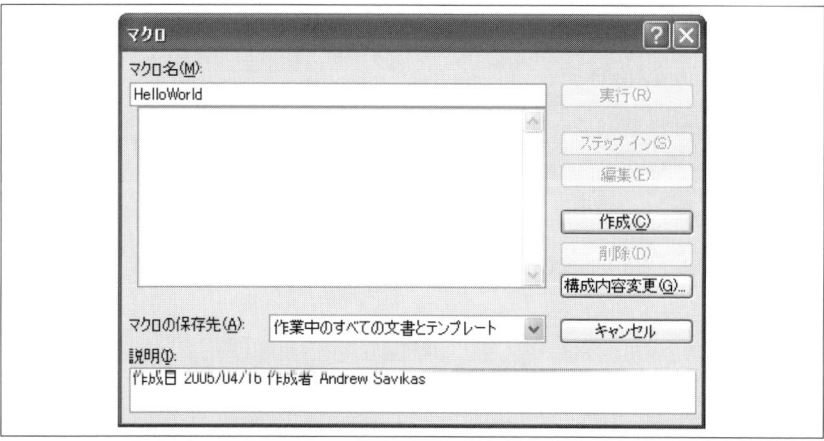

図 2-2　マクロの作成

［マクロ］ダイアログボックスの［マクロの保存先(A)］では、図2-1のようにマクロを保存可能な場所が一覧表示されています。例えば［作業中のすべての文書とテンプレート］を選ぶとマクロは Normal.dot テンプレートに保存されます。

次に、［マクロ名(M)］に`HelloWorld`と入力し(図2-2参照)、［作成(C)］をクリックします。［作成(C)］をクリックすると、Wordの内部で以下の3つの処理が行われます。

1. Normal.dot テンプレートの中に、`NewMacros` という名前のモジュールを作成します。マクロはこのモジュールの中に保管されます。

2. Visual Basic Editor を起動します。

3. マクロの先頭行と最終行、そしてコメントを生成します。コメントはマクロのコードを読む人の理解を助けるためのものであり、必ずアポストロフィ(')で始まります。

そして図2-3のように、マクロの骨格部分だけがVisual Basic Editorに表示されます。ウィンドウ左上にあるプロジェクトエクスプローラには、現在開かれているすべての文書やテンプレート、アドインなどが一覧表示されています。先ほど作成された`NewMacros`モジュールはNormal.dot テンプレートの中に表示されています。

次に、`End Sub` の直前の行に以下の内容を入力してみましょう。

```
MsgBox "Hello, World!"
```

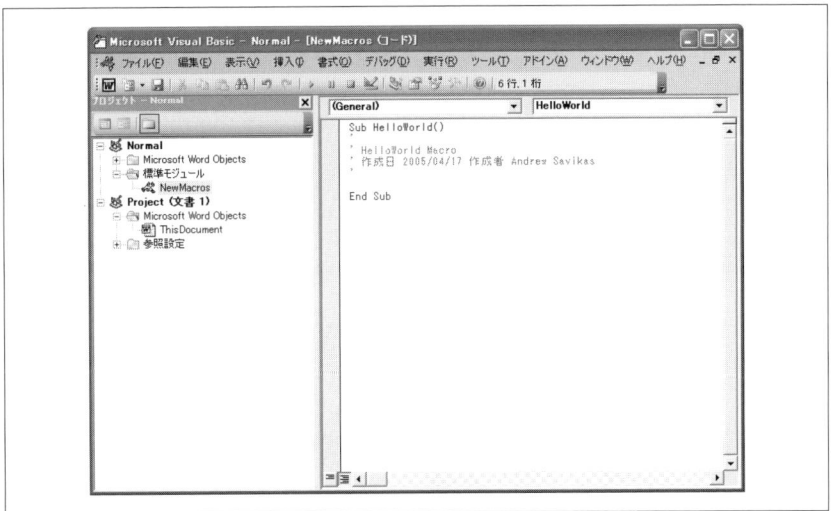

図 2-3　Visual Basic Editor

図2-4　初めてのマクロ

　最後に、ツールバーの[Sub/ユーザーフォームの実行](再生ボタンのアイコン)をクリックしてみましょう。マクロの実行が開始され、図2-4のようなダイアログボックスが表示されるはずです。

　同じモジュールの中に別のマクロを作成したい場合は、End Sub以降の行にそのままマクロを記述すればOKです。もちろん、他のマクロのコードをコピー&ペーストしてもかまいません。

マクロの整理とデバッグ

　マクロを分類して整理するために別のモジュールを作りたい場合は、プロジェクトエクスプローラで保存先のテンプレートまたは文書を選択してから[挿入(I)]→[標準モジュール(M)]を選択します。この方法で作成されたモジュールにはModule1やModule2のような名前が付いてしまう(図2-5)ので、プロジェクトエクスプローラ上で適宜名前を変更するとよいでしょう。

　プログラムのバグを引き起こす最大の原因はタイプミスです。これを防いでデバッグを容易にするために、すべてのモジュールの先頭行に以下のコードを記述するようにしましょう。

```
Option Explicit
```

　この記述は、マクロ中で使用するすべての変数はあらかじめ「宣言」されていなければならないということを意味します。再び料理にたとえると、使用する材料をすべてレシピの冒頭に明記しなければならないということです。もし変数のスペルを間違ったり、宣言されて

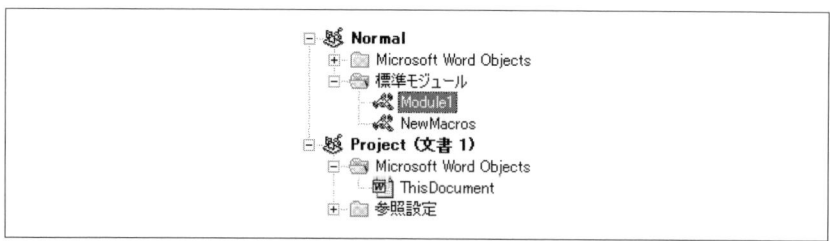

図2-5　Normal.dotテンプレートに挿入されたモジュール

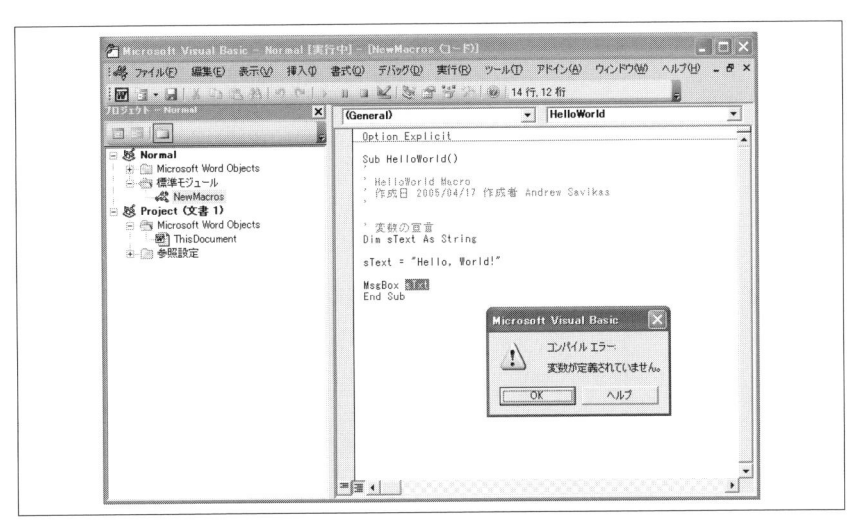

図2-6　コード中のスペルミスを発見する

いない変数を使ってしまうと図2-6のようなエラーが発生します。

マクロの編集が終わったら、［ファイル(F)］→［○○○の上書き保存(S)］（○○○にはファイル名が入ります）を選択してから［ファイル(F)］→［終了してMicrosoft Wordへ戻る(C)］を選択します。

マクロの実行

Word上でマクロを実行するには、まず［ツール(T)］→［マクロ(M)］→［マクロ(M)...］を選択します。実行したいマクロを選び、［実行(R)］をクリックします（図2-7）。

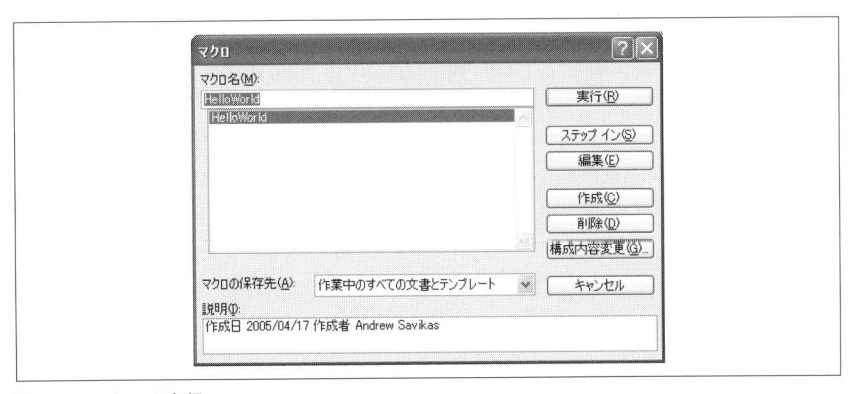

図2-7　マクロの実行

図 2-8　マクロを実行するためのコマンド

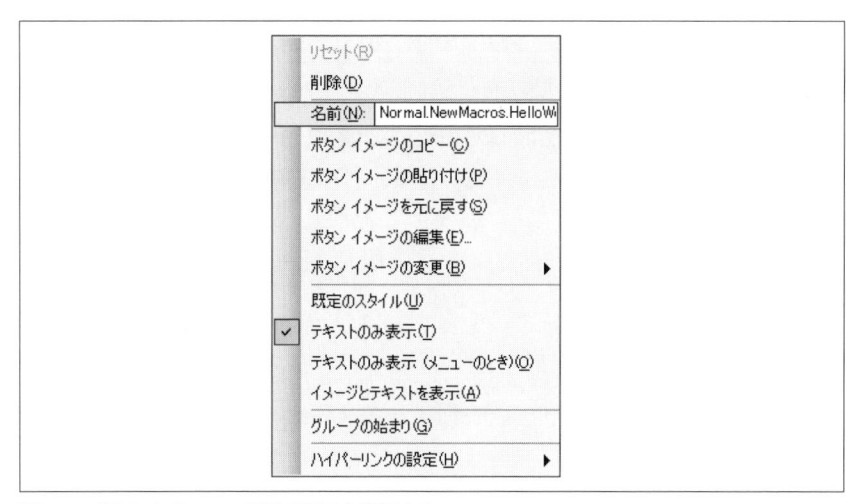

図 2-9　ボタンやメニュー項目の表示を変更する

　同じマクロを何度も実行するなら、マクロにツールバーのボタンを割り当ててみましょう。まず、[ツール(T)] → [ユーザー設定(C) ...] を選択します。[コマンド] タブの [分類(G)] で、**図2-8**のように[マクロ]を選びます。そして、[コマンド(D)]からマクロを選んでツールバーまたはメニューにドラッグします。ドラッグされたコマンドを右クリックすると、表示されるコマンドの名前を変更したりアイコンを追加したりできます(**図 2-9** 参照)。

　ある複数のマクロが日々の作業の上で特に重要であるといった場合には、それらのマクロを別のマクロテンプレート(**[Hack #40]** 参照)に登録し、Wordの起動と同時に読み込まれるようにしてみましょう。

Visual Basic Editor の入力補助機能

Visual Basic Editor は高機能な開発環境であり、VBA のコード作成を補助するためのさまざまな機能を備えています。

IntelliSense

コードを途中まで入力すると、Visual Basic Editor は図 2-10 のように続きのコードを推測してくれます。

通常、このような補完のリストは入力と同時に表示されます。もし表示されない場合は、Ctrl+Space を押すとリストを強制的に表示させることもできます。

[イミディエイト] ウィンドウ

[イミディエイト] ウィンドウ([表示(V)] → [イミディエイトウィンドウ(I)] を選択すると表示されます)を使うと、入力したコードの実行結果を即座に確認できます。?に続けて文を入力すると、その返り値が続けて表示されます(図 2-11)。

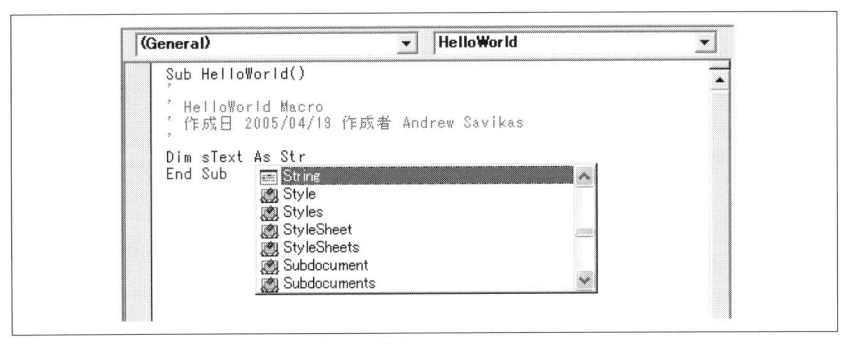

図 2-10 Visual Basic Editor による入力の補完

図 2-11 [イミディエイト] ウィンドウ

［イミディエイト］ウィンドウはマクロのデバッグにも役に立ちます。例えば、マクロの中に以下のようなコードを入力してみましょう。

```
Debug.Print StringToPrint
```

StringToPrint の部分に文字列を記述すればそれがそのまま［イミディエイト］ウィンドウに表示され、変数名を記述すればその変数の値が表示されます。後で紹介する図2-12でもこのテクニックは使われています。

コードを1行ずつ実行する

マクロを動作確認するために、コードを1行ずつ順を追って実行するという機能があります。コードの実行は1行ごとに停止し、ユーザーからの指示を待ちます。こうすることによって、通常はあっという間に終了してしまうマクロの実行の流れを容易に把握できるようになります。この間にマウスカーソルを変数の上に置くと、その変数の値がツールチップとして表示されます。

この機能を利用するには、コード上のどこかにカーソルを置いてからF8キーを押します。F8キーを押すたびに1行ずつ実行が進みます。次にF8キーを押したときに実行されるコードが黄色い背景で表示され、その行の左端に矢印が表示されます（図2-12）。

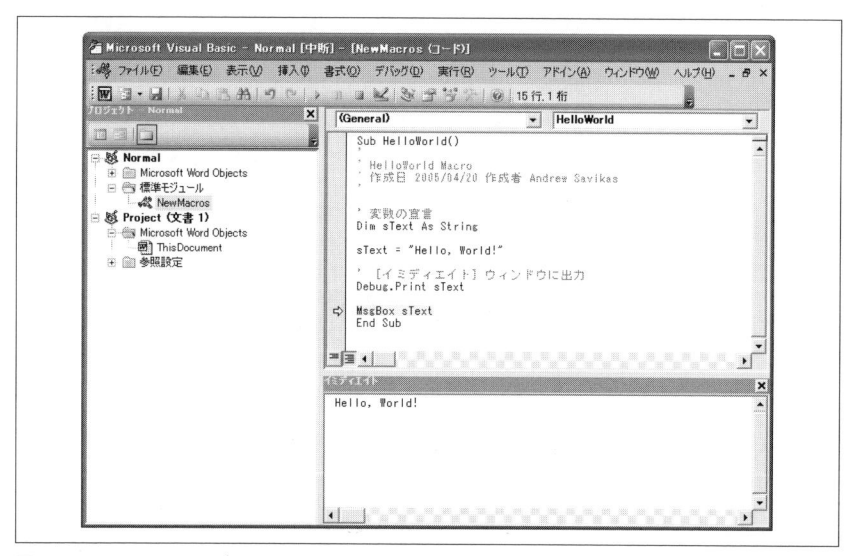

図2-12　マクロを1行ずつ実行する

Wordのオブジェクトモデル

　Word VBAの世界では、Wordの構成要素はすべて「オブジェクト」として扱われます。文書も段落も、フォント名さえもすべてがオブジェクトです。これらのオブジェクトはすべて相互に関連しています。VBAのプログラムを記述するというのは、このような関連の構造の中から目指すオブジェクトを発見して操作するということに他なりません。

　Wordのオブジェクト構造を表示させるには、Visual Basic Editorで［表示(V)］→［オブジェクトブラウザ(O)］を選択します。初めのうちはあまりに膨大なデータに尻込みしてしまうかもしれませんが、Word上でのさまざまな操作を自動化するうえでこれらの情報が非常に役に立つようになってくることでしょう。オブジェクトブラウザの画面を図2-13に示します。

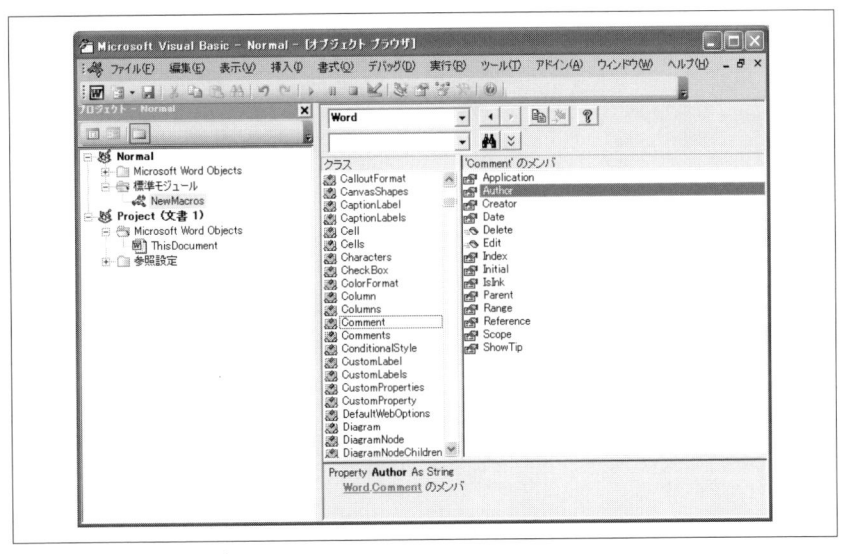

図2-13　オブジェクトブラウザ

2章
Wordの基本操作
Hack #3-13

　Wordはほぼ無限にカスタマイズ可能です。メニュー、ツールバー、表示形式などを自由に変更できます。この章ではWordを使った作業をより快適にしてくれるような、カスタマイズのテクニックについていくつか解説します。また、文書の管理に役立つHackや悪名高いOfficeアシスタントを飼い慣らすコツも紹介します。

HACK #3 ショートカットメニューをカスタマイズする

今行っている作業に関連したコマンドをすばやく実行したいという場合、ほとんどのユーザーはショートカットメニューを呼び出すのではないでしょうか。このショートカットメニューに表示される内容をカスタマイズできるって、知っていましたか？

　ほとんどのアプリケーションで、マウスを右クリックするとその場の状況に応じたメニューが表示されます。これはショートカットメニューと呼ばれます。ショートカットメニューは非常に便利ですが、ここに表示されるそれぞれのメニュー項目については、デフォルトのものをそのまま使っていることが多いのではないでしょうか。例えばMicrosoftはハイパーリンク [Hack #33] を極めて重要視しており、全部で62種あるWord 2003のショートカットメニューのうち実に26種でハイパーリンクを挿入できるようになっています。

　ショートカットメニューのうちもっともよく使われているのが [テキスト] ショートカットメニューです。これは図3-1のように、文書中の文字列を右クリックしたときに表示されます。

　これら62種のショートカットメニューに含まれるメニュー項目は、すべて好みに合わせて変更できます。例えば頻繁にコメントを挿入するユーザーにとって、文字列をドラッグして選択し、画面上方に移動して [挿入(I)] → [コメント(M)] をいちいち選択する手間はばかになりません。そんなあなたもここで紹介するHackを活用すれば、コメントを挿入するコマンドをショートカットメニューから簡単に実行できるようになります。手首が楽になりますよ。

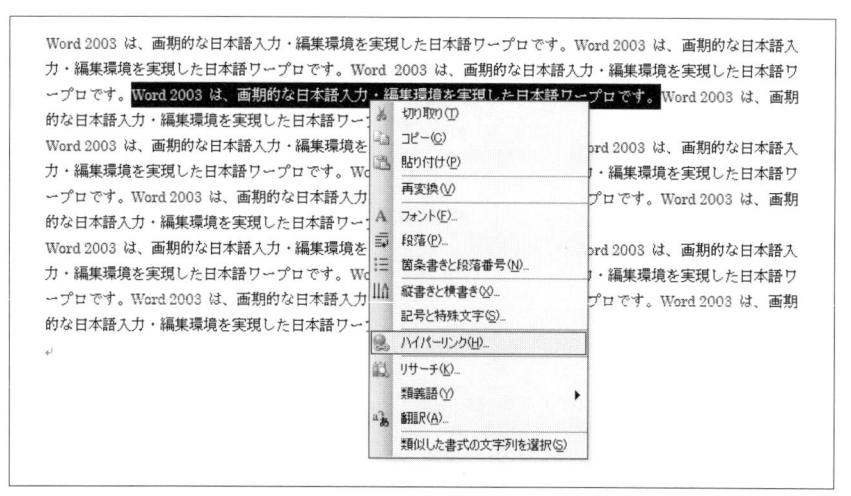

図 3-1　デフォルトの［テキスト］ショートカットメニュー

［ショートカットメニュー］ツールバー

　Wordでは、すべてのメニューはツールバーとして管理されています。［ファイル(F)］や［編集(E)］などが表示されているメニューバーも、実はツールバーの一種です。もちろんショートカットメニューについても同様ですが、このメニューをツールバーとして扱う方法はあまり知られていません。通常のツールバーと異なり、［表示(V)］→［ツールバー(T)］を選択してもショートカットメニューのツールバーは表示されません。

　ショートカットメニューをツールバーとして表示させるには、まず［ツール(T)］→［ユーザー設定(C)...］を選択します。ツールバーや、メニューバー上で何も表示されていない部分を右クリックしてから［ユーザー設定(C) ...］を選択してもかまいません。

　次に［コマンド］タブをクリックします。これからカスタマイズするメニュー項目をどの文書でも使えるようにしたい場合は、図3-2のように［保存先(S)］のドロップダウンリストで［Normal.dot］を選択します。

　次に［ツールバー］タブをクリックし、［ショートカットメニュー］をチェックします(図3-3)。

　すると、図3-4のようなツールバーがウィンドウの左上付近に表示されます。ただし、ここで［閉じる］をクリックしてはいけません。［ショートカットメニュー］ツールバーは［ユーザー設定］ダイアログボックスが表示されている間にしか操作できません。

図 3-2 ［ユーザー設定］ダイアログボックス

図 3-3 ショートカットメニューを表示させる

図 3-4 ［ショートカットメニュー］ツールバー

メニュー項目を追加する

［ショートカットメニュー］ツールバーでは、ショートカットメニューが［テキスト］、［テーブル］、［図形の調整］の3カテゴリに分かれて表示されます。こうすることによって、合計62種もあるショートカットメニューの中から探しているものが見つかりやすいようになって

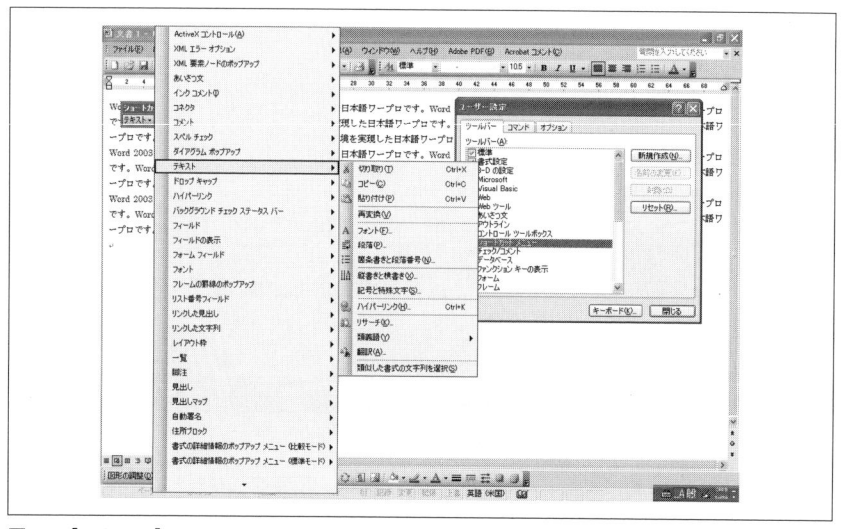

図3-5 ［テキスト］ショートカットメニュー

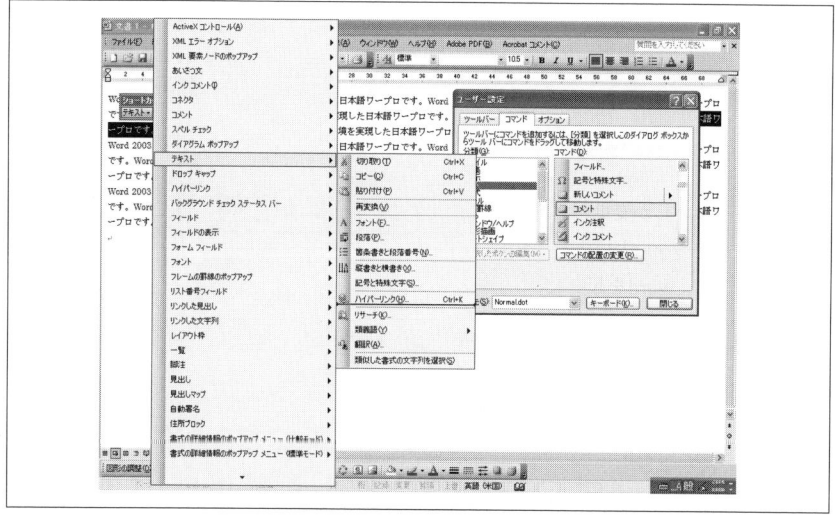

図3-6 ショートカットメニューにコマンドを追加する

います。例えば、通常の文字列用のショートカットメニューは［テキスト］カテゴリの中にあります（図3-5参照）。このショートカットメニューに、コメントを挿入するためのコマンドを追加してみましょう。

［ユーザー設定］ダイアログボックスの［コマンド］タブで、左側の［分類(G)］の中から［挿入］をまず選択します。次に右側の［コマンド(D)］の中から［コメント］を探します。これを先ほどの［テキスト］ショートカットメニューの中の適切な位置まで続けてドラッグします（図3-6）。

最後に［ユーザー設定］ダイアログボックスを閉じます。これで、［テキスト］ショートカットメニューから簡単にコメントを挿入できるようになりました。マウスをウィンドウの端から端まで動かす必要はもうありません。

> Normal.dotに対して行った変更を保存するには、Wordを終了する必要があります。

HACK #4 自分用の表示方法を作成して保存する

ビューやツールバー、表示倍率などを一度変更すると、普段の使い勝手が損なわれて困ってしまうことも多いと思います。ここでは表示方法をあらかじめ作成して保存し、いつでも簡単な操作でその表示方法を呼び出せるようにするための方法を紹介します。

Wordには画面表示に関するオプション設定の項目が数多くあります。ビュー（表示形式）1つをとっても、Word 2003で新たに［閲覧レイアウト］が追加され、従来の［下書き］［Webレイアウト］［印刷レイアウト］［アウトライン］［印刷プレビュー］と合わせて6種類も存在しています。さらに段落記号、タブ、隠し文字、フィールドコード、ブックマークなどをはじめとするきわめて多くの項目の表示を個別にオン・オフできます。また、1画面にはとても表示しきれないほどたくさんのツールバーも用意されており、処理の内容に応じてビューを何度も切り替えながら作業を行っているユーザーも多いのではないでしょうか。

表示倍率くらいしか変更しなかったり、ビューは［閲覧レイアウト］でツールバーはいつも2、3個しか使わないというユーザーも、自分用の表示方法がいくつかあればきっと便利でしょう。しかし、Wordを起動するたびに複雑なオプション設定を何箇所も変更しなければならないというのは大変であり、苦痛以外の何物でもありません。

簡単な操作でこれらのオプション項目を一括して設定できるようにするために、ちょっとしたVBAのコードを作成して［表示(V)］メニューに登録してみましょう。こうすれば、他の表示方法への切り替えも簡単です。

コード

例えば、Wordを使って編集作業を行うときには以下のような表示方法を指定したいとしましょう。

- ［下書き］ビュー
- 表示倍率は120%
- ツールバーについては［標準］［書式設定］［チェック／コメント］のみ表示
- フィールドは網掛け表示し、段落記号と隠し文字を表示する
- 変更の履歴を表示する

これらの設定項目をまとめて指定するには、以下のマクロを使います。このSetEditingViewマクロを、**[Hack #40]** を参考にして好みのテンプレートに記述してください。

```
Sub SetEditingView()
On Error Resume Next
Dim win As Window
Dim cbar As CommandBar
Dim sToolbarsToShow As String

' 表示するツールバーのリストを、"/" で区切って記述します
' ここで指定されていないものは表示されません
sToolbarsToShow = "/Standard/Formatting/Reviewing/"

' ツールバーを表示あるいは非表示にします
For Each cbar In Application.CommandBars
    If InStr(sToolbarsToShow, "/" & cbar.Name & "/") Then
        cbar.visible = True
    Else
        cbar.visible = False
    End If
Next cbar

' その他の表示方法を指定します
Set win = Application.ActiveWindow
With win
    .View.Type = wdNormalView
    .View.Zoom = 120
    .View.FieldShading = wdFieldShadingAlways
    .View.ShowParagraphs = True
    .View.ShowHiddenText = False
End With

' 変更履歴を表示します
ActiveDocument.TrackRevisions = True
End Sub
```

表4-1に、主なツールバーと対応する名前（上記コード中のsToolbarsToShow変数で指定します）を示します。

表 4-1　ツールバーの名前

ツールバー	名前
標準	Standard
書式設定	Formatting
Web	Web
チェック / コメント	Reviewing
罫線	Tables and Borders
図	Picture
図形描画	Drawing

［表示(V)］メニューへの登録

次に、［表示(V)］メニューの下にサブメニューを作成し、先ほどのマクロを登録してみましょう。

　［ツール(T)］→［ユーザー設定(C)...］を選択し、［コマンド］タブをクリックします。［分類(G)］の中にある［新しいメニュー］を選び、右側の［コマンド(D)］でも［新しいメニュー］を選びます（図 4-1 参照）。

　この［新しいメニュー］を、Word の［表示(V)］メニューにドラッグします。すると［表示(V)］メニューの内容が表示されるので、そのまま［アウトライン(O)］のすぐ下までドラッグしてマウスボタンを離します（図 4-2）。

　追加された［新しいメニュー］を右クリックし、［名前(N)］に例えば［自分用の表示設定］と入力します。もう一度右クリックし、［グループの始まり(G)］をチェックします。

　［ユーザー設定］ダイアログボックスに戻り、［コマンド］タブの［分類(G)］の中から［マ

図 4-1　サブメニューのためのコマンド

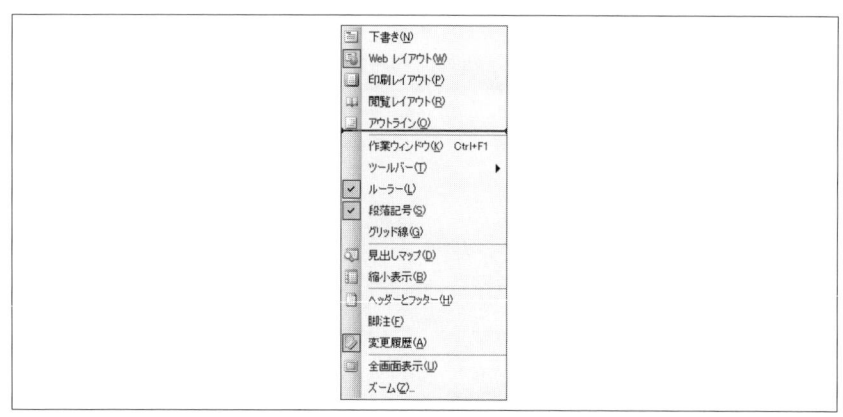

図 4-2 ［表示(V)］メニューにサブメニューを追加する

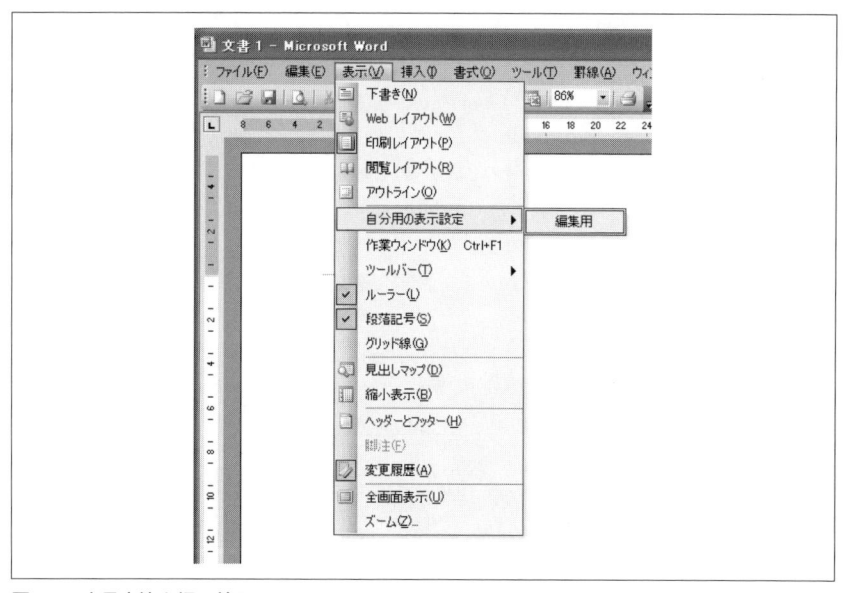

図 4-3 表示方法を切り替える

クロ］を選びます。［コマンド(D)］で［SetEditingView］を選び、これを先ほど作成した［自分用の表示設定］の中にドラッグします。これを右クリックし、名前を［編集用］に変更します。最後に［ユーザー設定］ダイアログボックスを閉じます。

以上の手順で、図 4-3 のようにメニュー項目から選択するだけで簡単に表示方法を切り替えできるようになりました。

HACK #5 最後に保存したときの状態に戻す

ほとんどのワープロソフトやDTPソフトでは、作業内容を破棄して保存時の状態に戻すためのコマンドが用意されています。しかしWordにはこのようなコマンドはありません。ないものは作ってしまいましょう。

文書を編集していて、何か重大な失敗をしてしまったとします。［元に戻す］ボタンを何度も押すのも面倒だし、文書を保存せずにいったん閉じて開きなおすのも面倒です。このような経験が何度もあるという方は、これから紹介するHackをぜひ使ってみてください。

コード

［ファイル(F)］メニューの中に［保存したときの状態に戻す］コマンドを追加するには、まずNormal.dotの中に以下のマクロを作成します。

```
Sub FileRevertToSaved()
Dim sDocPath As String
Dim sDocFullName As String

sDocFullName = ActiveDocument.FullName
sDocPath = ActiveDocument.Path

If Len(sDocPath) = 0 Then
    MsgBox "この文書は一度も保存されていません"
    Exit Sub
End If

If MsgBox("保存したときの状態に戻しますか？" & _
         "(この操作は元に戻せません)", _
         vbYesNo) = vbNo Then
    Exit Sub
End If

Documents.Open FileName:=sDocFullName, Revert:=True
End Sub
```

マクロを［ファイル(F)］メニューから呼び出す

［ツール(T)］→［ユーザー設定(C)...］を選択し、［コマンド］タブをクリックします。［保存先(S)］に［Normal.dot］が表示されているのを確認し、［分類(G)］の中から［マクロ］を選びます。すると図5-1のように、［コマンド(D)］の中にFileRevertToSavedマクロが表示されているはずです。

このマクロのアイコンを［ファイル(F)］メニューの上にドラッグし、そのまま図5-2のように適当な位置までドラッグします。

このマクロを実行した際、もし文書が今までに一度も保存されていなければエラーメッ

図 5-1 マクロを実行するコマンド

図 5-2 マクロを [ファイル(F)] メニューに追加する

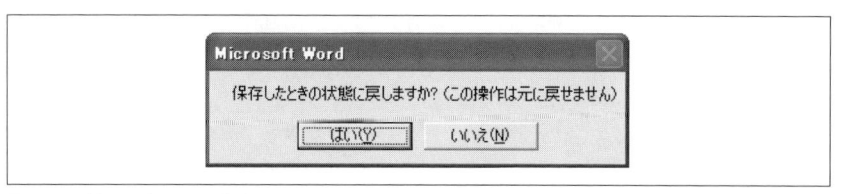

図 5-3 確認のダイアログボックス

セージが表示され、元に戻すことはできません。また、元に戻せる場合でも図5-3のような確認のダイアログボックスが表示されます。

HACK #6 ［ファイル］→［開く…］の参照先フォルダを簡単に変更する

［マイ ドキュメント］フォルダではなく、実際に文書が置かれているフォルダが最初に開かれるようにしてみましょう。

「マイ ドキュメント」フォルダにすべての文書を置いているWordユーザーはほとんどいないと思われます。多くの場合、開こうとしているファイルはデスクトップか、ハードディスク中のフォルダ階層を深くたどった先のプロジェクト用フォルダにでも置いてあるのではないでしょうか。あるいは、「マイ」ドキュメントではなく全社員向けのドキュメントとして、会社のサーバー上に置いてあるかもしれません。そのサーバーは海外にあるかもしれません。それにもかかわらず、［ファイル(F)］→［開く(O)…］を選択すると開くのはいつも「マイ ドキュメント」フォルダです。

この設定を変更して、別のフォルダが開くようにすることは不可能ではありません。しかし、そのためには［ツール(T)］→［オプション(O)］を選択し、［既定のフォルダ］タブで［文書］を選んで［変更(M)…］をクリックし、…という面倒な手順が必要です。そして、目的のフォルダにたどり着くのもまたひと苦労です。多くのユーザーはこの辺であきらめてしまい、文書を開くたびに「マイ ドキュメント」から何度もマウスクリックを繰り返して目的の文書にたどり着いているのではないでしょうか。

コード

このマクロを使うと、現在作業中の文書があるフォルダが［ファイル(F)］→［開く(O)…］を選択したときに開くフォルダになります。以下のReAssignFileOpenマクロを、適切なテンプレート(**[Hack #40]** 参照)に保存してください。

```
Sub ReAssignFileOpen()
Dim sNewPath As String
Dim sCurrentPath As String
Dim sDefaultPath As String
Dim lResponse As Long

sNewPath = ActiveDocument.Path

' 作業中の文書は、いずれかのフォルダに保存されていなければなりません
If Len(sNewPath) = 0 Then
    MsgBox "まず文書を保存してください", vbExclamation
```

```
        Exit Sub
    End If
    
    sCurrentPath = Options.DefaultFilePath(wdDocumentsPath)
    ' パスの値をリセットすると、初期値を取得できます
    Options.DefaultFilePath(wdDocumentsPath) = ""
    sDefaultPath = Options.DefaultFilePath(wdDocumentsPath)
    
    ' マクロ開始時の値を書き戻します
    Options.DefaultFilePath(wdDocumentsPath) = sCurrentPath
    
    ' パスの値を変更するかどうか確認します
    lResponse = MsgBox(" [ファイル(F)] → [開く(O) ...] で開くフォルダを " & _
                sNewPath & " に変更しますか?" & _
                vbCr & vbCr & _
                " [キャンセル] をクリックすると初期設定の値(" & _
                sDefaultPath & ")に戻ります", _
                vbYesNoCancel)
    
    ' ユーザーのクリックしたボタンに応じて処理を行います
    Select Case lResponse
        Case Is = vbYes
            Options.DefaultFilePath(wdDocumentsPath) = sNewPath
        Case Is = vbNo
            Exit Sub
        Case Is = vbCancel
            Options.DefaultFilePath(wdDocumentsPath) = sDefaultPath
    End Select

End Sub
```

Hack の実行

このマクロを実行すると、図6-1のような確認のダイアログボックスが表示されます。こ こで［はい(Y)］をクリックすると、［ファイル(F)］→［開く(O) ...］を選択したときに開か れるフォルダが変更され、この効果は Word を終了した後も続きます。

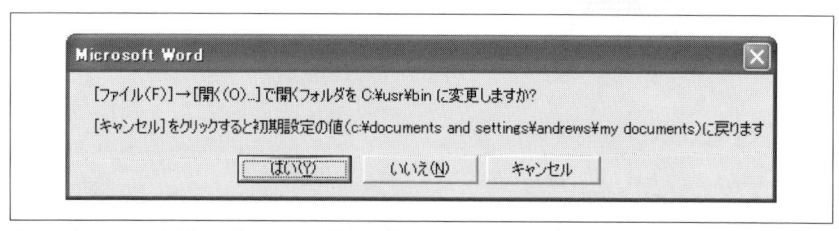

図 6-1 ［ファイル(F)］ → ［開く(O)...］の参照先フォルダを変更する

> もしここでネットワーク上のフォルダを指定し、そのフォルダに接続できないときに［ファイル(F)］→［開く(O)...］を選択すると、参照先は初期設定の値(通常は「マイ ドキュメント」)に戻ります。

このマクロをもっと簡単に呼び出せるようにするには、[Hack #2]を参考にしてマクロをツールバーやメニューに追加するとよいでしょう。

HACK #7 設定項目の値を一覧表示する

Word Options Utility というフリーウェアを使うと、Word のオプション設定の値をレポート形式で見やすく一覧表示できます。

Word 2003 には 200 以上の設定項目があります(以前のバージョンでは若干少なくなります)。これらの設定項目は Word の挙動を理解するうえで鍵となります。多くは［オプション］ダイアログボックス(［ツール(T)］→［オプション(O)...］を選択すると表示されます)の中を探し回れば見つかりますが、すべての設定項目が一覧形式で表示されていればより分かりやすいでしょう。

MouseTrax からフリーウェアとしてリリースされている Word Options Utility というテン

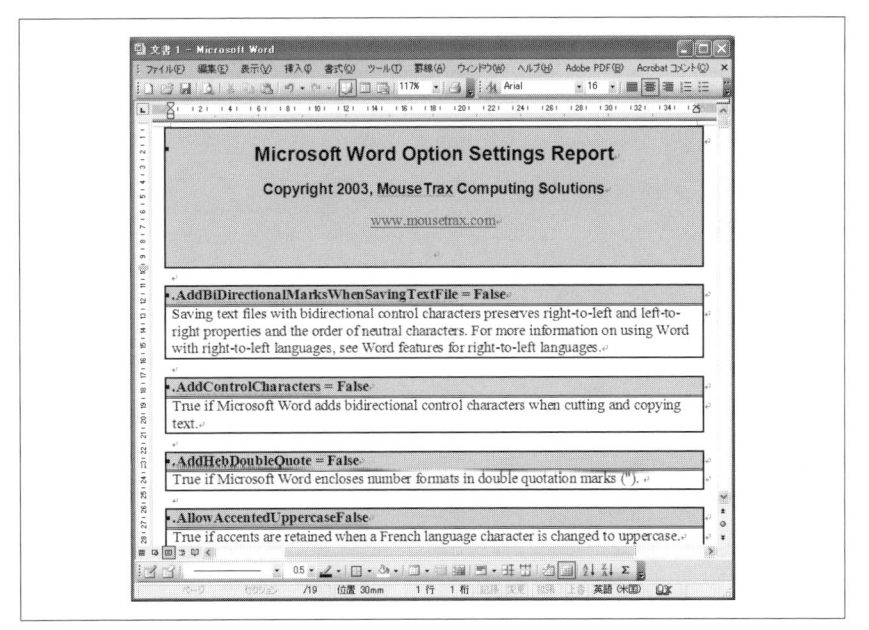

図 7-1　設定項目の一覧

プレート（http://www.mousetrax.com/Downloads.html#wordoptions）を使うと、すべての設定項目とその値がレポートとしてまとめられたWord文書が生成されます。その冒頭部分を図7-1に示します。

テンプレートのファイルをダウンロードしたら、自身の環境に合った方のファイルをダブルクリックするだけで一覧が生成されます。

> マクロのセキュリティの設定(Word 2003では［ツール(T)］→［マクロ(M)］→［セキュリティ(S)］)が［高(H)］以上になっている場合、テンプレートのファイルをダブルクリックするだけでは実行できません。

それぞれの設定項目の名前と現在の値にあわせて、その設定項目に関する簡単な説明も表示されます。説明を読んでいるうちに、より難解な設定項目（例えば、フランス語で大文字にアクセント記号が付いた場合の動作を指定するための`AllowAccentedUppercase`など）についての知識も深まるのではないでしょうか。

—— Greg Chapman

HACK #8 Word文書をInternet Explorer上で表示しないようにする

ブラウザ上でWord文書を編集するのは、分厚い手袋をはめてタイピングするようなものです。ここでは、Internet Explorerが自身のウィンドウ上にWord文書を表示するのをやめさせる方法を紹介します。

Internet Explorer上でWord文書へのハイパーリンクをクリックすると、ブラウザのウィンドウの中にWord文書が表示されます。そのときウィンドウの上方に表示されるのは、図8-1のようにおかしなメニューとツールバーの組み合わせです。Wordのメニューらしきものは表示されていますが、ツールバーはどこへ行ってしまったのでしょう？　この状態でWord文書を編集するのはとても面倒です。このような訳の分からない状況を防ぐためにも、Word文書はWordで開くのが一番です。

Windowsの［スタート］ボタンをクリックし、［マイ コンピュータ］を選択します。次に

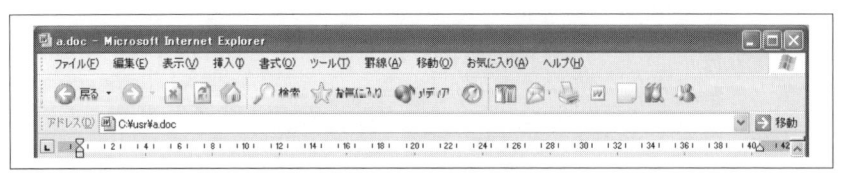

図8-1　Internet Explorer上に表示されたWord文書

図 8-2 拡張子［DOC］のファイル

図 8-3 ［ファイルの種類の編集］ダイアログボックス

　［ツール（T）］→［フォルダオプション（T）...］を選択して［ファイルの種類］タブをクリックします。
　そして図 8-2 のように、［登録されているファイルの種類（T）］から［DOC］を選びます。
　ここで［詳細設定（V）］をクリックし、［同じウィンドウで開く（B）］のチェックを外します（図 8-3）。そして［OK］をクリックし、［フォルダオプション］ダイアログボックスで［閉じる］をクリックします。すると、以降は Word 文書へのリンクをクリックしても Word がちゃんと起動するようになります。設定項目を見つけ出すのはちょっと大変ですが、とても簡単な操作で目的を達成できました。

もちろん、このテクニックはExcelやPowerPointのファイルに対しても使えます。

さらなる Hack

このような変更を複数台のコンピュータに対して行う必要がある場合は、.regファイルを作成するとよいでしょう。この.regファイルにはレジストリの内容がテキスト形式で記述されており、これを実行するとレジストリを書き換えられます。このファイルには複数のレジストリ項目を記述できるので、レジストリエディタを使って手作業で1つ1つレジストリ項目を書き換えるよりも効率的です。以下の例ではWord、Excel、PowerPointのファイルすべてに関する設定を一括して変更します。もちろん、どれか1つまたは2つのみを変更してもかまいません。

レジストリにはWindowsにとって非常に重要な情報も含まれているため、以下の操作を行う前にバックアップを取っておくことを強くお勧めします。Windows XPでは［スタート］→［すべてのプログラム(P)］→［アクセサリ］→［システムツール］→［システムの復元］を選択し、［復元ポイントの作成(E)］をクリックして画面の指示に従うとよいでしょう。

以下の内容を、メモ帳などのテキストエディタに入力してください。

```
Windows Registry Editor Version 5.00
[HKEY_LOCAL_MACHINE\SOFTWARE\Classes\Word.Document.8]
@="Microsoft Word 文書"
"EditFlags"=dword:00010000
"BrowserFlags"=dword:00000008

[HKEY_LOCAL_MACHINE\SOFTWARE\Classes\Excel.Sheet.8]
@="Microsoft Excel ワークシート"
"EditFlags"=dword:00010000
"BrowserFlags"=dword:00000008

[HKEY_LOCAL_MACHINE\SOFTWARE\Classes\PowerPoint.Show.8]
@="Microsoft PowerPoint プレゼンテーション"
"EditFlags"=dword:00010000
"BrowserFlags"=dword:00000008
```

このテキストに適切な名前(例えばOpenOfficeDocsInOfficeなど)を付け、.regという拡張子のファイルとして保存します。後はこの.regファイルをダブルクリックするだけでOKです。

—— Gus Perez、Omar Shahine

HACK #9 [新しい文書]作業ウィンドウをカスタマイズする

Word 2002で新しく導入された作業ウィンドウはまだその真価を発揮できていません。不十分なドキュメントや不可解な挙動のせいでユーザーからは敬遠されがちです。中でも最も嫌われている[新しい文書]作業ウィンドウにメスを入れます。

以前のバージョンのWordでは、文書を新規作成しようとすると図9-1のような[テンプレート]ダイアログボックスが表示されていました。多くのユーザーにとっては、タブだらけで乱雑なダイアログボックスの代わりに[新しい文書]作業ウィンドウが開くというのは歓迎すべきことかもしれません。一方、多くのテンプレートをいつも使い分けて利用しているユーザーにとっては、[テンプレート]ダイアログボックスを表示させるのに必要な操作の数が増えてしまい、きっと不満が募っていることでしょう。いずれにせよ、「新しい文書」の名に値する機能は提供してほしいものです。

作業ウィンドウが起動時に必ず表示される問題

本来なら[ツール(T)]→[オプション(O)...]を選択し、[表示]タブの[起動時作業ウィンドウ(R)]のチェックを外すと、作業ウィンドウは表示されなくなるはずです。しかしWord 2003を使っている場合、環境によってはこの設定項目が正しく機能しません。

このような場合、作業ウィンドウが表示されないようにするためにはレジストリを変更する必要があります。

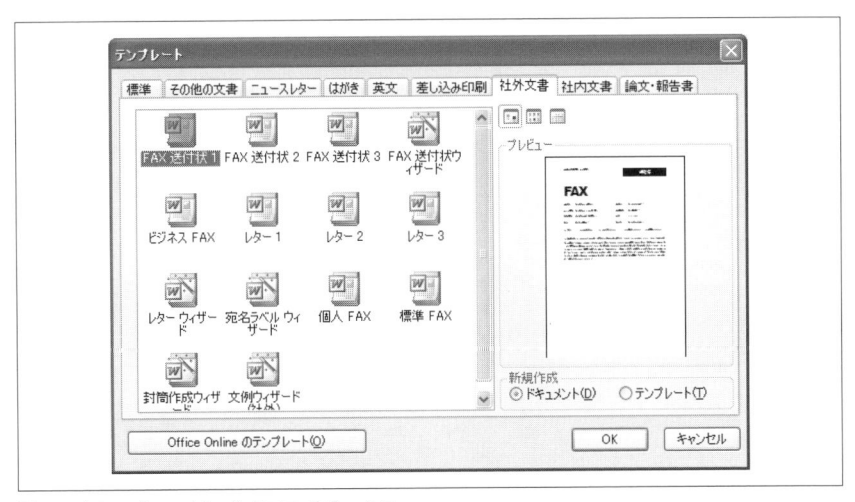

図9-1 [テンプレート]ダイアログボックス

> レジストリの内容を変更する際は、必ずバックアップをとっておくようにしてください。Windows XPでは［スタート］→［すべてのプログラム(P)］→［アクセサリ］→［システムツール］→［システムの復元］を選択し、［復元ポイントの作成(E)］をクリックして画面の指示に従うとよいでしょう。

　いったんWordを終了し、［スタート］→［ファイル名を指定して実行(R) ...］を選択します。**regedit** と入力して［OK］をクリックし、レジストリエディタを起動します。そして以下のキーに移動してください。

    HKEY_CURRENT_USER¥Software¥Microsoft¥Office¥11.0¥Common¥General¥

この中に DoNotDismissFileNewTaskPane というキーがあるので、これを削除するか値を **0** にしてください。

　レジストリエディタを終了してWordを起動すると、今度は［オプション］ダイアログボックスで指定した通りに作業ウィンドウが非表示(あるいは表示)になるはずです。

作業ウィンドウに文書やテンプレートを追加する

　［新しい文書］作業ウィンドウには、図9-2のように文書を新規作成するための方法がいくつか表示されています。MicrosoftのWebサイトに掲載されているテンプレートを利用することもできます。

　図9-2には［新規作成］と［テンプレート］という2つのセクションがありますが、特定の操作(例えばNormal.dot以外のテンプレートを使って文書を作成するなど)を行うと現れるセクションがあと2つあります。つまり、セクションには以下の4つがあります。

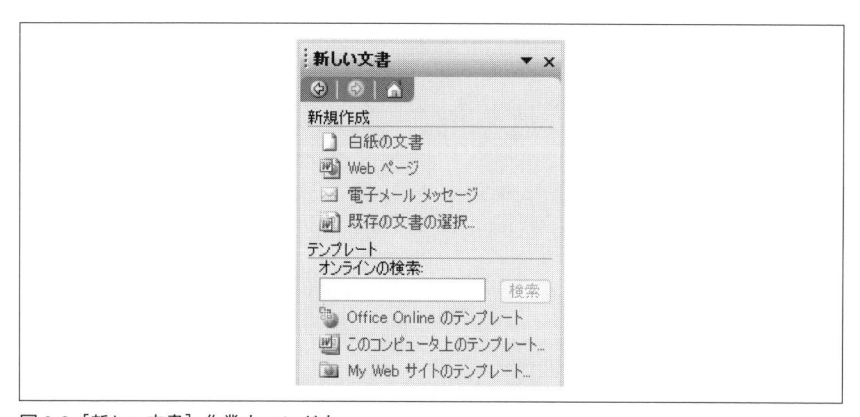

図9-2［新しい文書］作業ウィンドウ

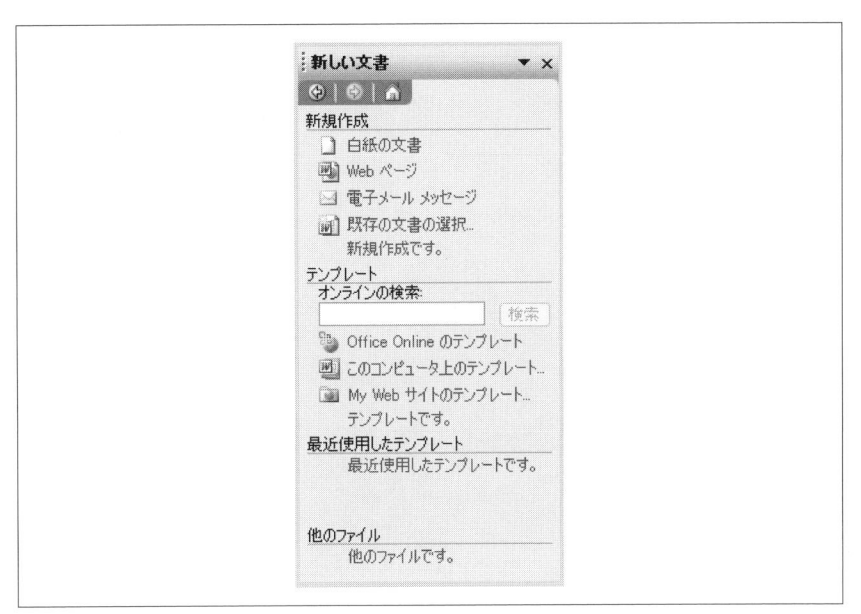

図9-3 4つのセクション

- 新規作成
- テンプレート
- 最近使用したテンプレート
- 他のファイル

［最近使用したテンプレート］には、文書を新規作成する際に使用したテンプレートのうち最近のものが表示されます。

VBAを使うと、NewDocumentプロパティを通じてこれらの4つのセクションに項目を追加したり削除したりできます。図9-3はそれぞれのセクションすべてに項目を追加した状態です。

コード

NewDocumentオブジェクトにはAddとRemoveという2つのメソッドがあります。これらのメソッドの構文はまったく同一です。例えばAddメソッドを使う場合は以下のようになります。

```
Application.NewDocument.Add(FileName, [Section], _
                            [DisplayName], [Action]) as Boolean
```

角カッコは引数が省略可能であるという意味です。しかし、もしここでDisplayName引数を

省略してしまうと、作業ウィンドウには何も追加されず、レジストリに無駄な項目が残るだけという結果になってしまいます。

Add メソッドが持つそれぞれの引数の意味は以下の通りです。

FileName
: 実際のファイルのパスや URL を指定します。

Section
: ファイルを表示させるセクションを指定します。以下の4つの定数を利用できます。カッコ内の数値は実際の値を示します。

    msoNew(1)
    : ［新規作成］

    msoNewfromExistingFile(2)
    : ［最近使用したテンプレート］

    msoNewfromTemplate(3)
    : ［テンプレート］

    msoBottomSection(4)
    : ［他のファイル］（既定値）

DisplayName
: 作業ウィンドウに表示される文字列を指定します。

Action
: ファイルへのリンクがクリックされたときに何が発生するかを指定します。以下の3つの定数を利用できます。カッコ内の数値は実際の値を示します。

    msoEditFile(0)
    : その文書またはテンプレートを編集します(既定値)。

    msoCreateNewFile(1)
    : その文書またはテンプレートに基づいて新しい文書を作成します。

    msoOpenFile(2)
    : そのファイルを、外部へのハイパーリンクがクリックされたときと同様に処理します。リンク先が自分のハードディスク内のファイルであったとしても、クリックされると［ファイルのダウンロード］ダイアログボックスが開きます。作業ウィンドウの

中にハイパーリンクを作成したい場合に使います。

以下のコードを使うと、[テンプレート] セクションに MyTemplate.dot というテンプレートファイルを追加できます。このマクロを実行した時点ですでに [新しい文書] 作業ウィンドウが開いている場合は、いったん閉じて開きなおすと変更が反映されます。

```
Sub AddTemplateToTaskBar()
    Application.NewDocument.Add "c:¥MyTemplate.dot", _
        msoNewfromTemplate, "私のテンプレート", msoCreateNewFile
End Sub
```

Remove メソッドの構文は Add メソッドとまったく同じです。したがって、以下のコードを使えば先ほど追加された MyTemplate.dot を削除できます。

```
Sub RemoveTemplateFromTaskBar()
    Application.NewDocument.Remove "c:¥MyTemplate.dot", _
        msoNewfromTemplate, "私のテンプレート", msoCreateNewFile
End Sub
```

Add メソッドと同様に、ここでも *DisplayName* 引数を指定しないと実際には削除されません。

さらなる Hack

ここまで説明してきたマクロを何回か実行しているうちに、作業ウィンドウに入りきらないほどたくさん項目を追加してしまったことはないでしょうか。面倒なことに、現在作業ウィンドウに表示されている項目のリストを取得するということは VBA にはできません。

このような項目をきれいに消し去るためには、レジストリを操作する必要があります。[スタート] → [ファイル名を指定して実行(R) ...] を選択し、次のキーに移動してください。このキーには [新しい文書] 作業ウィンドウに追加された項目がすべて記録されています。なお、11.0 という数字は Word のバージョンによって異なります。

HKEY_CURRENT_USER¥Software¥Microsoft¥Office¥11.0¥Word¥New Document

項目を追加するときに使った *FileName* や *DisplayName* 変数の値にかかわらず、レジストリ上では Custom1、Custom2、…のように名前が付いています (図9-4)。それぞれの項目を選び、[編集(E)] → [削除(D)] を選択してください。

> [最近使用したテンプレート] の項目も消去したい場合は、次のキー以下の項目をすべて削除してください。
>
> HKEY_CURRENT_USER¥Software¥Microsoft¥Office¥11.0¥Word¥Recent Templates

図9-4　［新しい文書］作業ウィンドウに追加された項目

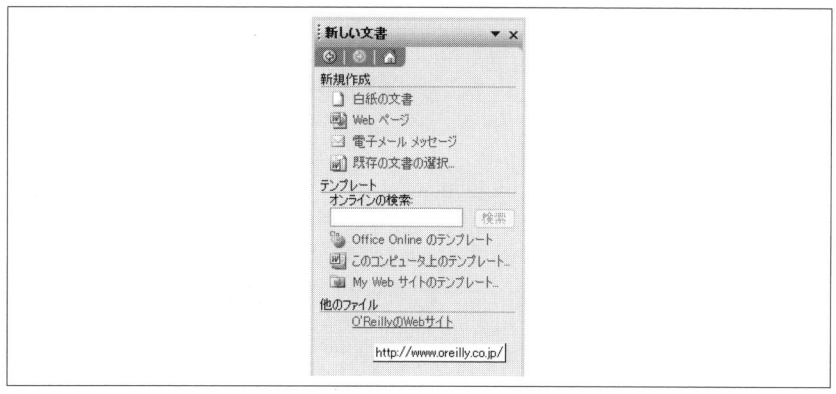

図9-5　作業ウィンドウにハイパーリンクを追加する

　逆に、レジストリを使えば作業ウィンドウに項目を追加することもできます。以下の.regファイルを使うと、［新しい文書］作業ウィンドウの［他のファイル］セクションにO'ReillyのWebサイトへのリンクを追加できます（**図9-5**）。

```
Windows Registry Editor Version 5.00

[HKEY_CURRENT_USER¥Software¥Microsoft¥Office¥11.0¥Word¥New Document¥Custom9]
"Action"=dword:00000002
"DisplayName"="O'Reilly の Web サイト "
"Filename"="http://www.oreilly.co.jp/"
"Section"=dword:00000004
```

ここで指定されている Action と Section の値は、先ほど Add メソッドの中で紹介した値と（先頭にゼロが付いている点を除いて）同じです。

.reg ファイルは簡単に配布できるので、例えば自社のイントラネットサイトやその他の情報源へのリンクを全社員の作業ウィンドウに表示させるといった応用が可能です。

.reg ファイルはダブルクリックするだけで実行できます。

HACK #10 Office アシスタントをカスタマイズする

ここで紹介する Hack を使って、おせっかいなイルカを飼い慣らしましょう。

皮肉なことに、Office アシスタントは Word の中でもコントロールするのが最も難しい部類に入ります。しかし工夫次第で、Office アシスタントはマクロからの出力を表示させるなどの目的に利用することもできます。合気道の精神で、Office アシスタントから受けるいらだちをプラスのエネルギーに変換しましょう。

Office アシスタントを無効化する

ほとんどのユーザーは Office アシスタントに対して、永遠に消えてなくなってしまえと思ったことがあるのではないでしょうか。このような方は、AutoExecマクロ（**[Hack #43]**参照）に以下のコードを記述しましょう。イルカのいない快適な生活が待っています。

```
Assistant.On = False
```

ましなキャラクターに乗り換える

Office アシスタントのキャラクターを変更するには、Office アシスタント自身の持つユーザーインタフェースに頼るよりは VBA を使うほうが簡単です。利用するキャラクターは、Assistant オブジェクトの Filename プロパティで指定できます。

```
Assistant.Filename = "saeko.acs"
```

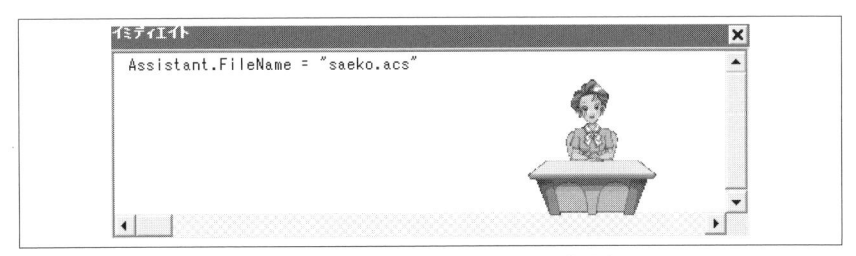

図 10-1　［イミディエイト］ウィンドウを使ってキャラクターを変更する

[Hack #2] で紹介した Visual Basic Editor の［イミディエイト］ウィンドウを使うと、図10-1 のようにキャラクターを簡単に変更できます。

.acs ファイルは C:¥Program Files¥Microsoft Office¥< バージョン >¥ フォルダの中にあり、利用できるキャラクターの種類は Office のバージョンなどによって多少異なります。< バージョン > の部分には、例えば Office 2003 であれば OFFICE11 が入ります。

主なキャラクターは以下の通りです。

- CLIPPIT.acs
- SAEKO.acs
- DOLPHIN.acs

とりあえず非表示にする

普段のOfficeアシスタントは姿を隠しており、ユーザーが何か誤操作などをすると画面上に表示されます。また、以下のようにVisibleプロパティをTrue(表示)またはFalse(非表示)に指定するとVBAのプログラムの中からでもOfficeアシスタントをコントロールできます。

```
Assistant.Visible = True
```

Officeアシスタントを表示させるには、まず有効化(Assistant.on = True)された状態になっていなければなりません。onプロパティがFalseの状態でVisibleプロパティだけTrueにしても、Officeアシスタントは表示されません。繰り返しますが、これらの操作は［イミディエイト］ウィンドウから行うのが簡単です。

Office アシスタントを踊らせる

Officeアシスタントはユーザーの目を引くために、何もないところから現れたり何らかのアニメーションを演じたりします。このアニメーションを意図的に発生させるには、Animationプロパティを使います。アニメーションにはmsoAnimationAppear、msoAnimationEmptyTrash、msoAnimationRestPose、msoAnimationSearchingなどのさまざまな種類があります。Visual Basic Editorには入力を自動で補完してくれる機能があるので、いろいろなバリエーションを試してみてください。

以下のコードを実行すると、重大なメッセージを伝えるのに使われるアニメーションが発生します。

```
Assistant.Animation = msoAnimationGetAttentionMajor
```

情報やいくつかの選択肢を表示させる

　Officeアシスタントが出すバルーン表示を使って、ユーザーに情報を伝えたり、選択肢からの入力を促したりできます。

　以下のコードを実行すると、図10-2のようなメッセージが表示されます。マクロの開始時にOfficeアシスタントが有効化されているかどうかを調べておけば、終了後も有効化されたままにしておくべきかどうかが分かります。

```
Sub OA_CheckForMktngTemplate()
Dim sMarketingTemplate As String
Dim blnAssistantWasOn As Boolean

sMarketingTemplate = "Marketing.dot"
If ActiveDocument.AttachedTemplate = sMarketingTemplate Then Exit Sub
With Assistant
    blnAssistantWasOn = .On
    .On = True
    .Visible = True
    .Animation = msoAnimationGetAttentionMajor
    With .NewBalloon
        .Heading = "テンプレートが違います"
        .Text = "この文書には、マーケティング用ではない" & _
                "テンプレートが使われています。"
        .BalloonType = msoBalloonTypeBullets
        .Labels(1).Text = "マーケティング用のテンプレートを適用します。"
        .Labels(2).Text = "[OK] を押すと続行します。"
        .Icon = msoIconAlertQuery
        .Button = msoButtonSetOkCancel
        If .Show = msoBalloonButtonOK Then
            ActiveDocument.AttachedTemplate = sMarketingTemplate
        End If
    End With
    .On = blnAssistantWasOn
End With
End Sub
```

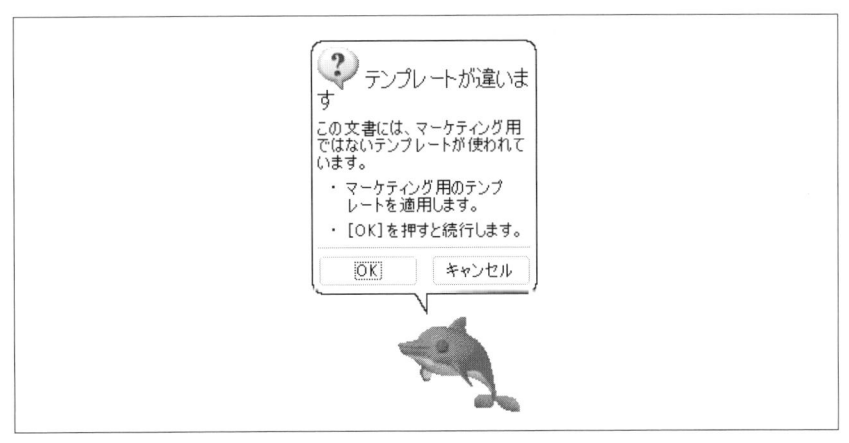

図10-2　Officeアシスタントにメッセージを表示させる

文字列の表示方法、アイコン、ボタンなどは自由に変更できます。

文字列の表示方法を指定するにはBaloonTypeプロパティを使います。利用できる値を表10-1に示します。

表10-1　BaloonType プロパティ

文字列の表示方法	定数名	実際の値
通常の文字列（初期値）	msoBalloonTypeButtons	0
箇条書き	msoBalloonTypeBullets	1
番号付きの箇条書き	msoBalloonTypeNumbers	2

表示される文字列は以下の各プロパティで指定します。

Heading
: バルーンの一番上に表示される文字列です。1回だけ指定できます。

Text
: 通常の文字列です。1つの段落に対応します。

Labels(*n*).Text
: 箇条書きまたは番号付きの箇条書きに表示される文字列です。*n*の部分には1から始まる数値を指定します。

Iconプロパティの値を表10-2に示します。このプロパティを使うと、バルーンに表示されるアイコンを指定できます。

表10-2　Icon プロパティ

アイコン	定数名	実際の値
なし（初期値）	msoIconNone	0
警告	msoIconAlert	2
ヒント	msoIconTip	3
情報	msoIconAlertInfo	4
注意	msoIconAlertWarning	5
疑問符	msoIconAlertQuery	6
重大な問題	msoIconAlertCritical	7

ウィンドウの下端に表示されるボタンは Button プロパティで指定します。表 10-3 に利用できる値を示します。

表 10-3　Button プロパティ

ボタン	定数名	実際の値
なし	msoButtonSetNone	0
［OK］	msoButtonSetOK	1
［キャンセル］	msoButtonSetCancel	2
［OK］、［キャンセル］	msoButtonSetOkCancel	3
［はい(Y)］、［いいえ(N)］、［キャンセル］	msoButtonSetYesNoCancel	4
［はい(Y)］、［いいえ(N)］	msoButtonSetYesNo	5
［戻る(B)］、［閉じる］	msoButtonSetBackClose	6
［次へ(N)］、［閉じる］	msoButtonSetNextClose	7
［戻る(B)］、［次へ(N)］、［閉じる］	msoButtonSetBackNextClose	8
［再試行(R)］、［キャンセル］	msoButtonSetRetryCancel	9
［中止(A)］、［再試行(R)］、［無視(I)］	msoButtonSetAbortRetryIgnore	10
［検索(S)］、［閉じる］	msoButtonSetSearchClose	11
［戻る(B)］、［次へ(N)］、［再通知(S)］	msoButtonSetBackNextSnooze	12

—— Guy Hart-Davis

HACK #11　［最近使ったファイル］の機能を強化する

ボタンを 1 つ押すだけで、Word の制限である 9 個を越えて最近使ったファイルを呼び出せるようにしてみましょう。

以前使ったファイルを呼び出して使うことは多いかと思います。そこで、［ファイル(F)］メニューには最近使ったファイルのリストが表示されるようになっています。

［最近使ったファイル］の仕組み

これから紹介する Hack を使わなくても、以下の操作が行われると対象のファイルが自動的に［最近使ったファイル］に追加されます。

- 保存済みの文書を開いたとき
- 文書を初めて存したとき
- ［ファイル(F)］→［名前を付けて保存(A) ...］で、現在のファイル名と異なる名前で保存したとき

> マクロの中からファイルを開く場合、以下のようにAddToRecentFilesプロパティの値をFalseに指定すれば［最近使ったファイル］には追加されません。
>
> ```
> Documents.Open FileName:="Foo.doc", _
>     AddToRecentFiles:=False
> ```

　Wordをあまり頻繁には使わないというユーザーにとっては、以上のような仕組みだけで十分かもしれません。なお、［最近使ったファイル］に記憶されるファイルの個数は変更できます。［ツール(T)］→［オプション(O)...］を選択し、［全般］タブの［最近使ったファイルの一覧(R)］の横にある数値を適宜変更してください（**図11-1**参照）。最大9までの値を指定できます。また、ここで0を指定すると［最近使ったファイル］を無効にできます。

　［最近使ったファイル］のリストをすべて消去したい場合は、先ほどの［最近使ったファイルの一覧(R)］のチェックをいったん外して［オプション］ダイアログボックスを閉じ、このダイアログボックスをまた開いて［最近使ったファイルの一覧(R)］をチェックします。ただしこの操作を行っても、Windowsの機能として用意されている［最近使ったファイル］のリストには影響しません。

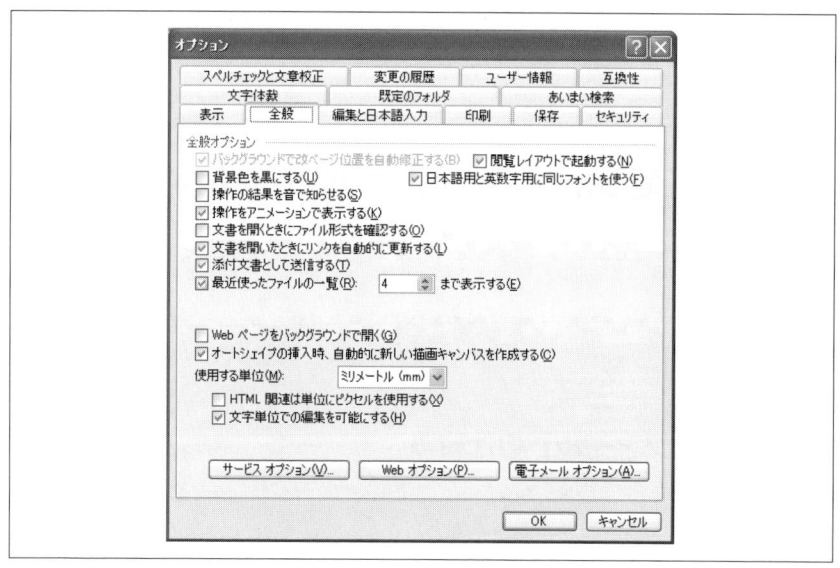

図11-1　記憶するファイルの数を指定する

[最近使ったファイル]のリスト中から呼び出そうとしたファイルが削除あるいは移動されたり、名前が変更されていることがあります。このような場合、ファイルのアクセス権、メモリやディスクの空き容量を確認したり、あるいはテキスト回復コンバータを使って文書を開くよう促すメッセージが表示されます。一方、このような状態でも[最近使ったファイル]のリストからファイルが削除されることはありません。

　[最近使ったファイル]の機能は確かに便利ですが、Wordのパワーユーザーにとっては明らかに不十分です。もし1日に90個の文書を扱うのなら、たった9個のリストなど何の役にも立ちません。これから、MegaMRUという名前のツールを作成し、[最近使ったファイル]をパワーユーザーの要求にも応えるられように機能強化します。

作業の準備

　MegaMRUは図11-2のようなユーザーフォームを持ちます。ここには最近使ったファイルが25個もまとめて表示されます。文書をクリックして[開く]をクリックすると、その文書が開きます。

　このHackのポイントは、**[Hack #49]**で紹介する`PrivateProfileString`コマンドです。これを使うと、ファイル名などの情報をテキスト形式の.iniファイルとして保存できます。例えば、このHackでは以下のような情報が.iniファイルに記録されます。

図 11-2　MegaMRU のウィンドウ

```
[MRU_Files]
MRU01=C:¥Dox¥Doc 1.doc
MRU02=C:¥Dox¥Doc 2.doc
```

コード

MegaMRUはDocumentBeforeCloseイベントを処理するイベントハンドラ（**[Hack #45]**参照）でもあります。その作成方法は以下の通りです。

1. Visual Basic Editorを開き、プロジェクトエクスプローラとプロパティウィンドウが表示されていることを確認します。表示されていない場合は［表示(V)］メニューからそれぞれ表示できます。

2. プロジェクトエクスプローラで、［Normal］を右クリックして［挿入(N)］→［クラスモジュール(C)］を選択します。すると Normal.dot テンプレートの中に新しいクラスが作成されます。F4キーを2回押し、クラスの名前として **MRUClass** と入力して Enter キーを押します。

3. F7キーを押してコード入力のためのウィンドウに移動し、以下のコードを入力します。このコードでは、まだ一度も保存されていないファイルについては保存を促すダイアログボックスを表示しますが、それでも保存されなかった場合は何も処理を行いません。

```
Public WithEvents MyMRU As Word.Application

Private Sub MyMRU_DocumentBeforeClose(ByVal Doc As Document, _
    Cancel As Boolean)
With ActiveDocument
    If .Path <> "" Then
        Add_to_MRU
    Else
        If .Saved = False Then
            Select Case MsgBox(.Name & " への変更を保存しますか?", _
                            vbYesNoCancel + vbExclamation, _
                            "Microsoft Word")
                Case vbYes
                    Dialogs(wdDialogFileSaveAs).Show
                    If .Saved = True Then Add_to_MRU
                Case vbNo
                    .Close SaveChanges:=wdDoNotSaveChanges
                Case vbCancel
                    End
            End Select
        End If
    End If
```

```
        End With
    End Sub
```

4. ウィンドウ右上の小さな×ボタンをクリックし、MRUClassを閉じます。

コードモジュールの作成

次に、コードモジュールをNormal.dotの中に作成します。このモジュールの中には、クラスモジュールの初期化、ユーザーフォームの表示、最近使ったファイルのリストへの追加などを行うマクロが格納されます。[Normal]を右クリックして[挿入(I)]→[標準モジュール(M)]を選択します。そして先ほどと同様の操作で、名前を**MegaMRU**に変更します。これから紹介するコードはすべてこのモジュールの中に記録してください。

クラスモジュールの初期化

ここでは MyMRU という変数を MRUClass クラスのオブジェクトとして宣言し、Word.Application オブジェクトを MyMRU オブジェクトの MyMRU プロパティにセットしています。

```
Dim MyMRU As New MRUClass

Sub Initialize_MyMRU()
    Set MyMRU.MyMRU = Word.Application
End Sub
```

イベントハンドラを有効化するためには、Wordが起動するたびにこのマクロが起動されるようにしなければなりません。このためには、通常はAutoExecマクロ([Hack #43]参照)の中でこのマクロを呼び出すという方法を使います。しかし、もしAutoExecマクロをまだ作ったことがなければ、Initialize_MyMRUマクロの名前をAutoExecに変更してしまってもかまいません。

ユーザーフォームの表示

ユーザーフォームを表示させるには、Show メソッドを使います。

```
Sub Open_MyMRU()
    frmMRU.Show
End Sub
```

このマクロは最近使ったファイルの中から1つを選んで開くためのものなので、[Hack #2]を参考にしてメニュー項目やツールバーのボタンから呼び出せるようにするとよいでしょう。

最近使ったファイルの情報を更新する

最近使ったファイルのリスト(項目の最大数は25とします)に文書の情報を追加するには、まず25番目を除くすべての項目を1つずつずらします。つまり、今まで25番目だった項目

はリストから消去され、24番目が25番目に、23番目が24番目に、…というようにします（ここでFor...Nextループを使っているのですが、必ずループ変数を減少させながら実行するようにしてください。そうしないと、1番目の項目が2番目になり、その2番目が3番目になり、…最終的にすべての項目が同じファイルになってしまいます）。

```
Sub Add_to_MRU()
    Dim i As Integer
    For i = 24 To 1 Step -1
    System.PrivateProfileString(FileName:="c:\windows\mru.ini", _
        Section:="MRU_Files", Key:="MRU" & Format(i + 1, "00")) = _
        System.PrivateProfileString(FileName:="c:\windows\mru.ini", _
        Section:="MRU_Files", Key:="MRU" & Format(i, "00"))
    Next i
    System.PrivateProfileString(FileName:="c:\windows\mru.ini", _
        Section:="MRU_Files", Key:="MRU01") = ActiveDocument.FullName
End Sub
```

ユーザーフォームの作成

いよいよ図11-2のような、MegaMRUのユーザーフォームを作成します。

1. プロジェクトエクスプローラで[Normal]を右クリックし、[挿入(N)]→[ユーザーフォーム(U)]を選択します。

2. プロパティウィンドウの[オブジェクト名]に**frmMRU**と入力し、Enterキーを押します。

3. 同じくプロパティウィンドウの[Caption]に**最近使ったWord文書**と入力し、Enterキーを押します。

4. ユーザーフォームの高さを350ピクセル程度、幅を400ピクセル程度にそれぞれ調節します。ユーザーフォームの外周にあるリサイズハンドルをドラッグしても、プロパティウィンドウで数値を入力してもかまいません。

5. ユーザーフォームを選択し、[ツールボックス]ウィンドウから[ラベル](Aが描かれているアイコン)をクリックします。次にユーザーフォームの左上隅をクリックしてラベルを作成します。[Caption]プロパティに**最近使ったWord文書:**、[AutoSize]プロパティに**True**、[WordWrap]プロパティに**False**とそれぞれ入力します。

6. 同じく[ツールボックス]ウィンドウを使ってリストボックスを作成します。[(オブジェクト名)]は**lstMRU**、高さは約250ピクセル、幅は約360ピクセルにします。また、[MultiSelect]プロパティを**0 - fmMultiSelectSingle**に指定し、ユーザーが複数

の項目を選択できないようにします。[書式(O)]→[フォームの中央に配置(C)]→[左右(H)]を選択し、ユーザーフォームの真ん中にリストボックスが表示されるようにします。

7. コマンドボタンを作成し、[(オブジェクト名)]を **cmdOpen** にします。[Accelerator]プロパティを **O**、[Caption]プロパティを**開く(O)**、[Default]プロパティを **True**、[Enabled]プロパティを **False** にそれぞれ変更します。このままではボタンがやや大きいので、幅と高さを若干小さくしてもかまいません。

8. もう1つコマンドボタンを作成します。[(オブジェクト名)]は **cmdCancel**、[Accelarator]プロパティは **C**、[Cancel]プロパティは **True**、[Caption]プロパティは**キャンセル(C)**、[Default]プロパティは **False** に変更します。[Enabled]プロパティは **True** です。先ほど[cmdOpen]ボタンのサイズを変えた場合は、それに合わせてこのボタンも変更しましょう。

9. 2つのコマンドボタンを選択して[書式(O)]→[グループ化(G)]を選択します。グループをユーザーフォームの下辺近くに移動し、先ほどと同様に中央に表示させます。

ユーザーフォームのコード

次に、ユーザーフォームを選択してF7キーを押します。するとコードを入力するためのウィンドウが開くので、以下の4つのマクロを入力します。

UserForm_Initialize マクロ

UserForm_Initializeマクロは、最近使ったファイルに関する情報をユーザーフォームの中のリストボックスに表示するためのものです。ユーザーフォームが呼び出されるとこのマクロが実行されます。

```
Private Sub UserForm_Initialize()
Dim i As Integer
For i = 1 To 25
    lstMRU.AddItem System.PrivateProfileString( _
        FileName:="c:\windows\mru.ini", _
        Section:="MRU_Files", Key:="MRU" & Format(i, "00"))
    Next i
End Sub
```

lstMRU_Click マクロ

このマクロはユーザーがいずれかの項目をクリックしたときに実行され、［cmdOpen］ボタンを有効にします。これによって、項目が何も選択されていないときに［開く(O)］が押されてしまうことを防ぎます。

```
Private Sub lstMRU_Click()
    cmdOpen.Enabled = True
End Sub
```

cmdCancel_Click マクロ

［キャンセル(C)］がクリックされると、このマクロがユーザーフォームを非表示にし、続いてメモリ上から消去します。

```
Private Sub cmdCancel_Click()
    frmMRU.Hide
    Unload frmMRU
End Sub
```

cmdOpen_Click マクロ

このマクロは、ユーザーフォームを非表示にし、リストボックスの中で選択されていた文書を開き、最後にユーザーフォームをメモリ上から消去します。ファイルを見つけられなかった旨を表示するという、簡単なエラー処理も行っています。

```
Private Sub cmdOpen_Click()
    On Error GoTo Trap
    frmMRU.Hide
    Documents.Open lstMRU.Value
    Unload frmMRU
    End
Trap:
    If Err.Number = 5174 Then MsgBox "ファイル " & lstMRU.Value _
        & " が見付かりません。" _
        & vbCr & vbCr _
        & "削除、移動、名前の移動などが考えられます。", _
        vbOKOnly + vbCritical, "ファイルが見付かりません"
End Sub
```

最後に、［ファイル(F)］→［Normalの上書き保存(S)］を選択してNormal.dotを保存し、Wordを再起動します。

MegaMRUの使い方

以上ですべての準備が終わりました。Wordの起動時にInitialize_MyMRUマクロが呼び出され、文書が閉じられるのを監視するイベントハンドラが初期化されます。そして実際に文書

が閉じられるたびに、最近使ったファイルのリストが順次更新されます。MegaMRUを使って文書を開きたい場合は、Open_MyMRUマクロを実行します。するとユーザーフォームが表示されるので、リストボックス中の文書を1つ選択して［開く(O)］をクリックするだけでOKです。

さらなるHack

MegaMRUはさまざまなカスタマイズが可能です。

- 表示される文書の数を増やしてみましょう。原理的にはいくらでも増やしてかまわないのですが、100から200程度にしておくのがよいでしょう。あまりリスト中の項目が増えると、古いコンピュータでは.iniファイルの更新にとても時間がかかってしまいます（もちろん、最近のコンピュータにとっては朝飯前の作業かもしれませんが）。例えば文書の数を100に増やす場合は、UserForm_Initializeマクロの中の25を100に、Add_to_MRUマクロの中の24を99にそれぞれ変更してください。

- ファイル名だけでなく日付やファイルサイズなども表示したい場合は、.iniファイル中にファイルごとのセクションを作ってみましょう。例えば1番目の文書に関する情報が［MRUFile01］セクションに、2番目については［MRUFile02］セクションに、…というようになります。そしてそれぞれのセクションの中に日付などの情報を記録できます。例を以下に示します。

  ```
  [MRUFile01]
  Name=c:\dox\Example 1.doc
  Size=144048
  Creator=Adam Schmidt
  [MRUFile02]
  Name=Z:\Public\Memo 1443.doc
  Size=256074
  Creator=Stelios Jones
  ```

- 特定の文書やフォルダ、テンプレートなどをリストから除外したい場合は、MyMRU_DocumentBeforeCloseプロシージャにコードを少し追加する必要があります。例えばSecret.dotというテンプレートを使っている文書を除外したい場合は、冒頭に以下の行を追加します。

  ```
  If ActiveDocument.AttachedTemplate = "Secret.dot" Then Exit Sub
  ```

—— Guy Hart-Davis

HACK #12 トラブルシューティングの定石

Word 関連のよくあるイライラを、系統立てて解決してみましょう。

Wordを使っていてよく発生するトラブルには以下のようなものがありますが、これらはすべて同様のアプローチを使って修復できます。

- ツールバーが消える
- Word が何度も異常終了する
- 文書を開くと Word がフリーズする
- その他、開いている文書の種類にかかわらず発生する異常な挙動

これらのトラブルの原因としては、Normal.dotテンプレート、アドイン、破損したレジストリ項目の3つが考えられます。また、Wordとは無関係な一時ファイルも問題を引き起こす可能性があります。

> Word 2002 または Word 2003 を使っている場合は、これから紹介する作業のほとんどを自動化してくれるツールがMicrosoftから提供されています。このツールに関する詳細については、以下のサイトを参照してください。
> - http://support.microsoft.com/kb/319299/ (Word 2002 用)
> - http://support.microsoft.com/kb/820919/ (Word 2003 用)

一時ファイルを削除する

Wordで文書を開くと、そのファイルに関するいろいろな情報を記録した一時ファイルが作成されます。通常は文書を閉じると一時ファイルは削除されるのですが、WordやWindowsが異常終了したなどの理由で削除されずに残ってしまうとさまざまなトラブルの原因となります。

このような一時ファイルはエクスプローラを使って簡単に削除できます。手順は以下の通りです。

1. すべてのアプリケーションを終了します。

2. タスクバー上で何も表示されていない部分をクリックしてから、F3 キーを押して［検索結果］ウィンドウを表示させます。

3. 普段使っているドライブを、サブフォルダも含めて検索する設定になっていることを確認します。

図 12-1 一時ファイルの検索

4. **図**12-1のように、[ファイル名のすべてまたは一部(O)]に以下の文字列を入力します。

    .tmp;~.do?;~*.wbk

5. [検索(R)] をクリックします。

6. 検索結果として表示されたファイルをすべて削除します。

> ファイル名で並べ替えた際に他のファイルよりも先に表示させるために、ファイル名の先頭に意図的にチルダ(~)を付け加えている人(あるいはプログラム)がいるかもしれません。検索結果のファイルをすべて削除してしまう前に、それらが本当に一時ファイルなのかどうか確認しましょう。

これで問題が解決しないようなら、Wordの起動時に読み込まれるテンプレートを疑ってみましょう。

Wordをクリーンな状態で起動する

Wordが起動すると、Normal.dotテンプレートやSTARTUPフォルダに置いたアドインがすべて読み込まれます。そこで、これらを読み込まずにWordを起動する（[Hack #13]参照）ようにしてみます。

1. ［スタート］→［ファイル名を指定して実行(R)...］を選択し、以下のように入力します。/aの前にはスペースが入ります。

   ```
   winword.exe /a
   ```

   次にEnterキーを押します。こうすると、アドイン、グローバルテンプレート、Normal.dotなどを読み込んでいない状態でWordが起動します。もしこれで問題が解決したら、2.に進みます。解決しない場合は、「その他のグローバルテンプレートやアドインを無効化する」に進みます。

2. Wordを終了します。

3. 先ほどと同様の方法で、Normal.dotというファイルを検索します。

   > Windowsのバージョンによっては、Normal.dotが隠しファイルである可能性があります。このような場合は、エクスプローラ上で［ツール(T)］→［フォルダオプション(O)...］を選択し、［表示］タブで［すべてのファイルとフォルダを表示する］をチェックしてください。

4. ［検索結果］ウィンドウに表示されているNormal.dotのファイル名を、例えばNormal.oldなどに変更します。

5. Wordを起動します。

Normal.dotが削除あるいは名前変更されていると、デフォルトの設定に基づいたNormal.dotがWordの起動時に自動生成されます。もしこれで問題が解消したとすると、Normal.dotが破損していたということになります。そうでなければ、その他のテンプレートなどをチェックする必要があります。

その他のグローバルテンプレートやアドインを無効化する

Normal.dotテンプレートに問題がなかった場合は、その他のグローバルテンプレートやアドインなどを調べてみましょう。

1. まず、Wordの起動時に読み込まれるグローバルテンプレートやアドインがそもそも存在するのかどうかを調べます。STARTUPフォルダ（通常はC:¥Documents and Settings¥<ユーザー名>¥Application Data¥Microsoft¥Word¥STARTUP）を開きます。

2. もしファイルが存在すれば、それらのすべてをSTARTUPフォルダ以外のフォルダに移動します。

3. Wordを起動します。もし問題が発生しなければWordを終了し、ファイルを1つずつSTARTUPフォルダに戻してはWordを起動してみるという手順を繰り返します。問題が発生する直前にSTARTUPフォルダに戻したファイルが犯人ということになります。

STARTUPフォルダが空の状態でも問題が発生する場合は、レジストリの中に不正な項目が存在している可能性があります。

レジストリの Data キーを削除する

Word関連のレジストリ項目として、カスタマイズの内容などが記録されるDataというキーがあります。このキーを削除してからWordを起動すると、初期設定の値に基づいてDataキーが再生成されます。したがって、このキーを削除してしまう前に以下のようにしてバックアップをとっておきましょう。

1. ［ツール(T)］→［マクロ(M)］→［新しいマクロの記録(R)...］を選択するか、［Visual Basic］ツールバーの［マクロの記録］をクリックします。［マクロ名(M)］には **RestoreOptions** と入力し、［マクロの保存先(S)］には［すべての文書(Normal.dot)］を選び、［OK］をクリックします。

2. ［ツール(T)］→［オプション(O)...］を選択し、表示された［オプション］ダイアログボックスのすべてのタブを順にクリックします。最後に［OK］をクリックします。

3. ［記録終了］をクリックします。

以上の手順によってマクロの中に、レジストリのDataキーに記録されているものの大部分と、［オプション］ダイアログボックスでの設定項目のほとんどが記録されました。そこで、いよいよDataキーを削除します。

1. レジストリのバックアップをとります。詳しい方法についてはhttp://support.micro

soft.com/kb/322756/（Windows XP）、http://support.microsoft.com/kb/322755/（Windows 2000）、http://support.microsoft.com/kb/322754/（Windows 95、Windows 98、Windows Me）を参照してください。

2. Word が起動していない状態で、［スタート］→［ファイル名を指定して実行(R) ...］を選択し、**regedit** と入力して［OK］をクリックします。レジストリエディタのウィンドウで、以下の場所にある Data キーに移動します。

    HKEY_CURRENT_USER¥Software¥Microsoft¥Office¥<バージョン>¥Word¥Data

    ここで<バージョン>の部分には以下の数値が入ります。この Data キーの名前を変更するか、削除してください。

    - Word 97 :　　8.0
    - Word 2000 :　9.0
    - Word 2002 :　10.0
    - Word 2003 :　11.0

3. Word を起動します。初期設定の値に基づいて Data キーが再生成されます。

キーの再生成後の処理

RestoreOptions マクロを実行し、オプション設定の値を復元します。なお、このマクロを使っても復元できない項目がいくつかあります。それらのうち重要と思われるものについて以下で説明します。

1. ［標準］ツールバーと［書式設定］ツールバーは必ず左右に並んで表示されます。上下に並べたい場合は、［ツール(T)］→［ユーザー設定(C) ...］を選択し、［オプション］タブの［［標準］と［書式設定］ツールバーを2行に並べて配置する(S)］をチェック（Word 2000 では、［［標準］と［書式設定］ツールバーを横に並べて配置する(S)］のチェックを外す）してください。

2. 好むと好まざるとにかかわらず、Office アシスタントは必ず表示されます。表示されないようにするには、Office アシスタントを右クリックして［オプション(O) ...］を選択し、［Office アシスタントの使用(U)］のチェックを外してください。

3. ［最近使ったファイル］のリストはすべて消去されます。

4. 作業メニュー（Wordでの［お気に入り］のようなもの）のリストもすべて消去されます。

5. STARTUPフォルダにないグローバルテンプレートやアドインは登録しなおす必要があります。

以上の手順でWordを以前の状態に戻せたら、正常なDataキーをディスク上のどこか安全な場所にエクスポートしておくとよいでしょう。そうすれば、後でまたDataキーを削除しなければならなくなった場合もエクスポートしたキーを使ってすぐに復元でき、上記の面倒な手順を繰り返す必要がなくなります。

―― Phil Rabichow

HACK #13 Wordの起動方法を変更する

このHackではWordのさまざまな起動方法を紹介します。好みのテンプレートまたはマクロ、最近使った文書やある特定の文書を開いたり、スプラッシュスクリーンを表示せずに起動したり、白紙の文書を開かないようにしたりできます。

全世界のオフィスや家庭に数千万人はいるであろうWordユーザーのほとんどは、毎回毎回［スタート］メニューを開いてWordのアイコンをクリックし、見飽きたスプラッシュスクリーン（図13-1）にいらいらさせられていると思われます。そして、Normal.dotを使った白紙の文書をいちいち閉じ、別のテンプレートを使って文書を新規作成したり既存の文書を開いたりしているのではないでしょうか。

すべてのユーザーに画一的なユーザーインタフェースを提供すること自体は間違っていませんが、これでは効率も悪く、楽しくもありません。そこで、スタートアップスイッチを指定することによってWordの起動方法をコントロールしてみましょう。オートマクロ（[**Hack #43**] 参照）と組み合わせれば、さらに柔軟なコントロールも可能になります。

図 13-1　Wordのスプラッシュスクリーン

スタートアップスイッチ

「スタートアップスイッチ」とは、プログラムを起動する際に指定する特別なコマンドを意味します。まず、［スタート］→［ファイル名を指定して実行(R) ...］を選択し、以下のように入力して［OK］をクリックしてみましょう。

> winword

通常通りにWordが起動するはずです。一方、ここでスタートアップスイッチを指定するとWordの起動方法が少し変わります。ためしに、以下のように入力してみましょう。

> winword /n

白紙の文書を開くことなくWordを起動できました。ところで、スタートアップスイッチには何らかの情報を追加で指定しなければならないものもあります。例えば以下のスタートアップスイッチを使うと、「メモ1」テンプレートを使った新しい文書が作成されます。

> winword /t" メモ 1"

上の例から分かるように、テンプレートまたは既存の文書の名前にスペースが含まれる場合、その名前を二重引用符で囲む必要があります。

Wordで利用できるスタートアップスイッチをアルファベット順に並べ替え、**表**13-1にまとめました。

表 13-1 Wordのスタートアップスイッチ

スタートアップスイッチ	Wordの動作	主な用途
/a	Normal.dotを含むグローバルテンプレートやアドインを一切読み込まずに起動します。また、レジストリのデータに対する読み書きも行いません。	Wordが起動しなかったり動作が不安定であったりする場合に、トラブルシューティングのために使います。また、学校や研究所などで全員の環境を同一にしたい場合などにも利用できます。
/laddinpath	指定されたアドインまたはグローバルテンプレートを読み込みます。	特定の作業には必要だが、通常は必要ないというアドインまたはグローバルテンプレートに使います。
/c	Wordの新しいセッションを開始し、同時にNetMeetingも起動します。	便利かもしれませんが、あまり使われていません。
/m	マクロを実行せずに起動します。	通常は必ず実行されるAutoExecマクロをあえて実行したくない場合に使います。

表 13-1　Word のスタートアップスイッチ（続き）

スタートアップスイッチ	Word の動作	主な用途
/m*macro*	AutoExecマクロの代わりに、指定されたマクロを実行します。	特定の作業を行うなどの理由で、通常と異なった方法で Word を起動したい場合に使います。Word上でVBAのアプリケーションを実行したい場合にも利用できます。
/mfile*n*	［最近使ったファイル］の中で*n*番目にあるものを開きます。	最後に使った文書を開く場合などに使えます。便利かどうかはよく分かりません。
/n	Wordの新しいセッションを開始しますが、Normal.dotを使った白紙の文書を作成しません。	無駄な文書の作成を防ぎます。ウィンドウだけを複数個開きたい場合にも便利です。
pathname¥*filename*	Word を起動し、指定された文書（複数指定可）を開きます。	特定の文書をいつも利用する場合に使います。
/q	スプラッシュスクリーンを表示せずに Word を起動します。Word 2000 SR-1 や Word 2003 など、特定のバージョンでのみ機能します。	スプラッシュスクリーンを表示せずに Word を起動します。Word 2000 SR-1 や Word 2003 など、特定のバージョンでのみ機能します。
/r	Word をバックグラウンドで実行し、Wordに関連するレジストリの設定を行って終了します。	レジストリに問題が発生したときに使います。Word自体はバックグラウンドで実行されますが、Windowsインストーラの画面が表示されます。レジストリの内容を書き換えるため、実行には細心の注意が必要です。
/safe	/aと同様に、Normal.dotを含むすべてのグローバルテンプレートやアドインを読み込まず、レジストリも読み書きしません。さらに、空白の文書を作成せず、［ドキュメントの回復］の機能は無効になります。スマートタグ、カスタマイズされたツールバー、オートコレクトの項目なども読み込まれません。	トラブルシューティングのために使います。特に、破損した文書を回復する際に発生する問題に対して有効です。
/t*template*	Normal.dot の代わりに、指定されたテンプレートを使って文書を新規作成します。	利用するテンプレートがあらかじめ分かっている場合に便利です。
/w	新しいセッションを開始し、Normal.dot に基づいた新規文書を作成します。	複数のウィンドウを開きたい場合に使います。

表 13-1　Word のスタートアップスイッチ（続き）

スタートアップスイッチ	Word の動作	主な用途
/x	オペレーティングシェルから新しい Word のセッションを開始します。1つの DDE 要求にのみ応答します。	あまり使われません。新しいウィンドウを開く場合は /w を代わりに使いましょう。

　これらのスタートアップスイッチは［ファイル名を指定して実行］ダイアログボックスでも指定できますが、特定のスタートアップスイッチを毎回使いたいという場合はショートカットを作成すると便利です。ショートカットの中でスタートアップスイッチを指定しておけば、そのショートカットをダブルクリックするだけでスタートアップスイッチが適用されます。

　ショートカットを作成するには、まずショートカットを作成したい場所（デスクトップなど）を右クリックし、［新規作成(N)］→［ショートカット(S)］を選択します。［ショートカットの作成］ダイアログボックスが表示されるので、［参照(R)...］をクリックして WINWORD.EXE（Office 2003 の場合、このファイルは C:¥Program Files¥Microsoft Office¥OFFICE11 フォルダにあります）を指定し、［OK］をクリックします。すると［項目の場所を入力してください(T)］の欄に WINWORD.EXE のパスが表示されます。この末尾に、スペースに続けて例えば /n と入力します（図13-2）。そして［次へ(N) >］をクリックします。

　ショートカットに名前を付けるよう促されるので、例えば「Word（文書なし）」といった名前を入力します。そして［完了］をクリックすると、ショートカットのでき上がりです。今後は、白紙の文書を作成せずに Word を起動したくなったらこのショートカットをダブルクリックするだけで OK です。これ以外にもいろいろなスタートアップスイッチを使った

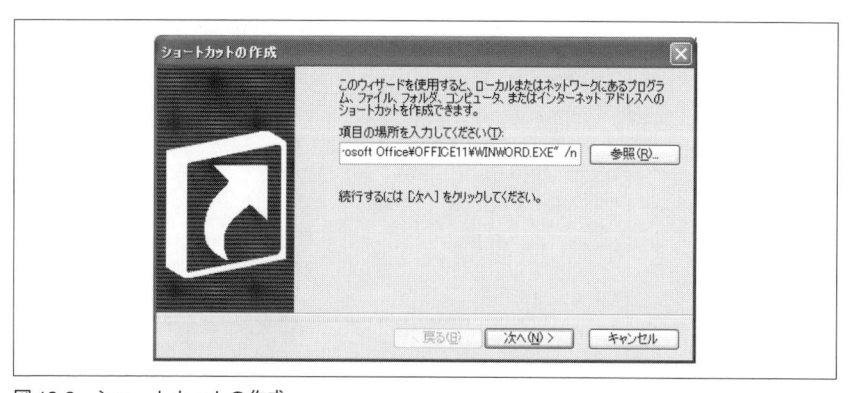

図 13-2　ショートカットの作成

ショートカットを作っておけば、行おうとしている作業に応じて簡単に起動方法を切り替えられます。

表13-1で紹介したスタートアップスイッチは、トラブルシューティングのためのもの、Wordのセッションを開始するためのもの、そして指定されたファイルを開くものの3つに分類できます。これからそれぞれについてもう少し詳しく見てみましょう。

トラブルシューティング

Word 2002 または Word 2003 では、/safe を使うと Word の起動時に発生する問題をある程度回避できます。[Hack #12]で紹介した対策を行ってもまだ問題が解決しない場合は、/r を使うことによってレジストリを修復できます。これでも解決しない場合は、Wordの再インストールが必要になるかもしれません。

新しいセッションを開始する

1つのセッションの中で複数の文書を開くことができるため、ほとんどの場合セッションは1つでも十分です。しかしテストや何らかの特別な目的のために、あえて複数のセッションが必要ということがあるかもしれません。

/nや/wを使うと新しいセッションを開始できますが、この際にNormal.dotの扱いが面倒な問題となります。複数のセッションでそれぞれNormal.dotに対して変更を加えた場合、何が起こるのでしょうか？

このような場合、すべてのセッションを終了しようとしたときに初めて問題が発生したことが分かります。1つ目のセッションを終了するときには通常通りNormal.dotを上書き保存できますが、2つ目以降のセッションを終了しようとすると図13-3のようなメッセージが表示されます。ここで[はい(Y)]をクリックしても、このファイルは読み取り専用であるというエラーが表示されてしまいます。[キャンセル]をクリックすると、Wordのセッションに逆戻りしてしまいます。したがって、ここでは[いいえ(N)]をクリックするしかありません。すると[名前を付けて保存]ダイアログボックスが表示されるので、ファイル名または保存先のフォルダを変えてNormal.dotを保存します。後でこのファイルとNormal.dotを見比べて、手作業で変更点をマージしましょう。

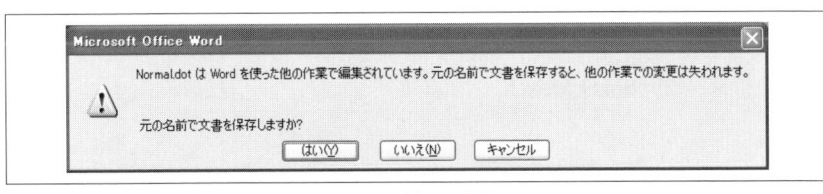

図13-3 複数セッションからのNormal.dotに対する変更

1つ以上のファイルを開く

文書を手早く開くというのは、数あるスタートアップスイッチの中でも最もよく使われる使い方です。/mfilen を使うと、［最近使ったファイル］（[Hack #11] 参照）のリストの中から1つを選んで開くことができます。pathname¥filename はさらに便利であり、任意の文書を指定できます。複数のファイルをスペースで区切って指定すれば、それらのファイルをまとめて開けます。

```
winword "z:¥public¥Strategic Plan.doc" c:¥private¥my_subversive_novel.doc
```

繰り返しになりますが、ファイル名やパスの中にスペースが含まれる場合は二重引用符で囲んでください。

さらなる Hack

/mmacro を使うと、起動時に任意のマクロを実行して Word のセッションを完全にコントロールできます。ユーザーフォームを起動してユーザーに情報を入力してもらい、これに基づいて処理を行ってすぐ終了するようなアプリケーションを作成した場合や、何かの作業のための環境を簡単にセットアップしたい場合などに便利です。

> /ttemplate と /mmacro は併用してもかまいません。つまり、指定されたテンプレートに保存されている任意のマクロを実行できます。しかし多くの場合、マクロは Normal.dot に保存し、スタートアップスイッチとしては /mmacro だけを指定したほうがよいでしょう。

以下のマクロを使うと、文書が2つのウィンドウで開かれます。片方のウィンドウは最大化され、印刷プレビューが表示されます。もう片方では見出しレベル3までのアウトラインが表示されます。アウトラインのウィンドウは最小化されているので、必要になるまで表示されません。

```
Sub Set_Up_Word_Window()

    ' 新しいウィンドウを開き、アウトライン表示に
    ' 切り替えて最小化します
        With ActiveWindow
            .NewWindow
            Windows(1).Activate
            .WindowState = wdWindowStateNormal
            .Left = 0
            .View = wdOutlineView
            .View.ShowHeading 3
```

```
        .Caption = "アウトライン"
        Windows(2).Activate
        Windows(1).WindowState = wdWindowStateMinimize
    End With

    ' 元のウィンドウは印刷プレビューに切り替えます
    ActiveDocument.PrintPreview
    CommandBars("Print Preview").Visible = False
    With ActiveWindow
        .View.Magnifier = False
        .DisplayHorizontalScrollBar = False
        .WindowState = wdWindowStateMaximize
        .Caption = "印刷プレビュー"
    End With

End Sub
```

このマクロを実行するには、開く文書のファイル名と/mmacroをスタートアップスイッチとして指定します。

```
winword "D:¥Projects¥Pergelisol Tragedy.doc" /mSet_Up_Word_Window
```

このような方法には、起動時に実行されるマクロを任意に指定できるという大きなメリットがあります。これに対して**[Hack #43]**で紹介するオートマクロを利用する場合、指定されたマクロがWordを起動するたびに必ず実行されてしまいます。

—— Guy Hart-Davis

3章
文書の作成
Hack #14-26

単純なフォームやニュースレターからプロ向けの印刷業務にいたるまで、今やWordには汎用の文書作成・出力プログラムとしての役割が期待されています。この章ではWordの基本的な書式設定の機能が持つ限界を超えるためのHackを紹介し、Wordをより高品質な文書作成のためのツールに生まれ変わらせます。

HACK #14 フォントの一覧を表示する

おそらく100種類以上はインストールされているであろうフォントの中から1つを選ぶとき、あなたはどうしていますか？ 1つ1つ試行錯誤しながら決めていたら切りがありません。ここで紹介するHackを使い、利用できるフォントの一覧を表示してみましょう。

「たで食う虫も好き好き」という言葉は、フォントを選択する際にも当てはまります。初期設定の時点ですでに多数のフォントがインストールされており、インターネット上を探せば数千ものフォントが手に入ります。誰にとってもお気に入りのフォントの1つや2つはきっとあることでしょう。

Wordでフォントを指定するには、普通は文字列を選択してから［書式設定］ツールバーの［フォント］プルダウンメニューを開き、気に入ったものが見つかるまで下方向にスクロールしてゆきます。しかし図14-1のように、ここには一度に12種類のフォントしか表示できません。これではフォントを見比べるのも大変です。

> フォントのリストの先頭には最近使ったものが表示されますが、これを止めることもできます。レジストリエディタを開き、次のキーに移動してください。
>
> HKEY_CURRENT_USER¥Software¥Microsoft¥Office¥<バージョン>¥Word¥Options
>
> 次に［編集(E)］→［新規(N)］→［文字列値(S)］を選択し、名前に **NoFontMRUList**、値に **1** をそれぞれ入力してください。

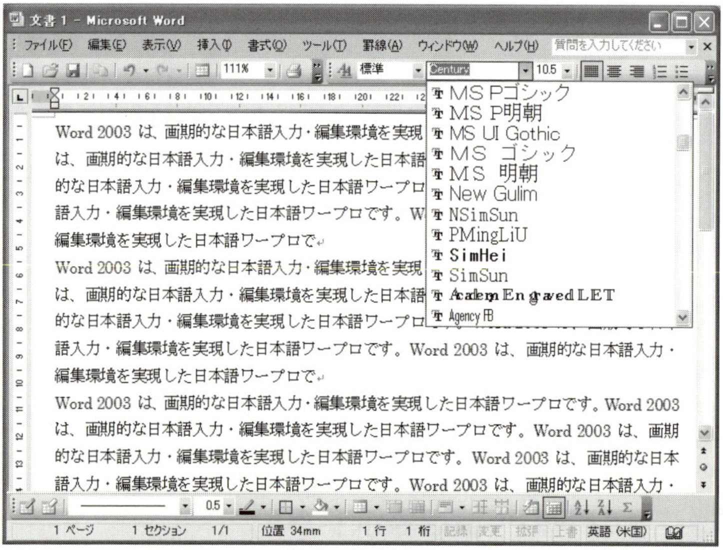

図14-1　一度に12種しか表示されないフォント

　ところで、Wordには［フォント(N)］というメニューが組み込みで用意されていますが、初期設定のままではこれは表示されません。このメニューを表示させるには、まず［ツール(T)］→［ユーザー設定(C)...］を選択します。［コマンド］タブの［分類(G)］で［組み込みのメニュー］を選び、［コマンド(D)］の中にある［フォント］をメニューバー上の好きな位置へドラッグしてください。

図14-2　フォントの一覧(抜粋)

このメニューの中にはすべてのフォントがメニュー項目として収められており、簡単にフォントを探せます。しかし、より効率的で効果も高く優れたやり方があります。すべてのフォントのサンプルが入力された表を自動生成してみましょう。

ここで紹介するマクロを実行すると、2つの列からなる表が生成されます。左の列にはフォント名がアルファベット順に並び、右の列にはそれぞれのフォントのサンプルが入力されています。この表の一部を図 14-2 に示します。

多数のフォントがインストールされている場合は、実行に若干時間がかかるかもしれません。

コード

このマクロによって生成される文書はNormal.dotテンプレートに基づいています。フォント名は「MS 明朝」フォントで表示されます(このフォントはまず間違いなくすべてのコンピュータにインストールされているので、安心してください)。

以下のコードを、好みのテンプレート(**[Hack #40]** 参照)に入力してください。

```
Sub FontSampleTable()
Dim vFontName As Variant
Dim iFontCount As Integer
Dim i As Integer
Dim tbl As Table
Dim sSampleText As String
Dim doc As Document
Dim rng As Range

sSampleText = "abcdefghijklmnopqrstuvwxyz"
sSampleText = sSampleText & Chr$(32) & UCase(sSampleText)
sSampleText = sSampleText & Chr$(32) & "0123456789"
sSampleText = sSampleText & Chr$(32) & ",.:;!@#$%^&*()"
sSampleText = sSampleText & Chr$(32) & " ひらがなカタカナ漢字 "
Application.ScreenUpdating = False

Set doc = Documents.Add
iFontCount = Application.FontNames.Count

Set rng = doc.Range
rng.Font.Name = "MS 明朝"
rng.InsertAfter ("フォント名" & vbTab & "サンプル" & vbCr)
i = 1
For Each vFontName In Application.FontNames
    StatusBar = "サンプルの作成中(" & i & "/" & _
                iFontCount & "): " & vFontName
    rng.Collapse wdCollapseEnd
    rng.InsertAfter (vFontName & vbTab & sSampleText & vbCr)
    rng.Font.Name = vFontName
    i = i + 1
```

```
    Next vFontName

    StatusBar = "表を作成しています..."

    doc.Content.ConvertToTable Format:=wdTableFormatWeb1
    Set tbl = doc.Tables(1)

    tbl.Rows.First.Range.Font.Bold = True
    tbl.Rows.First.HeadingFormat = True
    tbl.Columns.First.Select

    Selection.Font.Name = "MS 明朝"
    Selection.Rows.AllowBreakAcrossPages = False
    Selection.Collapse wdCollapseStart

    tbl.SortAscending

    StatusBar = "完了"
    Application.ScreenUpdating = True
    End Sub
```

このコードでは処理の高速化のためにScreenUpdatingというプロパティが使われています。マクロの冒頭でこのプロパティの値をFalseにすると、マクロが文書を頻繁に変更しても再描画が行われず、その結果貴重なCPU資源を消費しなくてすむようになります。マクロの実行が終われば自動的に再描画が行われます。しかしマクロが異常終了した場合などに備えて、コードの中でもこのプロパティの値をTrueに戻しておくほうがよいでしょう。

大量のフォントがインストールされているコンピュータ上では、このマクロの実行に1分以上かかってしまうこともあります。そこで、このマクロではStatusBarプロパティを使って処理の進行状況をステータスバーに表示しています(進行状況をユーザーに知らせるための他の方法については[Hack #48]を参照してください)。このように、実行に時間がかかるマクロではステータスバーを使うと進行状況などをユーザーに対して効果的に伝達できます。ScreenUpdatingプロパティの値をFalseにしても、ステータスバーの表示には影響ありません。

さらなる Hack

上のコードに対して少しだけ変更を行うと、コード中で指定されている文字列の代わりに現在選択されている文字列をサンプルとして利用できます。この変更は、特定のフォントでのみ利用できる記号や特殊文字を調べたい場合に有効です(図14-3参照)。

変更されたコードは以下の通りです。このマクロでは、現在選択されている文字列がそれぞれのフォントで表示されます。そのときに複数の段落が選択されていた場合は、最初の段落だけが使われます。

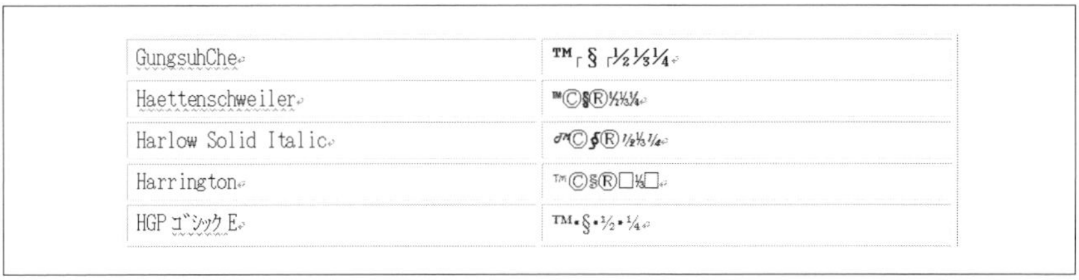

図 14-3　特殊記号を表示できるフォントを探す

```
Sub FontSamplesUsingSelection()
Dim sel As Selection
Dim vFontName As Variant
Dim iFontCount As Integer
Dim i As Integer
Dim tbl As Table
Dim sSampleText As String
Dim doc As Document
Dim rng As Range

Set sel = Selection
If sel.Characters.Count >= sel.Paragraphs.First.Range.Characters.Count Then
    sSampleText = sel.Paragraphs.First.Range.Text
    ' 表をきれいに生成するために、末尾の段落記号を削除します
    sSampleText = Left$(sSampleText, Len(sSampleText) - 1)
Else
    sSampleText = sel.Text
End If
Application.ScreenUpdating = False

Set doc = Documents.Add
iFontCount = Application.FontNames.Count

Set rng = doc.Range
rng.Font.Name = "MS 明朝"
rng.InsertAfter "フォント名" & vbTab & "サンプル" & vbCr
i = 1
For Each vFontName In Application.FontNames
    StatusBar = "サンプルの作成中(" & i & "/" & iFontCount & _
    "): " & vFontName
    rng.Collapse wdCollapseEnd
    rng.InsertAfter vFontName & vbTab & sSampleText & vbCr
    rng.Font.Name = vFontName
    i = i + 1
Next vFontName

StatusBar = "表を作成しています..."

doc.Content.ConvertToTable Format:=wdTableFormatWeb1
Set tbl = doc.Tables(1)
```

```
tbl.Rows.First.Range.Font.Bold = True
tbl.Rows.First.HeadingFormat = True
tbl.Columns.First.Select

Selection.Font.Name = "MS 明朝"
Selection.Rows.AllowBreakAcrossPages = False
Selection.Collapse wdCollapseStart

tbl.SortAscending

StatusBar = "完了"
Application.ScreenUpdating = True
End Sub
```

HACK #15 タブを使って下線を引く

表を作成する機能の出現により、タブはかつてのIBM製タイプライターとともに過去の遺物として追いやられてしまいました。しかし、空白部分に下線を引くにはタブが一番便利です。その方法をこれから紹介します。

履歴書や契約書などでは、印刷後にユーザーが手書きで情報を記入します。このような形式のフォームでは、図15-1のように記入欄には下線が引かれているのが一般的です。

このような下線を引く際、ほとんどのユーザーはわざわざとても面倒な方法をとっていると思われます。項目と項目の間にアンダースコアをたくさん入力し、最後の項目から行末までの間にも同じく多くのアンダースコアを入力しているのではないでしょうか。このような場合、後でこの文書をメンテナンスする人にとって大きな問題が2つ発生します。

- 項目名が変更された場合、行末のアンダースコアが次の行に移ってしまったり、ページの右端に届かなくなってしまったりします。

- それぞれの行の右端がきれいに揃うことや、ページの右端にぴったり届くことはまずありません。

しかし事前にちょっとした準備を行い、Wordの描画関連の機能の助けを借りれば、上のようなフォームを作成するのはとても簡単な作業になります。

図15-1 記入欄の下線

図15-2 ［グリッド線］ダイアログボックス

フォーム中のそれぞれの行は異なるタブ位置を持つので、まず行ごとに段落を分けてください。次に、［表示(V)］→［ツールバー(T)］→［図形描画］を選択します。このツールバーは通常Wordのウィンドウ下端に表示されます。この中の［図形の調整(D)］→［グリッド(I)...］を選択し、［グリッド線］ダイアログボックス（図15-2）を表示させます。［文字グリッド線の間隔(Z)］と［行グリッド線の間隔(V)］にそれぞれ **6 pt** と入力し、［グリッド線を表示する(L)］と［文字グリッド線を表示する間隔(本)(T)］をチェックし、［文字グリッド線を表示する間隔(本)(T)］と［行グリッド線を表示する間隔(本)(H)］にそれぞれ **1** と入力します。

複数行からなるフォームで、項目の開始位置を揃えたい場合などにこのグリッドが重宝します。［グリッド線］ダイアログボックスを閉じると、図15-3のような画面になるはずです。

次に、ルーラー（目盛りが表示されている部分、図15-4参照）の左端にある四角形に大文字のLのようなアイコンが表示され、ツールチップには［左揃えタブ］と表示されることを確認してください。この部分をクリックすることによって、挿入されるタブの種類（左揃え、中

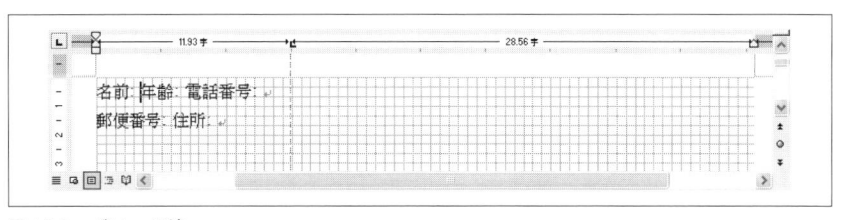

図15-3 グリッド線

図 15-4　挿入されるタブの種類を指定する

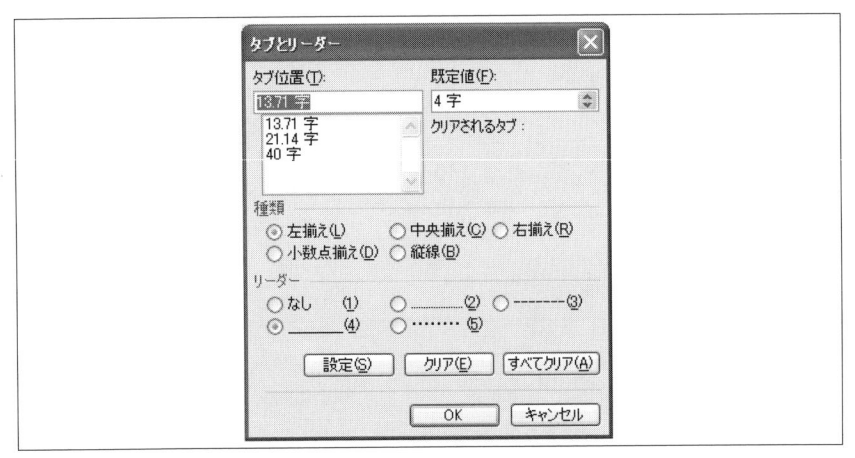

図 15-5　下線の作成

央揃え、右揃え、小数点揃え、縦線)などを変更できます。

　フォームの先頭行にカーソルを移動し、Altキーを押したままルーラー上でマウスボタンを押し、適切な位置まで左右方向にドラッグします。Altキーを押している間は、図15-3のようにカーソルの正確な位置が表示されます。ここで指定したタブ位置の直後から2番目の項目が始まります。これ以降の項目についてもタブ位置を指定し、最後に行末にもタブを挿入します。タブの位置がすべて決まったら、実際に文書中でTabキーを入力して各項目を適切な位置に表示させます。最後の項目の後にも Tab キーを入力してください。

　いよいよ下線を引きます。まず、最初のタブをダブルクリックして［タブとリーダー］ダイアログボックス(図15-5)を表示させます。

　［タブ位置(T)］の中で最初に表示されているものを選び、［リーダー］の中の［＿＿＿＿(4)］をクリックしてから［設定(S)］をクリックします。この操作を［タブ位置(T)］に表示されているすべての項目に対して行います。

　タブと下線をそれぞれ設定しなければなりませんが、この努力はメンテナンスのときに必ず報われます。

スタイルに分かりやすい別名を付ける

HACK #16

スタイルに短い別名を付けておけば、後でそのスタイルを指定するときにとても便利です。

選択されている文字列に対してスタイルを設定するには、まず［書式設定］ツールバーの［スタイル］をクリックし、スタイル名を入力してEnterキーを押すのが簡単です。

Wordに組み込みで用意されているスタイル名は変更できませんが、スタイルに別名を付けることなら可能です。例えば「見出し3」というスタイルに「h3」という別名を付けられます。こうすれば、先ほどの手順の中で「h3」と2文字入力するだけで「見出し3」のスタイルを設定できます。

このような別名を作成するには、まず［書式(O)］→［スタイルと書式(S)...］を選択します。別名を付けたいスタイルを選び、［変更(M)...］を選択します。［名前(N)］に表示されている文字列の末尾に半角コンマを入力し、その直後に続けて別名を入力します（図16-1）。コンマの後にスペースを入力してしまうと、そのスペースも別名の一部として解釈されてしまうので注意が必要です。

> 1つのスタイルに複数の別名を付けることは可能ですが、複数のスタイルに対して同じ別名を付けることはできません。

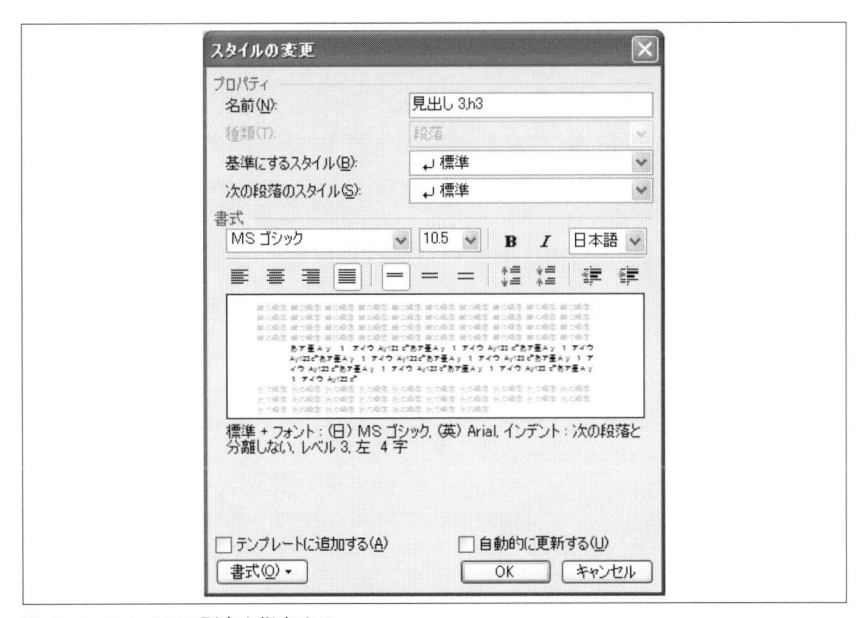

図16-1 スタイルに別名を指定する

[図: スタイルプルダウンメニュー]
```
表示したハイパーリンク,hh
        表題,hd
        副題,fd
本文 2,hb2
本文 3,hb3
本文,hb1
    本文インデント 2,hi2
    本文インデント 3,hi3
    本文インデント,hi1
    本文字下げ 2,hj2
本文字下げ,hj1
その他...
```

図16-2　別名が付けられたスタイル

　別名にはスタイルの短縮名としての役割だけでなく、本来の「もう1つの名前」としての役割もあります。例えば、文書の中で「見出し1」スタイルをそれぞれの章のタイトルに使っているなら、このスタイルに例えば「章タイトル」という別名を付けるのもよいでしょう。

　スタイルに別名を付けると、[スタイル]プルダウンメニューが図16-2のように若干見づらくなります。しかし別名を使っているのであれば、プルダウンメニューを開くことはほとんどないでしょう。

マクロの中で別名を利用する

　マクロの中でスタイルを指定する場合は、最初から付けられている名前、別名、上の手順の中で[名前(N)]として指定した文字列のうちどれを使ってもかまいません。例えば「見出し3」スタイルに「h3」という別名を付けていた場合、以下のコードはすべてpara変数が表す段落に同じスタイルを設定します。

```
para.Style = "見出し 3"
para.Style = "見出し 3,h3"
para.Style = "h3"
para.Style = "h" & CStr(3)
```

　Wordに標準で用意されているスタイルにはそれぞれに対応する定数が定義されており、こ

の定数を使った以下のコードも同じ意味を持ちます。

```
para.Style = wdStyleHeading3
```

設定されている別名をすべて削除するには、以下のようなマクロを使います。例えば他人の文書を編集する際に、一時的に別名を利用していたといったような場合に使ってください。

```
Sub RemoveAllStyleAliases
Dim sty As Style
For Each sty In ActiveDocument.Styles
    sty.NameLocal = Split(sty.NameLocal, ",")(0)
Next sty
End Sub
```

Split関数によって、スタイル名の文字列のうち最初に現れたコンマとそれ以降の文字列がすべて削除されます。スタイル名の中にコンマが含まれていなければ、何も起こりません。

HACK #17 簡単な棒グラフを作成する

何かグラフィックがあれば、たとえそれが単純なものであったとしても文書がとても引き立ちます。ここでは表作成の機能を利用して棒グラフを作ってみます。

Wordのレイアウト機能はQuarkXPressに及ばず、グラフィック機能はMacromedia Freehandにかないません。しかし、文字列やクリップアートなどに加えてちょっとの工夫があれば、アピール度の高い文書を作成することも不可能ではありません。

例えば、新しいソフトボールのチーム名についてアンケートを行い、その結果を月刊の社内報に掲載するとします。図 17-1 のような、結果を表す棒グラフをこれから作成してみましょう。

グラフの元となる表を作れたら、これを棒グラフに作り変えるのは簡単です。ただし、当然ですがデータの集計はあらかじめしておいてください。

まず［罫線(A)］→［挿入(I)］→［表(T)...］を選択し、2列×4行の表を作成します。表内で右クリックし、［表のプロパティ(R)...］を選択します。［表］タブで［オプション(O)...］をクリックし、［上(T)］［下(B)］［左(L)］［右(R)］をすべて **0 pt** にします。

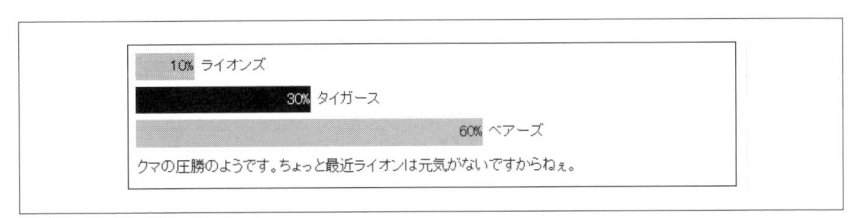

図 17-1 簡単な棒グラフ

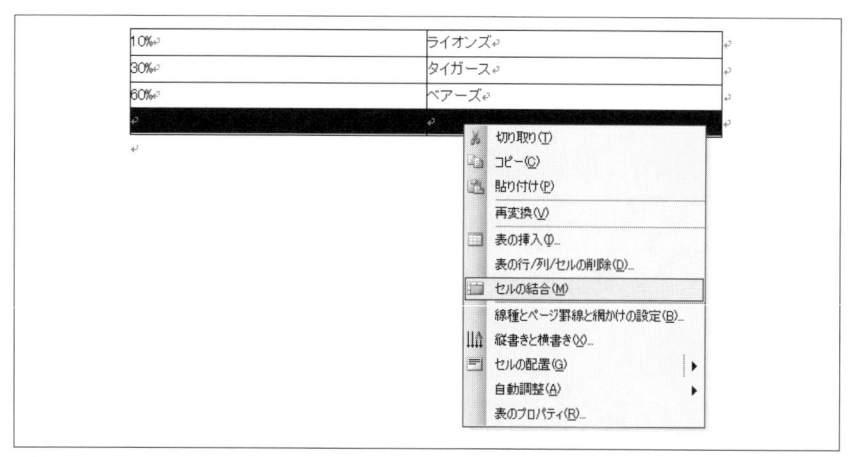

図 17-2　最下行のセルを結合する

　表中の上3行にテキストを入力します。左の列にはパーセンテージを、右の列にはチーム名を入力します。次に最下行の2つのセルを選択し、図17-2のように［セルの結合(M)］を選択します。

　次に、それぞれの棒の長さを計算します。グラフ全体の横の長さに比例するようにしましょう。ページが表示されている部分のすぐ上にあるルーラーを見ると、表の横幅は40字強であることが分かります。40字の10%は4字なので、ライオンズの棒の長さは4字分になります。同様にタイガースは12字、ベアーズは24字です。

　表の1行目を選択し、1列目と2列目の境界の部分をドラッグしてセルの幅つまり棒の長さを調節します。ドラッグ中にAltキーを押すと、図17-3のように実際の長さがルーラー上に表示されます。

　セルの幅が計算上の長さにぴったり合うことはあまりないので、4字に近い数字になれば十分です。この操作を2行目と3行目についても行います。次に、表の4行目に説明文を入力します。

図 17-3　ルーラー上に実際の長さを表示させる

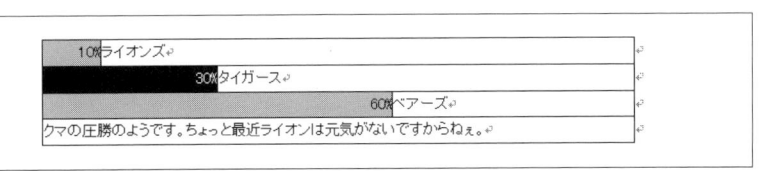

図17-4　棒の部分に網かけを設定する

図17-5　罫線の設定

　次に、パーセンテージが入力されている3つのセルでそれぞれ［書式設定］ツールバーの［右揃え］をクリックします。そして1行目左側のセルを右クリックして［線種とページ罫線と網かけの設定(B) ...］を選択し、［網かけ］タブをクリックします。［種類(Y)］で［30%］を、［設定対象(L)］で［セル］をそれぞれ選んで［OK］をクリックします。同様に、2行目左側のセルでは［塗りつぶし(100%)］を、3行目左側のセルでは［30%］を選びます。ここまでの手順で、図17-4のような表になりました。

　次に表の罫線を変更し、外枠だけが表示されるようにします。いずれかのセルを右クリックして［線種とページ罫線と網かけの設定(B) ...］を選択し、［罫線］タブで［囲む(X)］をクリックします(図17-5)。［設定対象(L)］が［表］になっていることを確認して［OK］をクリックします。表の内部に薄く罫線が表示されることがありますが、印刷されることはありません。

　最後に、いずれかのセルを右クリックして［表のプロパティ(R) ...］を選択します。［表］タブで［オプション(O) ...］をクリックし、［セルの間隔を指定する(S)］をチェックしてその隣に **2 mm** と入力します(図17-6)。［自動的にセルのサイズを変更する(Z)］のチェックを外し、最後に［OK］をクリックします。

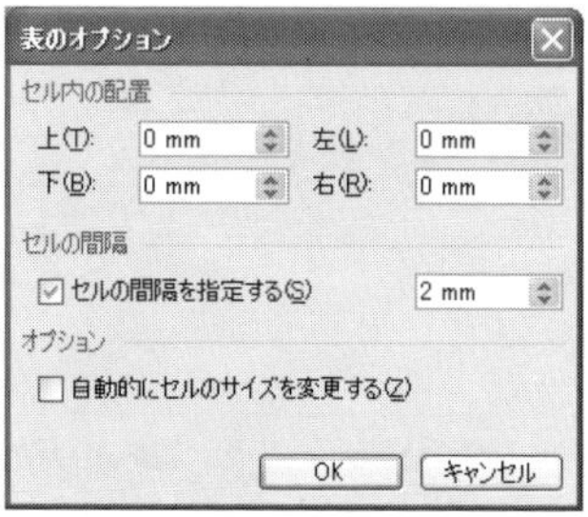

図17-6　セルの間隔を指定する

以上の手順で、図17-1のような棒グラフができ上がりました。

グラフを再利用したい場合は、この表を定型句として登録すると便利です。まず、表全体を選択してからAlt+F3を押します。［定型句の作成］ダイアログボックスが表示されるので、好きな名前を入力して［OK］をクリックします。すると、［挿入(I)］→［定型句(A)］→［定型句(X)...］を選択し、名前を選んで［挿入(I)］をクリックするだけでグラフを入力できます。

HACK #18 表のすぐ下に脚注を表示する

表内の項目に関する脚注を表のすぐ下に表示するという、多くの人に望まれてきた機能をこのHackでは実現します。

表のためだけの脚注領域を作成するというのは、一般には無理であると考えられています。しかし、［セクション区切り］をうまく使えばこれは不可能ではありません。

図18-1のように、表の中に入力した項目に対して脚注を作成し、それを表のすぐ下に表示させてみましょう。

表を作成したら、［表示(V)］→［下書き(N)］を選択して下書きモードに切り替えます。次に、表の直前の行で［挿入(I)］→［改ページ(B)...］を選択し、［現在の位置から開始(T)］を選んで［OK］をクリックします。これとまったく同じ処理を表の直後の行でも行います。こ

言語	作者
Perl	Larry Wall[A]
Python	Guido van Rossum
Ruby	まつもと ゆきひろ

[A] 表内の項目に対する脚注です。

図18-1　表と脚注

こまでの操作で図 18-2 のように表示されているはずです。

　脚注を挿入したい位置に移動し、［挿入(I)］→［参照(N)］→［脚注(N) ...］を選択します。［脚注と文末脚注］ダイアログボックス（図18-3）で［脚注(F)］をクリックし、その右のドロップダウンリストで［ページ内文字列の直後］を選びます。［番号書式(N)］で［A, B, C, …］、［段落番号(M)］で［セクションごとに振り直し］をそれぞれ選んで［挿入(I)］をクリックします。

　通常、本文と脚注の間には境界線が表示されてしまいます。下書きモードのままこの水平線を削除するには、まず［表示(V)］→［脚注(F)］を選択します。脚注が表示されている部分のすぐ上にあるプルダウンメニュー（図18-4）から［脚注の境界線］を選択します。表示された境界線を削除し、［閉じる］をクリックすればOKです。

図 18-2　下書きモードでの表示

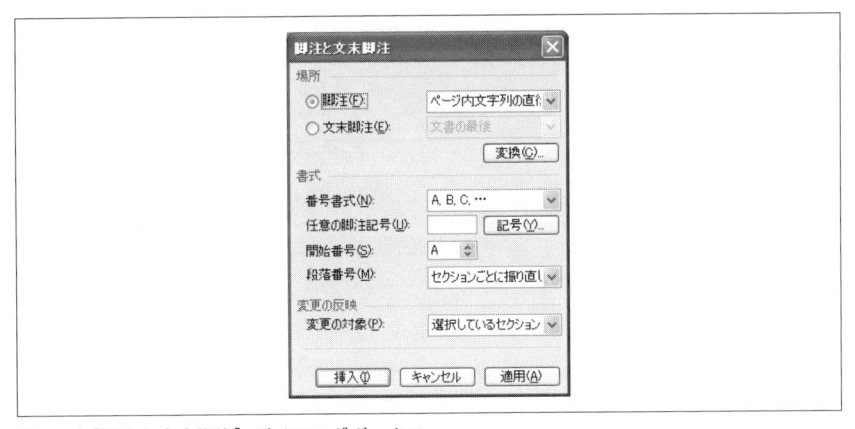

図 18-3　［脚注と文末脚注］ダイアログボックス

図 18-4　脚注の境界線を削除する

長いセクションの各ページにタイトルを表示する

HACK #19

処理の手順やプログラムのコードなどは複数のページにまたがることがよくあります。ここでは、そのそれぞれのページに見出しを表示して読みやすくするための方法を紹介します。

　表組やプログラムリストなどが長くなると、そのタイトルを各ページに表示したくなるのではないでしょうか。このような場合、もし改ページの位置が今後絶対に変わらないのであれば、相互参照の機能を使って手作業で各ページの先頭にタイトルを表示させてもかまいません。

　ただしこのような場合、後で改ページの位置が変わってしまうとどうしようもありません。そこで、必ずページの先頭にタイトルが表示されるようにしてみましょう。

　まずプログラムリストなどの全文を、タイトルも含めて選択します。ちなみに、テキストは後で自由に追加や変更が可能です。

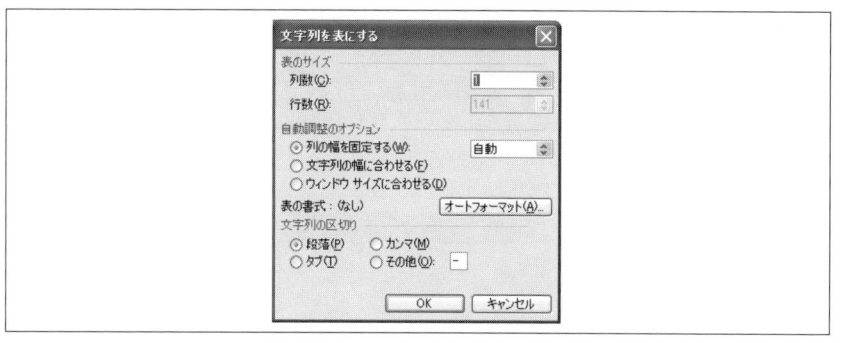

図 19-1　文字列から表への変換

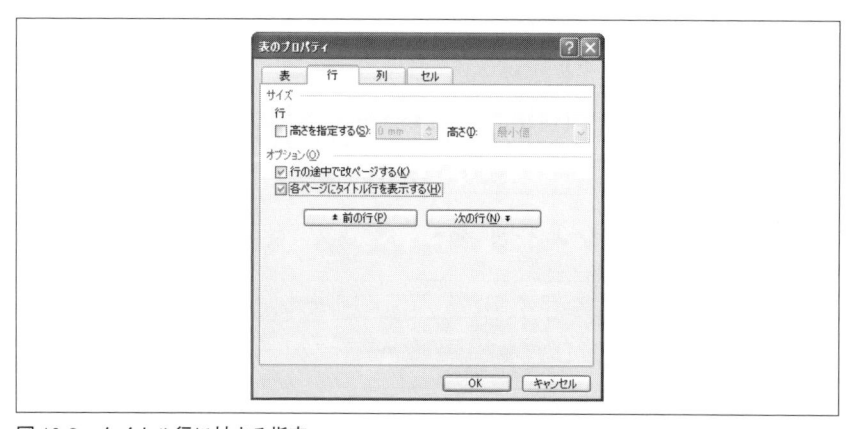

図 19-2　タイトル行に対する指定

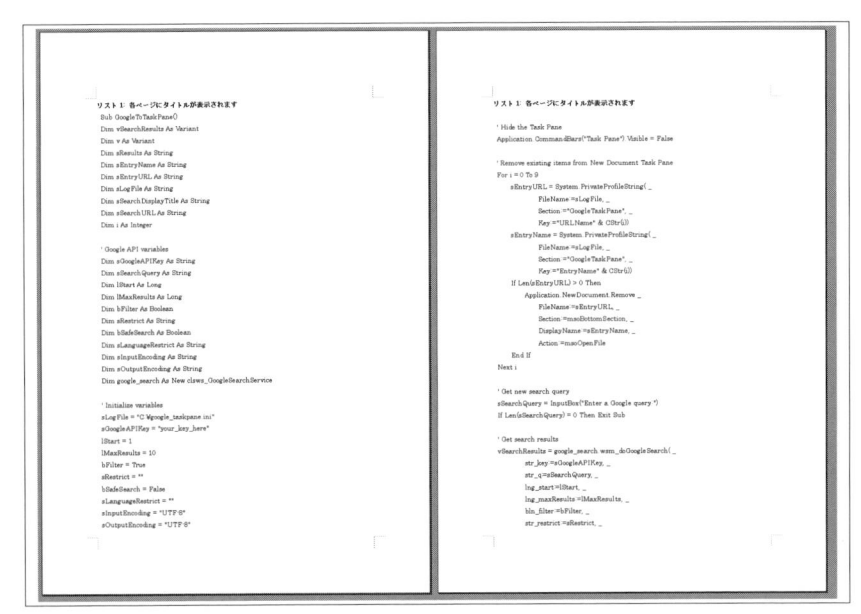

図 19-3　各ページに表示されたタイトル

次に［罫線(A)］→［変換(V)］→［文字列を表にする(X)...］を選択し、［文字列を表にする］ダイアログボックス（図 19-1）で［OK］をクリックします。

続いて［罫線(A)］→［線種とページ罫線と網掛けの設定(B)...］を選択し、［罫線］タブで［罫線なし(N)］を選び［OK］をクリックします。次に、タイトルの行だけを選択して［罫線(A)］→［表のプロパティ(R)...］を選択し、［行］タブの［各ページにタイトル行を表示する(H)］をチェックします（図 19-2）。

以上の操作で、内容が複数ページにわたっても図 19-3 のように、タイトルが各ページの先頭に表示されるようになりました。

HACK #20　画像の周囲に枠線を表示する

きれいで高級感のある文書にするために、画像の周囲に枠線を表示させてみましょう。画像の表示専用のスタイルを作成することで、枠線の見栄えもメンテナンスの容易さも向上します。

画像を表示するための段落スタイルを作成すると、文書に挿入した複数の画像の表示形式を簡単に統一できます。また、すべての画像に対して枠線の太さや間隔などを一括で変更できます。

まず、［新しいスタイルの作成］ダイアログボックスを開きます。Word 2002 と Word 2003

図 20-1 ［スタイルと書式］作業ウィンドウ

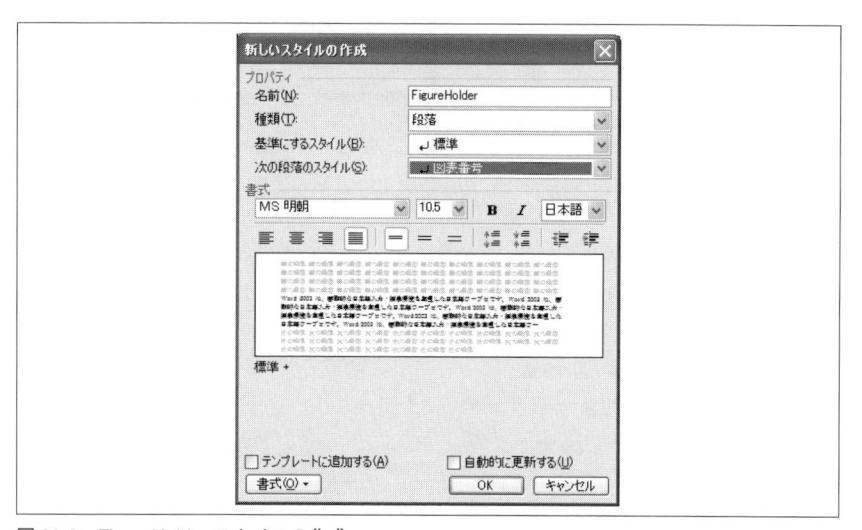

図 20-2 FigureHolder スタイルの作成

では、［スタイルと書式］作業ウィンドウ（図 20-1）で［新しいスタイル］をクリックします。それ以前のバージョンの Word では、［書式(O)］→［スタイル(S)...］を選択して［新規作成(N)...］をクリックします。

［新しいスタイルの作成］ダイアログボックスで、FigureHolder という段落スタイルを作成します。もし画像に図表番号を付けるなら、図 20-2 のように［次の段落のスタイル(S)］で［図表番号］を指定するとよいでしょう。

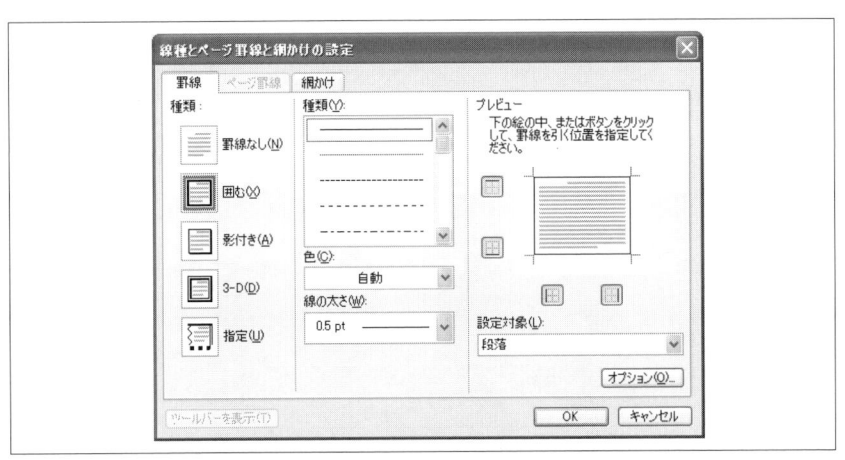

図 20-3　画像の周囲に罫線を表示する

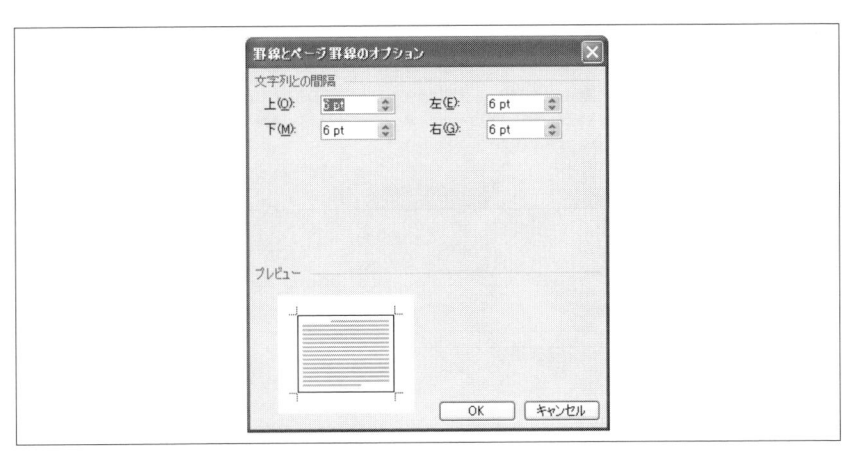

図 20-4　画像周囲の余白を指定する

　引き続き [新しいスタイルの作成] ダイアログボックスで、[書式(O)] → [罫線と網かけ(B) ...] を選択します。そして図 20-3 のように、[囲む(X)] をクリックします。さらに [オプション(O) ...] をクリックし、[罫線とページ罫線のオプション] ダイアログボックス (図 20-4) ですべての間隔を 6 pt に指定して [OK] をクリックします。
　もう一度 [OK] をクリックして [新しいスタイルの作成] ダイアログボックスに戻ります。今度は [書式(O)] → [段落(P) ...] を選択し、[インデントと行間隔] タブで [配置(G)] を [中央揃え] にします。続いて [左のインデント幅(L)] と [右のインデント幅(R)] をともに [1 字] に指定し、[段落前(B)] と [段落後(E)] をともに [0.5 行] に指定します。ここ

図 20-5　枠線の上下左右の間隔を指定する

図 20-6　FigureHolder スタイルの利用例

までの様子を図20-5に示します。図表番号を使う場合は、[改ページと改行]タブで[次の段落と分離しない(X)]をチェックしておきましょう。こうすれば画像と図表番号が必ず同じページに表示されます。

　[OK]をクリックして再び[新しいスタイルの作成]ダイアログボックスに戻り、[書式(O)]→[フォント(F)...]を選択します。そして[フォント]タブの[フォントの色(C)]で、赤などの目立つ色を指定します。こうすると、誰かが誤って通常の文字列にこの画像用のスタイルを適用してしまった際に、目立つ色の文字が警告の役割を果たします。[OK]をクリックして[フォント]ダイアログボックスから抜け、もう一度[OK]をクリックします。

　いよいよ画像を表示させてみましょう。表示させたい場所に空の段落を作り、これに[FigureHolder]スタイルを適用します。そして画像を挿入すると、図20-6のように表示されるはずです。複数個所に画像を挿入しても、このスタイルを使っている限りすべて同様の

枠線が表示されます。さらに、まだ画像が用意できていない場合でも、ここにこれから画像が挿入されるということを示す役割を果たしてくれます。

すべての画像について枠線の太さや間隔を変更したいという場合でも、FigureHolderスタイルを1回変更するだけでOKです。

さらなる Hack

上で説明したように罫線を段落スタイルとして指定した場合、その罫線は左右いっぱいに広がってしまいます。罫線を画像の周囲にぴったりくっ付けて表示させたい場合は、文字スタイルの助けも借りる必要があります。

FigureHolderスタイルには画像周囲の余白についての設定を行ってあるので引き続きこれを利用しますが、罫線についてはもう使わないので削除してしまいます。このためには、［スタイルの変更］ダイアログボックス（Word 2002 と 2003 では、［スタイルと書式］作業ウィンドウで［FigureHolder］を右クリックして［変更(M)...］をクリックすると表示されます）で［書式(O)］→［罫線と網かけ(B)...］を選択し、［罫線］タブで［罫線なし(N)］をクリックします。

次に、文字スタイルをFigureBorderという名前で作成します。スタイルの作成方法は先ほどとまったく同様ですが、図20-7のように［種類(T)］で［文字］を選んでください。

［書式(O)］→［罫線と網かけ(B)...］を選択し、［罫線］タブで［囲む(X)］をクリックします（図20-8）。このように文字スタイルに対して罫線を指定した場合、罫線は左右に広がらず画像の周囲に表示されます。

FigureHolderスタイルを指定した段落に画像を挿入し、次に画像を選択してFigureBorder

図 20-7　文字スタイルの作成

図20-8　罫線の設定

スタイルを適用すると枠線が表示されます。ここでも、スタイルに対して変更を行うだけですべての画像に対して枠線の太さを変更できます。

HACK #21 見出しの一部分だけを目次に表示する

目次に表示される内容はそのままで、見出しに情報を追加してみましょう。

目次があれば、長い文書の一部だけを読みたい場合に非常に便利です。一般的なケースでは、目次には文書中の見出しと、その見出しが載っているページが表示されます。一方、目次には見出しのうち一部分だけを表示させたいということがあるかもしれません。

例えば図21-1のような文書について考えてみましょう。章番号と章のタイトルに続いてサブタイトルも表示されていますが、ここから図21-2のように章番号とタイトルだけが表示される目次を作成します。

このために必要な処理はWordのバージョンによって異なります。Word 2002以降の方が

図21-1　サブタイトルを含む見出し

```
1章    序論 ........................................... 1
2章    本論 ........................................... 1
3章    結論 ........................................... 1
```

図 21-2　サブタイトルを含まない目次

簡単ですが、いずれのバージョンでも若干トリッキーな手順であることには変わりありません。

Word 2002 以降

　Word 2002で、見出しの一部分だけを目次に含めるための簡単な方法が追加されました。これには「スタイル区切り」という特殊な記号を使います。これは段落中の文字列の境界となるもので、スタイル区切りの前後で異なる段落スタイルを指定できます。また、これを使うと**[Hack #38]** で紹介する文字スタイルに関連した問題の回避にも役立ちます。

　目次に表示させたい部分とさせたくない部分の境界にスタイル区切りを挿入すると、スタイル区切り以前の部分のみが［見出し］スタイルを持つことになります。したがって、スタイル区切り以降の部分は目次に表示されません。

　標準の状態では、メニューやツールバーの中に［スタイル区切り］はありません。そこで、まず［ツール(T)］→［ユーザー設定(C)...］を選択し、［コマンド］タブを開きます。［分類(G)］から［すべてのコマンド］を選び、［コマンド(D)］から［InsertStyleSeparator］を選びます（図 21-3）。このコマンドを、**[Hack #2]** を参考にして好みのツールバーやメニューに表示させます。

　早速スタイル区切りを使ってみましょう。まず、目次に表示したい部分に［見出し］スタ

図 21-3　［InsertStyleSeparator］コマンド

イルを適用し、表示したくない部分を次の行に入力します。そして［見出し］スタイルを適用した行にカーソルを移動し、［スタイル区切り］をメニューから選択するかツールバーのボタンをクリックします。すると図21-1のように、見出しの行に2つの段落スタイルを共存でき、目次にはその前半部分だけが表示されます。［ツール(T)］→［オプション(O)...］を選択し、［表示］タブで［隠し文字(I)］をチェックすると、スタイル区切りが挿入されている場所を確認できます。

> スタイル区切りを含む文書はWord 2000でも正しく機能します。このような文書をWord 2000上で修正して上書き保存すると、スタイル区切りは非表示の段落記号に変換されます。しかしこの文書をWord 2002以降で再び開いても、（見た目上の変化はあまりありませんが）段落記号がスタイル区切りに戻ることはありません。

Word 2000

Word 2000で同等のことを行うには、やや面倒な手順を踏む必要があります。

まず［ツール(T)］→［オプション(O)...］を選択し、［表示］タブを開いてください。［段落記号(M)］をチェックし、［隠し文字(I)］のチェックを外して［OK］をクリックします。［見出し］スタイルが指定された行の末尾にある段落記号を選択し、［書式(O)］→［フォント(F)...］を選択します。そして［隠し文字(H)］をチェックして［OK］をクリックします。あるいはCtrl+Shift+Hを押すだけでもかまいません。すると図21-1のように、2つの段落が1行に続けて表示されます。ここで2つ目の段落に相当する部分は、目次には表示されません。

文書中のすべての見出し行に対してこのような操作を行うのは面倒ですが、検索と置換の機能を活用することもできます。まず［編集(E)］→［置換(E)...］を選択し、以下の操作を行ってください。

1. ［検索する文字列(N)］に ^p と入力します。

2. ［書式(O)］ボタンが表示されていない場合は［オプション(M)］をクリックします。

3. ［検索する文字列(N)］にカーソルがある状態で、［書式(O)］をクリックし［スタイル(S)...］を選択します。［検索するスタイル(F)］の中から［見出し1］を選択して［OK］をクリックします。

4. ［置換後の文字列(I)］に ^& と入力します。

5. ［置換後の文字列(I)］にカーソルがある状態で、［書式(O)］をクリックし［フォン

ト(F)...]を選択します。[隠し文字(H)]を何回かクリックし、チェックボックスが白地に黒字でチェックされている状態にして[OK]をクリックします。

6. [あいまい検索(日)(J)]のチェックを外し、[すべて置換(A)]をクリックします。

HACK #22 前後の文脈に応じてスタイルを変更する

対象となっている文字列が置かれている文脈に応じて、適用するスタイルを変更したいということがよくあります。ここで紹介するマクロを使うと、周囲の状況に応じて適用すべきスタイルをいくつかの中から判断してくれます。

　複雑な文書テンプレートには、一見似たような文字スタイルが複数含まれていることがあります。これらのスタイルは、文書の構造の中で果たすべき目的やその意味に応じて使い分けられています。例えば、通常の文書の一部を強調するための「強調された語句」スタイルと、プログラムの一部を強調するための「強調されたコード」スタイルの2つが存在するとしましょう。ある文字列を強調して表示したい場合には、その文字列が置かれている文脈からスタイルを判断しなければなりません。

　ユーザーに対し、どのような場合にどちらのスタイルを使うべきか（あるいは使うべきでないか）について詳細な指示を与えるということも不可能ではありません。しかし多くの場合、ユーザーは何かの文字列を強調しようと思ったら単に[書式設定]ツールバーの[太字]をクリックしてしまうのではないでしょうか。そのようなユーザーが、指示を守って必ず適切なスタイルを使ってくれるという保証はありません。

　[太字]ボタンを使った場合、現在の段落スタイルに対して太字の設定を追加したものが表示されるだけです。文字スタイルを正しく使ってもらうためには、[太字]ボタンを使わないよう強制するか、以下のように[太字]コマンドの動作を変更してしまう(**[Hack #44]** 参照)しかなさそうです。

　ここでは、「強調された語句」と「強調されたコード」は以下のように使い分けるものとします。

- 複数の段落が選択されている場合は、いずれのスタイルも適用しない。

- 見出しの中ではいずれのスタイルも適用しない。

- 対象となっている段落のスタイル名に「プログラム」という言葉が含まれている場合、「強調されたコード」スタイルを適用する。

- 以上のいずれにも当てはまらない場合、「強調された語句」スタイルを適用する。

コード

ここで紹介するマクロは、[太字]ボタンをクリックしたときやCtrl+Bを押したときに実行されます。そして上記の条件に基づいて、以下のいずれかの処理を行います。

- 何もせずに終了する
- 不正な操作であるとの警告を表示する
- 適切なスタイルを設定する

以下のコードを適切なテンプレート（**[Hack #40]** 参照）に保存してください。

```
Sub Bold()
Dim sel As Selection
Dim sParagraphStyleName As String

Set sel = Selection

' 複数の段落が選択されている場合、何もせずに終了します
If sel.Range.Paragraphs.Count <> 1 Then Exit Sub

' 見出しが選択されている場合、警告を表示します
sParagraphStyleName = sel.Range.Paragraphs.First.Style
If InStr(sParagraphStyleName, "見出し") Then
    MsgBox "見出しの中では文字スタイルを指定できません"
    Exit Sub
End If

' いずれかの文字スタイルを適用します
If InStr(sParagraphStyleName, "プログラム") Then
    sel.Style = "強調されたコード"
Else
    sel.Style = "強調された語句"
End If

End Sub
```

> ツールバー上のボタンの動作を変更してしまう例は「箇条書きと段落番号を使いこなす」（**[Hack #23]**）にもあります。

HACK #23 箇条書きと段落番号を使いこなす

Wordには箇条書きと段落番号用のスタイルが10種類用意されています。これらは信頼性が高くカスタマイズも可能であり、しかも意図通りに機能してくれます。一方、ツールバーの［箇条書き］や［段落番号］ボタンはしばしば期待に反した挙動を見せます。ここでは、これらのボタンをもっと便利なものに生まれ変わらせます。

初めて［箇条書き］や［段落番号］のボタンをクリックしたときのことを覚えていますか？それぞれの行の先頭に記号や数字が付き、きれいに並んでインデントされるのを見て感動した人も多いと思います。しかし後になって、これらのボタンはなかなか思い通りに機能してくれないことに気付かれたのではないでしょうか。

これらのボタンを押したときの動作は、開いている文書や使われているテンプレートによって決まるというわけではありません。また、最後にこれらのボタンを押したときの動作と同じことが起こるというわけでもありません。正確には、［箇条書きと段落番号］ダイアログボックス（図23-1。［書式(O)］→［箇条書きと段落番号(N)...］を選択すると表示されます）で指定されている内容によって、これらのボタンを押したときの動作が決定するのです。

図23-1には7種の箇条書きが表示されていますが、いつもこの7種が表示されるというわけでもありません。どの箇条書きが指定されているかという情報は、レジストリというWindows内部のデータベースの中に記録されています。したがって、同じ文書を開いていて同じボタンをクリックしても、別々のコンピュータであれば結果が違うということがありえます。さらに面倒なことに、ツールバーのボタンを使って文書中に箇条書きや段落番号をたくさん挿入してしまうと、後でこれらの内容をまとめて変更するというのは非常に困難です。

Wordを使い慣れているユーザーなら、［箇条書き］や［段落番号］のボタンはまったく使わず、代わりに箇条書きや段落番号を表示するような段落スタイルを使っているはずです。

図 23-1 ［箇条書きと段落番号］ダイアログボックス

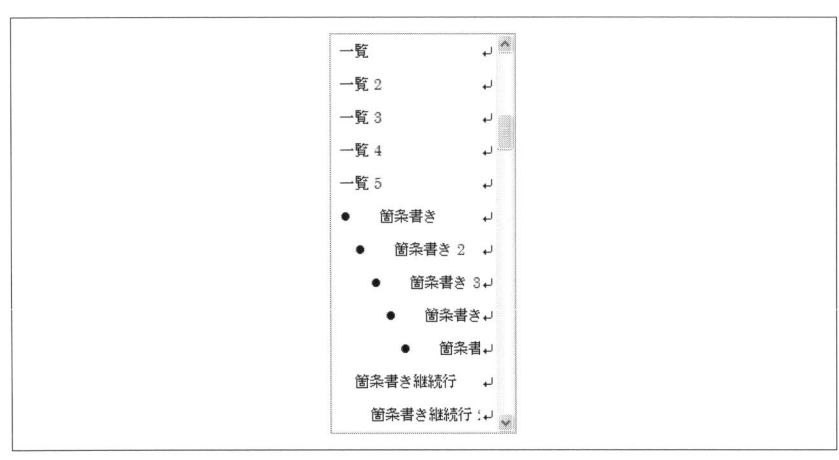

図 23-2　箇条書きと段落番号用のスタイル（一部）

図 23-3　箇条書き用のスタイルの適用結果

　段落スタイルを使えば、スタイルの設定を一度変更するだけで文書中のすべての箇条書きまたは段落番号の書式を変更できます。余談ですが、このようなWordのパワーユーザーは［太字］や［斜体］のボタンも使わず、それぞれに対応する文字スタイルを作成して使っています（[Hack #22] 参照）。

　Wordには箇条書きや段落番号のためのスタイルがたくさん用意されています。箇条書きと段落番号、先頭に記号や数字の付かないリスト、そしてこれらの2行目以降のためにそれぞれ5つずつ、合計20種もあります。そしてこれらのスタイルにはそれぞれ適切な書式の設定が行われており、例えば［箇条書き2］スタイルは［箇条書き］より少しインデントの幅が大きくなっています。これらのスタイルの一部を図23-2に示します。また、箇条書き用のスタイルを適用した結果は図 23-3 の通りです。

　ただ、これらのスタイルについて知り尽くしているという人でも、ツールバーの［箇条書き］と［段落番号］ボタンを削除してしまうことは少ないのではないでしょうか。そのせいで、短い文書や当初は短かった文書などでは依然としてこれらのボタンが使われてしまっていると思われます。

　[Hack #44]でも紹介しているテクニックを使い、これらのボタンがクリックされたときに適

切なスタイルが適用されるようにしてみましょう。こうすればユーザーの意に反した書式設定が行われてしまうこともなく、後で変更するのも簡単です。

ボタンにスタイルを割り当てる

ここでは、[箇条書き]と[段落番号]に加えて[インデント解除]と[インデント]のボタンの動作も変更してしまいます。これらの4つのボタンは、図23-4のように[書式設定]ツールバーに並んで表示されています。

これらのボタンを使って、箇条書きと段落番号用のスタイル([箇条書き]、[箇条書き2]、[箇条書き3]、[箇条書き4]、[箇条書き5]、[段落番号]、[段落番号2]、[段落番号3]、[段落番号4]、[段落番号5])のうち適切なものが適用されるようにしてみましょう。

それぞれのボタンがクリックされたときに適用されるスタイルは、その時点で適用されているスタイルに応じて変わります。例えば、処理対象の文字列に[箇条書き2]のスタイルが適用されている場合、各ボタンがクリックされたときの動作は以下のようになります。

[箇条書き]
    箇条書きは解除されます。

[段落番号]
    [段落番号]スタイルに変更されます。

[インデント]
    [箇条書き3]スタイルに変更されます。

[インデント解除]
    [箇条書き]スタイルに変更されます。

このような処理を行うには、元のスタイルに応じて適用するスタイルを正しく指定するという長めのコードが必要になります。若干面倒ですが、本書のWebサイトからコードをダウンロードすることもできるのでぜひ試してみてください。

コード

このHackは5つのマクロから構成されます。1つは適用すべきスタイルを判断してそれを

図23-4 動作変更の対象としているボタン

実際に適用するためのもので、残りの4つはボタンの動作を変更するためのものです。4つのマクロは1つ目のマクロを呼び出し、1つ目のマクロはどのマクロが自分を呼び出したかに基づいてスタイルを適用します。

このマクロの中では、対象となる文字列には11種類の状態（箇条書き用のスタイル5種、段落番号用のスタイル5種、その他すべて）がありえます。それぞれの状態に応じて、さらにクリックされたボタンの4種類それぞれに対応した処理が行われます。

以下の4つのマクロが、ボタンをクリックされたときに呼び出されます。次に示すBetterBulletsAndNumberingマクロと合わせて、好みのテンプレートに保存してください[**Hack #40**]参照）。

```
Sub FormatBulletDefault()
Call BetterBulletsAndNumbering(Selection, "箇条書き")
End Sub

Sub FormatNumberDefault()
Call BetterBulletsAndNumbering(Selection, "段落番号")
End Sub

Sub IncreaseIndent()
Call BetterBulletsAndNumbering(Selection, "インデント")
End Sub

Sub DecreaseIndent()
Call BetterBulletsAndNumbering(Selection, "インデント解除")
End Sub
```

> これらのマクロ名のスペルを間違えてはいけません。1文字でも異なると、ボタンがクリックされたときの処理は変更されません。

以下のマクロがこのHackの核心であり、選択されている文字列に対して適切なスタイルを適用します。この例のように多数の選択肢を扱わなければならない場合、If ... Then ... Else 文を大量に記述するよりもSelect Case 文を使うほうがはるかに効率的です。

```
Function BetterBulletsAndNumbering(ByRef sel As Selection, _
                                   ByVal sButton As String)
' sButton引数に指定された文字列を定数に変換し、処理を高速化
' します
Const cBULLETS = 1
Const cNUMBERING = 2
Const cINCREASE_INDENT = 3
Const cDECREASE_INDENT = 4

Dim DocStyles As Styles
Dim styBullet1 As Style
Dim styBullet2 As Style
```

```
    Dim styBullet3 As Style
    Dim styBullet4 As Style
    Dim styBullet5 As Style
    Dim styNumber1 As Style
    Dim styNumber2 As Style
    Dim styNumber3 As Style
    Dim styNumber4 As Style
    Dim styNumber5 As Style
    Dim styBodyText As Style

    Dim iButtonPressed As Integer
    ' 選択されれた範囲内の各段落について、ループの中で1つずつ
    ' 処理を行います
    Dim para As Paragraph

    Set DocStyles = sel.Document.Styles
    Set styBullet1 = DocStyles(wdStyleListBullet)
    Set styBullet2 = DocStyles(wdStyleListBullet2)
    Set styBullet3 = DocStyles(wdStyleListBullet3)
    Set styBullet4 = DocStyles(wdStyleListBullet4)
    Set styBullet5 = DocStyles(wdStyleListBullet5)

    Set styNumber1 = DocStyles(wdStyleListNumber)
    Set styNumber2 = DocStyles(wdStyleListNumber2)
    Set styNumber3 = DocStyles(wdStyleListNumber3)
    Set styNumber4 = DocStyles(wdStyleListNumber4)
    Set styNumber5 = DocStyles(wdStyleListNumber5)

    ' 箇条書きや段落番号が解除された場合、[標準]スタイルが
    ' 適用されます
    Set styBodyText = DocStyles(wdStyleNormal)

    Select Case sButton
        Case Is = "箇条書き"
            iButtonPressed = cBULLETS
        Case Is = "段落番号"
            iButtonPressed = cNUMBERING
        Case Is = "インデント"
            iButtonPressed = cINCREASE_INDENT
        Case Is = "インデント解除"
            iButtonPressed = cDECREASE_INDENT
    End Select

    For Each para In sel.Paragraphs

        Select Case para.Style

            ' [箇条書き]の場合
            Case Is = styBullet1
                Select Case iButtonPressed
                    Case Is = cBULLETS
                        para.Style = styBodyText
```

```
                    Case Is = cNUMBERING
                        para.Style = styNumber1
                    Case Is = cINCREASE_INDENT
                        para.Style = styBullet2
                    Case Is = cDECREASE_INDENT
                        para.Style = styBodyText
                End Select
            
            '  [箇条書き 2] の場合
            Case Is = styBullet2
                Select Case iButtonPressed
                    Case Is = cBULLETS
                        para.Style = styBodyText
                    Case Is = cNUMBERING
                        para.Style = styNumber2
                    Case Is = cINCREASE_INDENT
                        para.Style = styBullet3
                    Case Is = cDECREASE_INDENT
                        para.Style = styBullet1
                End Select
            
            '  [箇条書き 3] の場合
            Case Is = styBullet3
                Select Case iButtonPressed
                    Case Is = cBULLETS
                        para.Style = styBodyText
                    Case Is = cNUMBERING
                        para.Style = styNumber3
                    Case Is = cINCREASE_INDENT
                        para.Style = styBullet4
                    Case Is = cDECREASE_INDENT
                        para.Style = styBullet2
                End Select
            
            '  [箇条書き 4] の場合
            Case Is = styBullet4
                Select Case iButtonPressed
                    Case Is = cBULLETS
                        para.Style = styBodyText
                    Case Is = cNUMBERING
                        para.Style = styNumber4
                    Case Is = cINCREASE_INDENT
                        para.Style = styBullet5
                    Case Is = cDECREASE_INDENT
                        para.Style = styBullet3
                End Select
            
            '  [箇条書き 5] の場合
            Case Is = styBullet5
                Select Case iButtonPressed
                    Case Is = cBULLETS
                        para.Style = styBodyText
```

```
                    Case Is = cNUMBERING
                        para.Style = styNumber5
                    Case Is = cINCREASE_INDENT
                        ' 何もしません
                    Case Is = cDECREASE_INDENT
                        para.Style = styBullet4
                End Select

        ' [段落番号] の場合
        Case Is = styNumber1
            Select Case iButtonPressed
                    Case Is = cBULLETS
                        para.Style = styBullet1
                    Case Is = cNUMBERING
                        para.Style = styBodyText
                    Case Is = cINCREASE_INDENT
                        para.Style = styNumber2
                    Case Is = cDECREASE_INDENT
                        para.Style = styBodyText
                End Select

        ' [段落番号 2] の場合
        Case Is = styNumber2
            Select Case iButtonPressed
                    Case Is = cBULLETS
                        para.Style = styBullet2
                    Case Is = cNUMBERING
                        para.Style = styBodyText
                    Case Is = cINCREASE_INDENT
                        para.Style = styNumber3
                    Case Is = cDECREASE_INDENT
                        para.Style = styNumber1
                End Select

        ' [段落番号 3] の場合
        Case Is = styNumber3
            Select Case iButtonPressed
                    Case Is = cBULLETS
                        para.Style = styBullet3
                    Case Is = cNUMBERING
                        para.Style = styBodyText
                    Case Is = cINCREASE_INDENT
                        para.Style = styNumber4
                    Case Is = cDECREASE_INDENT
                        para.Style = styNumber2
                End Select

        ' [段落番号 4] の場合
        Case Is = styNumber4
            Select Case iButtonPressed
                    Case Is = cBULLETS
                        para.Style = styBullet4
```

```
                    Case Is = cNUMBERING
                        para.Style = styBodyText
                    Case Is = cINCREASE_INDENT
                        para.Style = styNumber5
                    Case Is = cDECREASE_INDENT
                        para.Style = styNumber3
                End Select

            ' [段落番号 5] の場合
            Case Is = styNumber5
                Select Case iButtonPressed
                    Case Is = cBULLETS
                        para.Style = styBullet5
                    Case Is = cNUMBERING
                        para.Style = styBodyText
                    Case Is = cINCREASE_INDENT
                        ' 何もしません
                    Case Is = cDECREASE_INDENT
                        para.Style = styNumber4
                End Select

            Case Else
                Select Case iButtonPressed
                    Case Is = cBULLETS
                        para.Style = styBullet1
                    Case Is = cNUMBERING
                        para.Style = styNumber1
                    Case Is = cINCREASE_INDENT
                        WordBasic.IncreaseIndent
                    Case Is = cDECREASE_INDENT
                        WordBasic.DecreaseIndent
                End Select

        End Select

    Next para

End Function
```

このコードでのポイントは以下の 2 点です。

- 箇条書きや段落番号以外の文字列に対して［インデント］や［インデント解除］がクリックされてしまうことがあります。このような場合はマクロ中では何も処理を行わず、Word に組み込みで用意されている処理をそのまま呼び出します。

- 選択された範囲内に複数の段落スタイルが適用されていても、それぞれの段落ごとに処理が行われるので、他の段落に影響が及ぶことはありません。

Hack の実行

このマクロが読み込まれると、図23-4の4つのボタンの動作が変更され、マクロ中で指定された処理が呼び出されるようになります。

箇条書きや段落番号の書式を変更したくなったら、対応するスタイルの書式を変更すればOKです。

HACK #24 見出しだけを含む文書を作成する

文書の中からアウトラインの部分だけを簡単に抜き出す方法を紹介します。

長い文書を作成しているときに、とりあえず章立てだけを他人にチェックしてもらいたいと思ったことはありませんか？　ここで紹介するマクロを使えば、指定されたアウトラインレベル以上の文字列だけを含む文書を作成できます。

Wordには9つのアウトラインレベルが用意されており、それぞれが［見出し1］から［見出し9］までのスタイルに対応しています。［見出し1］のレベルが最も高く、数字が大きくなるにつれてレベルが下がってゆきます。また、これらのスタイルが適用されていない文字列にはアウトラインレベルも設定されません。このような文字列は「本文テキスト（Body Text）」と呼ばれます。

> ［アウトライン］モードで表示している場合、［ファイル(F)］→［印刷(P)...］を選択すれば文書のアウトラインだけを印刷できます。ただし、このときに［印刷プレビュー］を選択しても正しく表示されません。

コード

まず[Hack #40]を参考にしながら、以下のコードをいずれかのテンプレートに保存してください。このマクロをツールバーのボタンやメニュー項目に登録しておけば([Hack #2]参照)、わざわざ［ツール(T)］→［マクロ(M)］→［マクロ(M)...］を選択しなくてもマクロを呼び出せます。

このマクロを実行すると図24-1のようなダイアログボックスが現れ、表示させたいアウトラインレベルをここで指定できます。例えばここで5と指定すると、［見出し1］から［見出し5］までが表示されます。そしてここでの指定に基づいて、見出しだけを含む新しい文書が作成されます。

アウトラインレベルの初期値は、lngMaxLevel変数で指定されている4です。

図24-1　表示させるアウトラインレベルの指定

```
Sub MakeOutlineOnlyCopyOfCurrentDoc()
Dim docFull As Document
Dim docOutline As Document
Dim lngMaxLevel As Integer
Dim strUserInput As String
Dim para As Paragraph

lngMaxLevel = 4
Set docFull = ActiveDocument

Do
    strUserInput = _
        InputBox(" どのレベルまで表示しますか (1-9)?", _
                 " アウトラインの抽出 ", _
                 lngMaxLevel)
    If Len(strUserInput) = 0 Then Exit Sub

    If Not strUserInput Like "[1-9]" Then
    MsgBox Chr(34) & strUserInput & Chr(34) & _
        " は不正なアウトラインレベルです ", _
            vbInformation
    End If
Loop Until strUserInput Like "[1-9]"

lngMaxLevel = CLng(strUserInput)

Application.ScreenUpdating = False
Set docOutline = Documents.Add
StatusBar = " アウトライン情報を抽出しています ..."

For Each para In docFull.Paragraphs
    If para.OutlineLevel <= lngMaxLevel Then
        para.Range.Copy
        docOutline.Range(docOutline.Range.End - 1).Paste
    End If
Next para

StatusBar = ""
docOutline.Activate
Application.ScreenUpdating = True
End Sub
```

このコードのほとんどはユーザーインタフェースの表示と入力値の処理に割かれています。実際に文書を作成しているのはFor Eachループの部分だけです。ここで、文書中のすべての段落に対して新しい文書にコピーするかどうかを判断しています。

HACK #25 アウトラインを使って組織図を作成する

Wordのアウトライン表示は、文書に限らず何らかの構造を持った情報を管理するのに適しています。そこで、アウトライン表示から組織図を生成させてみましょう。

会社などの組織図を作成し管理するというのはなかなか骨の折れる作業です。Wordには組織図を作成する機能が一応用意されており、［挿入(I)］→［図(P)］→［組織図(O)］を選択するとこの機能を呼び出せます。しかしこの機能を使って作成した組織図を編集するのはとても難しく、特に大幅な組織変更があったときなどは最初から作り直したほうがましなくらいです。

何かの作業を自動化したい場合、通常は［新しいマクロの記録］の機能を使ってマクロを記録し、どのオブジェクトにどの操作を行えばよいか調べます。しかし残念ながら、この方法は既存の図を編集するのには使えません。一方、図を表すDiagramオブジェクトを自分で作成するようなマクロなら作成できます。このコードもこのテクニックを使っています。

ここでは、組織の構成に関する情報をWordのアウトライン（図25-1参照）として保存しておきます。そして組織変更が発生したら、以前に作成した組織図を直接変更するのではなく、アウトラインを変更してから組織図をもう一度最初から作り直すというアプローチをとります。アウトラインは組織図そのものとは違って、追加や削除、並べ替えなども簡単です。

アウトラインのデータができ上がったら、このマクロを使ってこのデータから図25-2のよ

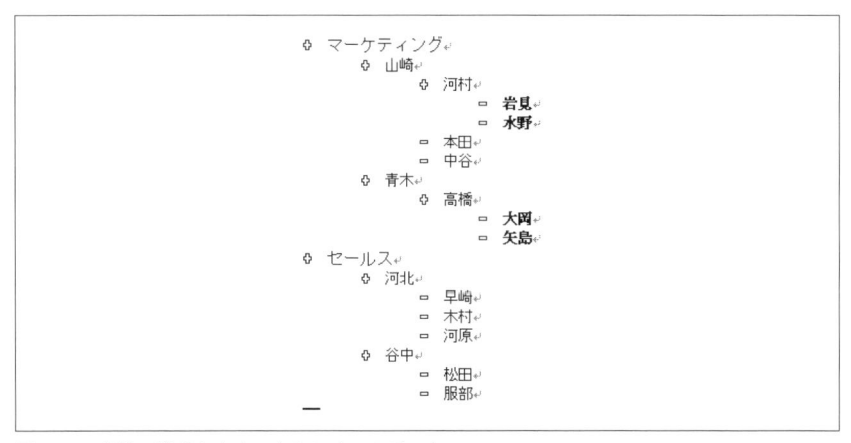

図25-1　組織の構成を表すアウトラインのデータ

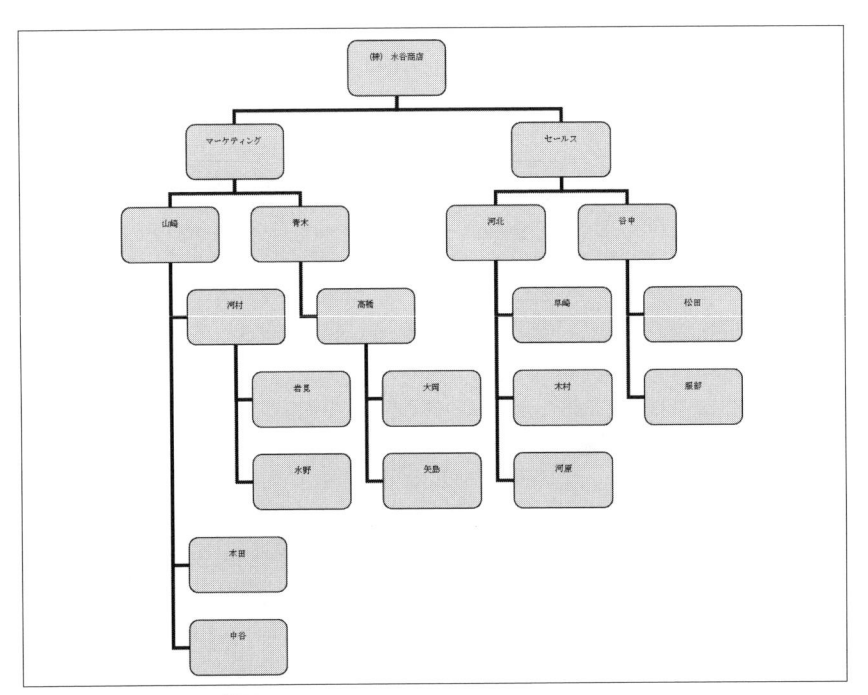

図 25-2　生成された組織図

うな組織図を生成します。

　組織変更が行われたら、アウトラインを編集してから組織図を生成しなおしましょう。

コード

　まず、以下のマクロを任意のテンプレート([Hack #40] 参照)に保存してください。［ツール(T)］→［マクロ(M)］→［マクロ(M) ...］を選択してもマクロを実行できますが、[Hack #2] を参考にしてマクロをメニューやツールバーに登録してもよいでしょう。

　組織図のトップ(ルートノードとも呼ばれます)には、アウトラインが記録されている文書の［会社名］プロパティの値が表示されます。この値を指定するには、［ファイル(F)］→［プロパティ(I)］を選択し、［ファイルの概要］タブの［会社名(O)］に入力します。このプロパティに値が指定されていない場合は、ダミーの文字列が会社名として表示されます。

　理論上は10階層まで(Wordのアウトラインレベル1から9と本文)の組織図を作成できますが、このコードでは4階層までしか表示できません。5階層以上表示できるようにするにはかなり多くの量のコードが必要であり、おそらく現状のコードの倍以上の長さになってしまうでしょう。

```vb
Sub MakeOrgChartFromOutline()
Dim doc As Document
Dim para As Paragraph
Dim sCompanyName As String
Dim sParaText As String
Dim nodeRoot As DiagramNode
Dim shShape As Shape
Dim node1 As DiagramNode
Dim node2 As DiagramNode
Dim node3 As DiagramNode
Dim node4 As DiagramNode

Set doc = ActiveDocument

sCompanyName = doc.BuiltInDocumentProperties("Company")
If Len(sCompanyName) <= 1 Then
    sCompanyName = "会社名をここに入力"
End If

Set shShape = _
    Documents.Add.Shapes.AddDiagram(msoDiagramOrgChart, 0, 0, 500, 500)
Set nodeRoot = shShape.DiagramNode.Children.AddNode
nodeRoot.TextShape.TextFrame.TextRange.text = sCompanyName

For Each para In doc.Paragraphs
    Select Case para.OutlineLevel
        Case wdOutlineLevel1
            sParaText = Left(para.Range.text, _
                para.Range.Characters.Count - 1)
            Set node1 = nodeRoot.Children.AddNode
            node1.TextShape.TextFrame.TextRange.text = sParaText
            Set node2 = Nothing
            Set node3 = Nothing
            Set node4 = Nothing
        Case wdOutlineLevel2
            sParaText = Left(para.Range.text, _
                para.Range.Characters.Count - 1)
            Set node2 = node1.Children.AddNode
            node2.TextShape.TextFrame.TextRange.text = sParaText
            Set node3 = Nothing
            Set node4 = Nothing
        Case wdOutlineLevel3
            sParaText = Left(para.Range.text, _
                para.Range.Characters.Count - 1)
            Set node3 = node2.Children.AddNode
            node3.TextShape.TextFrame.TextRange.text = sParaText
            Set node4 = Nothing
        Case wdOutlineLevel4
            sParaText = Left(para.Range.text, _
                para.Range.Characters.Count - 1)
            Set node4 = node3.Children.AddNode
            node4.TextShape.TextFrame.TextRange.text = sParaText
    End Select
Next para

End Sub
```

それぞれの四角形は、重なり合ったりしないように自動的に調整されて表示されます。したがって、マクロのコードの中で表示位置などを指定する必要はありません。

HACK #26 ワークグループテンプレートを簡単に適用する

社内ネットワーク上のどこに共有の文書テンプレートが保存されているかを即座に答えられるWordユーザーはほとんどいないでしょう。Wordはその場所を記憶しているのですが、既存の文書にテンプレートを添付するときだけは記憶を失ってしまうようです。ここで紹介するHackを使い、Wordの記憶を呼び覚ましましょう。

テンプレートを保存する場所として、自分のコンピュータだけでなくネットワーク上のフォルダも指定できます。ネットワーク上に保存されたテンプレートは「ワークグループテンプレート」と呼ばれ、社員間でテンプレートを共有したい場合などに便利です。

［ツール(T)］→［オプション(T)...］を選択し、［既定のフォルダ］タブを開くとワークグループテンプレート用のフォルダの場所を指定できます。すると、以降は［ファイル(N)］→［新規作成(N)...］を選択してテンプレートを指定するときに、ワークグループテンプレートも表示されます。しかし、既存の文書にワークグループテンプレートを適用するのはそれほど簡単ではありません。

［ツール(T)］→［テンプレートとアドイン(I)...］を選択すると、図26-1のようなダイアログボックスが表示されます。ここで［添付(A)...］をクリックすると、添付するテンプレートを指定するためのダイアログボックスが開くのですが、ここでは必ず自分のコンピュータ上のテンプレート用フォルダ（より正確には、［オプション］ダイアログボックスの［既定のフォルダ］タブにある［ユーザーテンプレート］で指定されたフォルダ）がまず表示されてし

図26-1 ［テンプレートとアドイン］ダイアログボックス

まいます。自分のコンピュータ上のテンプレートもワークグループテンプレートも両方よく使うというユーザーにとっては、ここで何度もフォルダ間を移動しなければならずとても不便です。

コード

WordのOptionオブジェクトにはDefaultFilePathというプロパティがあり、先ほどの［ユーザーテンプレート］で指定された値が記録されています。この値をワークグループテンプレートのフォルダへと一時的にでも変更できれば、［添付(A)...］をクリックしたときにワークグループテンプレートのフォルダがまず開くことになります。

以下のコードでは、「標準のダイアログボックスを呼び出す」**[Hack #46]** で紹介するテクニックを一部利用しています。

```
Sub AttachWorkGroupTemplate()
Dim sWorkgroupTemplateFolder As String
Dim sUserTemplatesFolder As String
Dim dial As Dialog

Set dial = Dialogs(wdDialogToolsTemplates)
sUserTemplatesFolder = Options.DefaultFilePath(wdUserTemplatesPath)
sWorkgroupTemplateFolder = Options.DefaultFilePath(wdWorkgroupTemplatesPath)

If Len(sWorkgroupTemplateFolder) = 0 Then
    MsgBox "ワークグループテンプレート用のフォルダが指定されていません。" & vbCr & _
        "［ツール(T)］→［オプション(O)...］を選択し、" , _
        "［既定のフォルダ］タブを開いて指定してください。", _
        vbExclamation
    Exit Sub
End If

Options.DefaultFilePath(wdUserTemplatesPath) = sWorkgroupTemplateFolder
    If dial.Display = -1 Then
        dial.Linkstyles = True
        dial.Execute
    End If

Options.DefaultFilePath(wdUserTemplatesPath) = sUserTemplatesFolder
End Sub
```

このマクロを実行すると、［テンプレートとアドイン］ダイアログボックスにある［文書のスタイルを自動的に更新する(U)］の設定は無視され、指定されたテンプレートに基づいて文書中のスタイルが更新されます。ほとんどの場合このような動作でもかまわないと思われますが、更新するかどうかを自分で決めたい場合は以下の行を削除するかコメントアウトしてください。

```
dial.Linkstyles = True
```

Hack の実行

[Hack #40]を参考にしてマクロのコードを保管したら、[ツール(T)]メニュー中の[テンプレートとアドイン(I)...]のすぐ下にこのマクロを登録してみましょう。そしてメニュー項目の名前を例えば[ワークグループテンプレートの添付...]などに変更するとよいでしょう。

4章
便利な編集テクニック
Hack #27-39

　文書を新しく作成するよりも、既存の文書を編集することの方が多いと思われます。Wordを使った作業の中では、文書の見直しや修正、書式の変更などにより多くの時間が割かれているのではないでしょうか。この章では、日常的に繰り返し行われる編集作業の自動化や高速化に関するHackを紹介します。

HACK #27 Emacs風のキー入力でWordを操作する

Emacsのコマンドをマスターしたユーザーは、きっと同じキー操作でWordも操作したいと思うことでしょう。そんなあなたに朗報です。

　Emacsとは、Unix系のオペレーティングシステム上でよく使われるテキストエディタです。Windows版も存在しますが、Emacsはあらゆる意味でWordとは対極に位置します。Emacsユーザーは何かコマンドを実行しようとするときに、メニューやツールバーの中を探し回ったりはしません（できませんと言うほうがより正確です）。もちろん基本的なコマンドについては誰でも簡単に覚えられますが、Emacsを隅から隅まで使い倒せるユーザーはUnixユーザーにとって尊敬の的です。

　ウィンドウと言えば部屋の中に外気を取り込むためのものでしかなかった時代から、Emacsは存在し続けてきました。当時はマウスやツールバーなどといったものは当然存在せず、Emacsを操作するためのコマンドはすべてキーボードだけを使って入力する必要がありました。このようなコマンドには複雑なものが多く、例えばファイルを保存するだけでもCtrl+X、Ctrl+Sというコマンドを入力する必要があります。

　一方、すべての操作をキーボードから行わなければならないということは、キーボードから手を離さずにすべての操作を行えるという大きな利点にもなります。後にメニューやツールバーを備えたEmacsもリリースされましたが、ほとんどのユーザーは引き続きキーボードだけを使ってコマンドを実行しています。このようなEmacsユーザーにとって、頻繁なマウス操作が要求されるWordは苦痛以外の何物でもありません。

　しかしあきらめてしまう前に、http://rath.ca/Misc/VBacs/（英文）からVBacsをダウンロー

ドして試してみることをお勧めします。このアドインはWordのショートカットキーを変更し、可能な限りEmacsと同じキー入力でWordを操作できるようにしてくれます。

> Wordには2つのキー入力を必要とするキーボードショートカット（例えばCtrl+:, Shift+Oなど）もありますが、困ったことにCtrlキーは1つ目のキー入力でしか使えません。つまり、Ctrl+X, Ctrl+SのようなコマンドはWord上で正確には再現できません。そこで、このような場合VBacsではCtrl+X, Sと入力するようにしています。

VBacs のインストール

VBacs は .dot 形式のテンプレートとして、「GNU LGPL ライセンス」の下に提供されています。これをインストールし、Wordの起動時に読み込まれるようにする方法を以下に示します。

まず、VBacsをダウンロードしましょう。そしてWordや、Wordを利用する可能性のあるアプリケーション（Outlookなど）をすべて終了します。

次に、エクスプローラでWordのSTARTUPフォルダを開きます。多くの場合、STARTUPフォルダは以下の場所にあります。

C:¥Documents and Settings¥ユーザー名¥Application Data¥Microsoft¥Word¥STARTUP

STARTUPフォルダの場所を確認するには、Wordで［ツール(T)］→［オプション(O) ...］を選択し、［既定のフォルダ］タブをクリックします。なお、このフォルダがエクスプローラ上で非表示になっていることもあります。このような場合は、エクスプローラで［ツール(T)］→［フォルダオプション(O) ...］を選択し、［表示］タブの［詳細設定］の中で［すべてのファイルとフォルダを表示する］をチェックしてください。

ダウンロードしたVBacs_1.05.dot（バージョン番号は異なる場合があります）をSTARTUPフォルダに置き、Wordを再起動するとEmacs風のショートカットキーが読み込まれます。

VBacs の利用法

表27-1 に、VBacsで利用できるキー操作とコマンドをまとめました。この中にはEmacsのコマンドではないものや、Emacs上での動作とは微妙に異なるものも含まれています。

表27-1　VBacsのキー操作とコマンド

キー操作	コマンド	キー操作	コマンド
Ctrl+P	前の行に移動	Ctrl+X, C	Wordを終了する
Ctrl+N	次の行に移動	Ctrl+X, F	開く
Ctrl+E	行末に移動	Ctrl+X, U	元に戻す
Ctrl+A	行頭に移動	Ctrl+O	空行を挿入する
Shift+Alt+<	文書の先頭に移動	Alt+C	(単語の先頭で)単語を大文字始まりにする
Shift+Alt+>	文書の末尾に移動		
Ctrl+F	次の文字に移動	Alt+U	カーソル位置から単語の末尾までをすべて大文字にする
Ctrl+B	前の文字に移動		
Alt+F	次の単語に移動	Alt+L	カーソル位置から単語の末尾までをすべて小文字にする
Alt+B	前の単語に移動		
Ctrl+V	1画面分先に移動	Ctrl+X, 2	ウィンドウを上下2分割する
Alt+V	1画面分前に移動	Ctrl+X, 0	カーソルがある方のウィンドウを閉じる
Ctrl+X,]	次のページに移動		
Ctrl+X, [	前のページに移動	Ctrl+X, 1	カーソルがない方のウィンドウを閉じる
Ctrl+SまたはCtrl+R	検索		
Alt+%	置換	Ctrl+X, O	もう1つのウィンドウに移動する
Ctrl+W	選択された範囲を切り取り		
		Ctrl+X, B	開いている別の文書に移動する
Ctrl+Y	選択された範囲を貼り付け		
		Ctrl+Z	ウィンドウを最小化する
Alt+W	選択された範囲をコピー	Alt+S	段落を中央揃えする
		Ctrl+T	カーソルの前後にある文字を入れ替える
Ctrl+X, H	文書全体を選択		
Alt+D	カーソル位置から単語の末尾までを削除	Alt+T	カーソルの前後にある単語を入れ替える
Alt+Backspace	単語の先頭からカーソル位置までを削除	Ctrl+Shift+Y	書式設定のない文字列として貼り付け
Ctrl+D	1文字削除	Ctrl+Q, A	すべて選択
Ctrl+K	カーソル位置から行末までを削除	Ctrl+Q, B	太字
		Ctrl+Q, I	斜体
Shift+Ctrl+-	元に戻す	Ctrl+Q, P	印刷
Ctrl+I	タブの挿入	Ctrl+Q, T	ぶら下げインデント
Ctrl+X, S	保存	Ctrl+Q, Tab	表内でのタブ
Ctrl+X, K	閉じる		

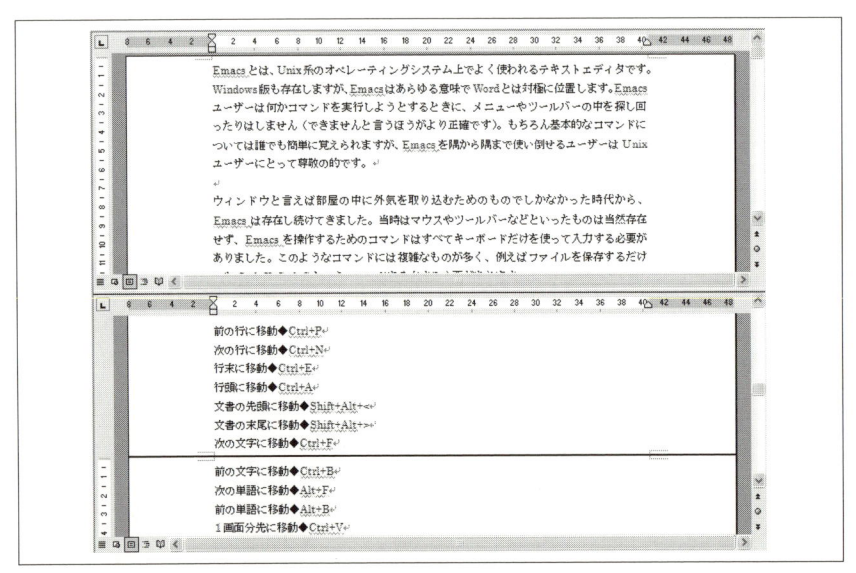

図27-1　VBacsを使って2分割されたウィンドウ

　VBacsのコマンドの中には便利なものもたくさんあります。例えば、Ctrl+X, 2と入力すると作業中のウィンドウが図27-1のように2分割されます。

　Ctrl+Oを入力するとカーソルのある行の直前に空行が挿入され、その空行の先頭にカーソルが移動します。また、Ctrl+Kを入力するとカーソル位置から行末までが削除されます。Wordは行単位の処理を比較的苦手としているのですが、このような処理もVBacsを使えば簡単です。

　VBackによるショートカットキーの変更を一時的に無効にしたい場合は、まず［ツール(T)］→［テンプレートとアドイン(I)...］を選択します。そして、［アドインとして使用できるテンプレート(G)］に表示されているVBacsのチェックを外してから［OK］をクリックします。そうするとVBacsは無効化され、Wordに標準で用意されているショートカットキーが利用できるようになります。この場合、Wordを再起動するとVBacsは再び読み込まれます。もしVBacsをアンインストールしたければ、WordのSTARTUPフォルダからVBacsのファイルを削除してください。

> Emacsに関するその他の情報については、http://www.gnu.org/software/emacs/emacs.html（英文）やO'Reillyの "*Learning GNU Emacs*"（邦題『入門GNU Emacs』）などをご覧ください。

—— Christopher Rath

HACK #28 簡単な計算を行う

表計算ソフトを使うほどではないような計算なら、Wordにもできます。Wordの機能の中でも特に古い部類に属する、[計算実行] の機能を呼び出してみましょう。

　ブッシュ大統領の父親が現職の大統領だったころからWordを使っている人なら、当時の[ツール] メニューには [計算実行] というコマンドがあったのを覚えているかもしれません。このコマンドは加減乗除に加えて、百分率やべき乗の計算も行えます。簡単な売上レポートや予算書の作成には、この程度の計算ができれば十分でしょう。

　残念ながらWord 6.0以降では、[計算実行] コマンドは [ツール] メニューから削除されてしまいました。しかしこれはメニューから削除されただけであり、コマンドそのものはWord 2003になっても削除されずに残っています。

> ここでは [ツール] メニューに [計算実行] コマンドを復活させることを目的としていますが、このコマンドはツールバー ([Hack #2] 参照) やショートカットメニュー ([Hack #3] 参照) に追加することもできます。

[計算実行] コマンドを復活させる

　まず [ツール(T)] → [ユーザー設定(C)...] を選択し、[コマンド] タブをクリックします。[分類(G)] で [すべてのコマンド] を選び、[コマンド(D)] の中の [ToolsCalculate] を探します (図 28-1)。

　この [ToolsCalculate] を [ツール(T)] にドラッグします。すると [ツール] メニューが開くので、マウスボタンを離さずにそのまま [音声(H)] の下などにドラッグします。

図 28-1 [ToolsCalculate] コマンド

しかし、このままの状態では［計算実行］は淡色表示されており利用できません。計算を行うには、まず計算対象の文字列を選択する必要があります。

［計算実行］の使い方

初期設定の状態では、選択された範囲内に入力されているすべての数値の合計が計算されます。その計算結果はしばらくの間ウィンドウ下端のステータスバー(**図28-2**)に表示され、同時にクリップボードにコピーされます。このとき、それぞれの数値の前後には必ずスペースまたは改行などが入力されていなければなりません。また、選択された範囲の先頭と末尾はともに数値でなければなりません。

計算の際に数字以外の文字はすべて無視されます。ただし通貨記号、ピリオド、コンマは数値の一部として認識されます。

加算以外の計算を行うには、演算子を表す記号を合わせて入力する必要があります。**表28-1**に、利用できる演算子を優先順位の低いものから順にまとめてあります。加算と減算は同じ優先順位を持っており、左から右へと計算されます。乗算と除算についても同様です。なお、この優先順位を無視して計算したい場合は、高い優先順位を持たせたい部分をカッコで囲んでください。

図 28-2　ステータスバーに表示された計算結果

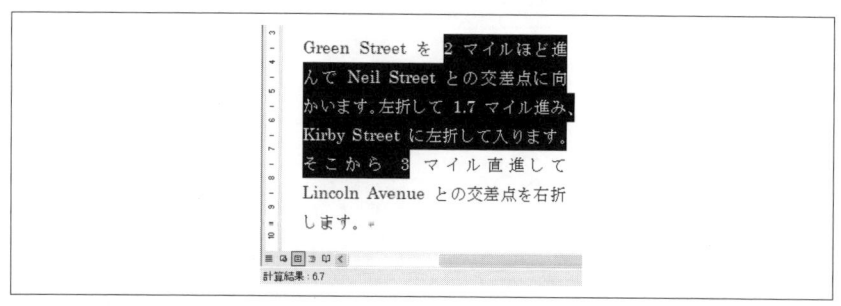

図 28-3　通常の文字列を使って計算を行う

表 28-1 [計算実行] の演算子

計算方法	演算子	使用例	その計算結果
加算	+ またはスペース	220 + 419 982	1621
減算	- または( )	1440 (312) - 96	1032
乗算	*	24 * $199	$4776.00
除算	/	$20,000/36	$555.56
べき乗またはべき乗根	^	(32^(1/5))^8	256
百分率	%	89 * 15%	13.35

［計算実行］の機能は表の中で使われることが多いのですが、表以外でも任意の文字列に対して計算を行えます。例えば図 28-3 のような文字列を選択して［計算実行］を呼び出すと、合計の移動距離を計算できます。

さらなる Hack

計算結果は数秒間しか表示されません。その後でまた結果を見たくなったら、クリップボードにコピーされた結果の値をどこかに貼り付けるか、ステータスバーを凝視しながら計算をもう一度実行するしかありません。もっと分かりやすい形で計算結果を表示するには、[Hack #4] で紹介しているような方法で Word コマンドの動作を変更してしまいましょう。ここでは、計算結果をダイアログボックスに表示させてみます。

[Hack #40] を参考にして、以下のマクロをテンプレートに保存してください。このテンプレートが読み込まれると、［計算実行］のコマンドが呼び出されたときに以下の処理が実行されます。

```
Sub ToolsCalculate()
MsgBox Selection.Range.Calculate
End Sub
```

しかし本来なら、計算結果はステータスバーに表示されるとともにクリップボードにコピーされます。まず、ダイアログボックスだけでなくステータスバーにも計算結果を表示するようにしてみましょう。

```
Sub ToolsCalculate()
Dim sResult as String
sResult = Selection.Range.Calculate
StatusBar = "計算結果： " & sResult
Msgbox sResult
End Sub
```

計算結果をクリップボードにコピーするための方法はやや複雑です。VBA にはクリップ

ボードにアクセスする機能が備えられていないため、Windows APIを直接呼び出す必要があります。このような処理を行うためのサンプルコードは http://support.microsoft.com/kb/138909/ で紹介されています。

このページに掲載されているコードを同じモジュール内に保存し(ただし`Option Compare Database`という行は削除してください)、`ToolsCalculate`の内容を以下のように変更してください。ここでは`Clipboard_SetData`サブルーチンを利用してクリップボードにアクセスしています。

```
Sub ToolsCalculate()
Dim sResult As String
sResult = Selection.Range.Calculate
StatusBar = "計算結果： " & sResult
MsgBox sResult
ClipBoard_SetData (sResult)
End Sub
```

HACK #29 文字コードを使って特殊文字を入力・検索する

日常使う文字なら、キーボードを使って簡単に入力できます。めったに使わないような文字を入力あるいは検索したい場合は、文字コードを使うのが簡単です。

近年のバージョンのWordでは、入力された文字は記号や特殊文字も含めてすべてUnicode文字として保持されています。UnicodeのWebサイト(http://www.unicode.org/)によると、Unicodeとは文字を符号化するための汎用的な標準形式であり、すべての言語の文字をすべてのオペレーティングシステム上で表現できるように設計されています。

Unicodeが導入される以前は、ASCIIやShift_JISなどの符号化形式が使われており、現在も多く使われています。しかし、これらの符号化形式は多くの言語の文字を表現することはできず、外国から転送されたファイルを表示するときなどにはしばしば問題が発生します。

Wordの内部ではUnicodeが確かに使われているのですが、入力や検索の際にASCIIコードの名残が見つかることもあります。

> ここでは、ASCIIという言葉はWordにおいて0から255までの文字コードを持つ文字を指すものとします。ASCIIはWindows Code Page 1052の別称です。詳しくはhttp://www.unicode.org/Public/MAPPINGS/VENDORS/MICSFT/WINDOWS/CP1252.TXT をご覧ください。

特殊文字を入力する

文字コードを指定して特殊文字を入力する際には、ASCIIのコードを使ってもUnicodeのコードを使ってもかまいません。

ASCII コード

　ASCII の文字集合には 256 個の文字が定義されており、それぞれに 0 から 255 までのコードが割り当てられています。これらの中には画面に表示されないものや、Windows ではまったく使われていないものも含まれています。とは言え、何らかの特殊文字を入力する際にその文字コードを知っていれば、いちいち [挿入(I)] → [記号と特殊文字(S)...] を選択して該当する文字を探したりしなくてもすみます。

　例えば、「マイクロ」を表す文字(μ)の ASCII コードは 181 です。この文字をカーソル位置に挿入するには、以下のように操作してください。

1. Num Lock キーを押し、テンキーから数値を入力できる状態にします。
2. Alt キーを押します。
3. テンキーで **0181** と入力します。
4. Alt キーから指を離します。

　これだけの手順で、特殊文字を挿入できました。

Unicode

　Unicode は 256 種をはるかに超える多数の文字に対応可能です。すべての言語のすべての文字を収録してもまだ十分な空きがあります。通常 Unicode のコードは 16 進数で表現されるため、数字に加えて A から F のアルファベットも使われます。

　すべてのフォントが Unicode に対応しているというわけではありませんが、MS 明朝や MS ゴシックなどのフォントはきちんと対応しています。

　例えば、8 分音符(Unicode のコード：266A)を挿入するには以下のようにします。

1. **266A** と入力します。A は大文字でも小文字でもかまいません。
2. Alt+X を押します。

266A という文字列が、Alt+X を押すことによって 8 分音符に変化しました。

> Word 2000 ではこの方法は使えません。これから説明する、Unicode を使った検索は可能です。

［記号と特殊文字］ダイアログボックスを使うと、数千を超える文字の中から探している文字を見つけ出さなければなりません。それよりは、http://www.unicode.org/ の Web サイトを使って文字コードを調べるほうがずっと簡単です。

特殊文字を検索する

文書中に現れる特殊文字を検索する際にも、ASCII や Unicode のコードを利用できます。特に、ASCII コードはワイルドカードを使った検索に便利です。

ASCII コード

ASCII コードと直接関係はないのですが、Word では ^p（段落記号）や ^t（タブ記号）などの特別な文字コードを利用できます。Word のヘルプではこの種の文字コードについて網羅的な説明が行われていますが、特に以下の3つは複数の文字にマッチするので便利です。なお、これらの文字コードを使って検索や置換を行う際には［あいまい検索］の機能をオフにしてください。

- ^# はすべての数字にマッチします。
- ^$ はすべてのアルファベットにマッチします。
- ^w はすべての空白にマッチします。

ただしこれらの文字コードは、ワイルドカードと組み合わせて使うことはできません。［検索と置換］ダイアログボックスで［ワイルドカードを使用する(U)］（これが表示されていない場合は［オプション(M)］をクリック）がチェックされていると、検索時に図29-1のようなエラーメッセージが表示されます。

どうしても両者を併用したいという場合には、ASCII コードを使います。ASCII コードを使って文字を検索するには、［検索する文字列(N)］に ^0 と入力し、続けて ASCII コードを入力します。

段落記号（より正確にはキャリッジリターンと呼ばれます）に対応するASCIIコードは13です。したがって、ワイルドカードも使いながら段落記号も検索したい場合は、［検索する文字列(N)］に ^013 と入力すればOKです。

図 29-1　ワイルドカードと併用した場合のエラー

フォントによっては、ASCIIコードは同じだが表示される文字が異なるということがあるかもしれません。

［ワイルドカードを使用する(U)］をチェックすれば、ある範囲の文字コードに対応する文字を検索するということも可能になります。例えば［検索する文字列(N)］に[^0100-^0104]と入力すれば、dとhの間にある文字が検索されます。

Unicode

^uに続けてUnicodeのコードを入力すると、そのコードを持つ文字を検索できます。ただし、16進数ではなく10進数でコードを入力しなければなりません。

例えば8分音符を表す文字をUnicodeで表すと266Aですが、これは10進数に直すと9834になります。したがって、この文字を検索するには^u9834と入力する必要があります。

ASCIIコードと異なり、Unicodeはワイルドカードと併用できません。

ただし、毎回手計算で16進数から10進数に変換する必要はありません。VBAにはこの計算を行う関数が用意されています。まず［ツール(T)］→［マクロ(M)］→［Visual Basic Editor (V)］を選択し、［表示(V)］→［イミディエイトウィンドウ(I)］を選択してください。

画面右下に［イミディエイト］ウィンドウが表示されるので、以下のように入力してEnterキーを押してください。

?CDec(&H*code*)

ここで*code*の部分には16進数で表現されたUnicodeのコードが入ります。実行例を図29-2に示します。

図29-2　16進数から10進数への変換

文字コードを調べる

　変なフォントで表示されたおかしな文字を置換するというケースについて考えてみましょう。例えば取引先から送られてきた長文の文書で、行頭に必ずおかしな文字が表示されていたという経験はないでしょうか？　もしこの文字を［検索と置換］ダイアログボックスにコピー＆ペーストできなかったら、1つ1つ手作業で直してゆくしかもう手段はないようにも思われます。

　この文字に対応する文字コードが分かれば、先ほど紹介した方法で検索や置換が可能です。しかしこのような場合、膨大な文字のリストの中から文字を探し出さなければならず大変です。そこで、以下のようなマクロを使って文字コードを調べることにします。このコードをテンプレート（**[Hack #40]** 参照）に保管し、［ツール（T）］→［マクロ（M）］→［マクロ（M）...］を選択してこのマクロを呼び出してみましょう。

```
Sub WhatCharacterCode()
MsgBox Asc(Selection.Text)
End Sub
```

　このマクロを実行すると、選択されていた範囲の先頭の文字に対応するASCIIコードが表示されます。この数値を^0に続けて入力することにより、対応する文字を検索できるようになります。

　上記のマクロの結果が63あるいは負の数になり、この数値を使って検索しても何もヒットしなかったという場合は、その文字が ASCII コードでは表せないという可能性があります。以下のマクロを実行すると、選択されていた文字に対応するUnicodeのコードを表示します。この値を ^u に続けて入力すれば、対応する文字を検索できます。

```
Sub WhatUnicodeCharacterCode()
MsgBox AscW(Selection.Text)
End Sub
```

> このマクロで表示されるのは10進の値であり、検索には使えますが特殊文字の入力には使えません。

　　　　　　　　　　　　　　　　　　　　　　　　　── Jack Lyon、Andrew Savikas

HACK #30 正規表現を使って検索する

ワイルドカードだけでは物足りないのなら、VBScriptの強力な文字列検索機能を使ってみましょう。

　ワイルドカードを使った検索機能は意外と便利なものですが、Perl や Python、JavaScript

などのプログラミング言語にはもっと便利な検索機能が用意されており、このような機能をWordでも使えたらと思っているユーザーは多いのではないでしょうか。ワイルドカードだけでは解決できないような複雑な検索を行わなければならないことも多いと思われます。

O'Reillyの"*Learning Python*"（邦題『初めてのPython』）では以下のような例が紹介されています。

- 「red pepper」または「green pepper」を「bell pepper」に置換する。
- ただし、「pepper」以降の同じ段落に「salad」が存在する場合のみ置換する。
- ただし、「pepper」の直後に空白なしで「corn」が続く場合は置換しない。

答えを先に言ってしまうと¥b(red|green)(¥s+pepper(?!corn)(?=.*salad))なのですが、これをワイルドカードだけで実現するのは困難です。

VBAには正規表現を扱う機能が用意されていないのですが、VBScriptという言語には正規表現を扱うためのRegExpオブジェクトがあります。このオブジェクトはVisual Basic Editorの設定をちょっと変えるだけで利用できます。

まず、Visual Basic Editorで［ツール(T)］→［参照設定(R)...］を選択します。そして図30-1のように、［Microsoft VBScript Regular Expressions 5.5］をチェックして［OK］をクリックします。

これだけの手順で、マクロの中からRegExpオブジェクトを利用できるようになりました。これからこのオブジェクトの詳しい使い方について説明します。

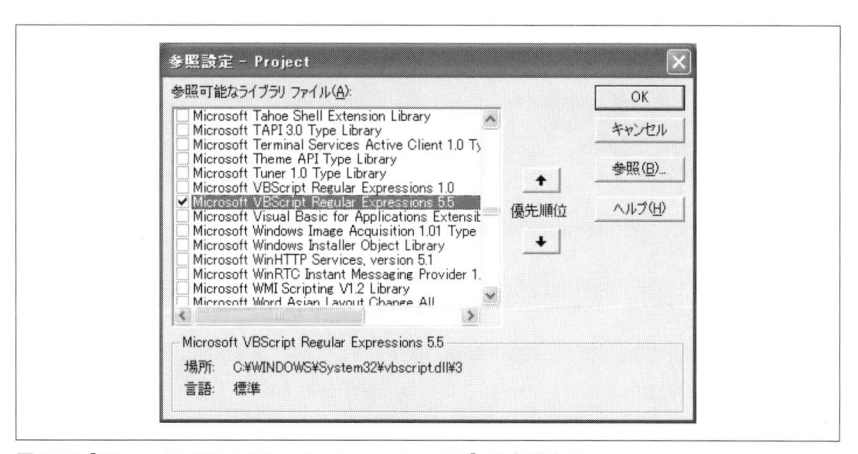

図 30-1 ［Microsoft VBScript Regular Expressions 5.5］を参照する

RegExp のプロパティとメソッド

RegExp オブジェクトは以下に示す4つのプロパティを持ちます。

Pattern
検索するパターンを表す文字列です。

Global
Patternにマッチするものが複数ある場合の動作を指定するためのBoolean型変数です。Trueであればマッチしたものすべてが返され、そうでなければ最初にマッチしたものだけが返されます。初期値はFalseです。

IgnoreCase
検索の際に大文字と小文字を区別するかどうかを指定するためのBoolean型変数です。Trueであれば区別されず、そうでなければ区別されます。初期値はFalseです。

MultiLine
Patternが複数行にまたがる文字列にマッチするかどうかを指定するためのBoolean型変数です。Trueであればマッチし、そうでなければマッチしません。初期値はFalseです。

また、RegExp オブジェクトが持つメソッドは以下の通りです。

Execute
検索を実行し、マッチした文字列とその個数などを持つMatches型のコレクションオブジェクトを返します。

Replace
マッチした文字列をすべて、指定された文字列（パターン）で置き換えます。次のように使います。

RegExpobject.Replace("検索対象文字列", "置き換える文字列")

Test
マッチの結果を返さず、マッチするかどうかだけを調べます。マッチした場合はTrue、そうでない場合はFalseを返します。1つでもマッチすればTrueが返されるので、Globalプロパティの値はここでは意味を持ちません。

Executeメソッドが返すMatchesオブジェクトには、1つ以上のMatchオブジェクトが含ま

れています。Match オブジェクトのプロパティは以下の通りです。

FirstIndex
検索対象の文字列の中で、マッチした部分の先頭の位置を表します。

Length
マッチした文字列の長さを表します。

Value
マッチした文字列そのものを表します。

マクロの中で RegExp オブジェクトを呼び出す

これから紹介するマクロでは、選択された文字列に対してインタラクティブに検索を行います。

以下のコードを適切なテンプレート（**[Hack #40]** 参照）に保存してください。保存されたマクロは、そのままでも［ツール(T)］→［マクロ(M)］→［マクロ(M) ...］を選択して［マクロ］ダイアログボックスを使えば呼び出せますが、**[Hack #2]** で紹介しているテクニックを使えばメニューやツールバーのボタンから呼び出すこともできます。

```
Sub RegExpTest()
Dim re As RegExp
Dim strToSearch As String
Dim strPattern As String
Dim strResults As String
Dim oMatches As MatchCollection
Dim oMatch As Match

strToSearch = Selection.Text

Set re = New RegExp
re.Global = True
re.IgnoreCase = True

Do While (1)
    strPattern = InputBox("検索パターンを入力してください:", _
                     "正規表現を使った検索", "")
    If Len(strPattern) = 0 Then Exit Do

    re.Pattern = strPattern

    Set oMatches = re.Execute(strToSearch)
    If oMatches.Count <> 0 Then
        strResults = Chr(34) & strPattern & Chr(34) & _
                 "は" & oMatches.Count & "箇所にマッチしました:" _
```

```
                        & vbCr & vbCr
        For Each oMatch In oMatches
            strResults = strResults & _
                         oMatch.Value & _
                         ": 位置 " & _
                         oMatch.FirstIndex & vbCr
        Next oMatch
    Else
        strResults = Chr(34) & strPattern & Chr(34) & _
                     " はマッチしませんでした "
    End If

    MsgBox strResults
Loop

End Sub
```

検索対象の文字列を選択してからこのマクロを実行すると、図 30-2 のようなダイアログボックスが表示されます。

検索結果は図 30-3 のように表示されます。

RegExp オブジェクトは、以下のような Perl にもあるメタ文字をサポートしています。

¥ | ( ) [{ ^ $ * + ? .

以下の文字クラスを使った表現もサポートしています。

図 30-2 検索パターンの入力

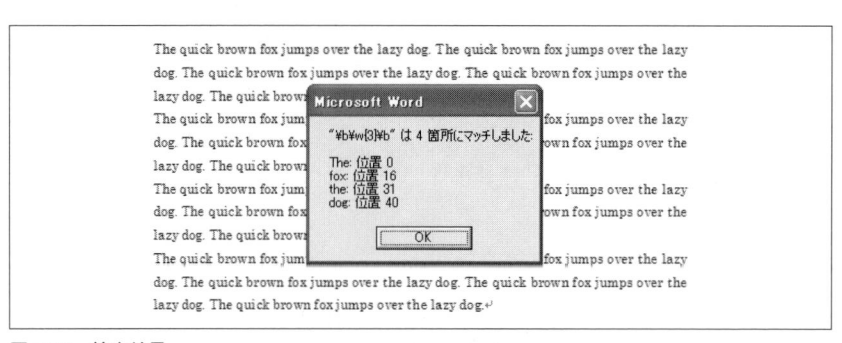

図 30-3 検索結果

```
¥d ¥D ¥s ¥S ¥w ¥W
```

特殊文字に関する詳細についてはhttp://www.microsoft.com/japan/msdn/columns/scripting/scripting051099.aspやhttp://msdn.microsoft.com/library/default.asp?url=/library/en-us/script56/html/vspropattern.asp(英文)をご覧ください。

検索結果の文字列を置き換える

Replaceメソッドを使うと、マッチした文字列をグループ化して再利用できます。このテクニックは「後方参照(backreference)」と呼ばれ、非常に強力です。例えば以下のようなコードを使うと、日付の表現形式を変換できます。

```
re.Replace("(September) (¥d¥d?), (¥d{4})", "$2 $1, $3")
```

例えば「September 12, 1978」という文字列に対して上のコードを実行すると、結果は「12 September, 1978」になります。後でSeptemberの部分を他の月に変更したくなっても、置換後の文字列を変更する必要はありません。これも後方参照のおかげです。

最後に、冒頭で紹介したbell pepperの例をマクロに記述してみましょう。このマクロを実行すると、結果は図30-4のようになります。

```
Sub FixPeppers()
Dim re As RegExp
Dim para As Paragraph
Dim rng As Range
```

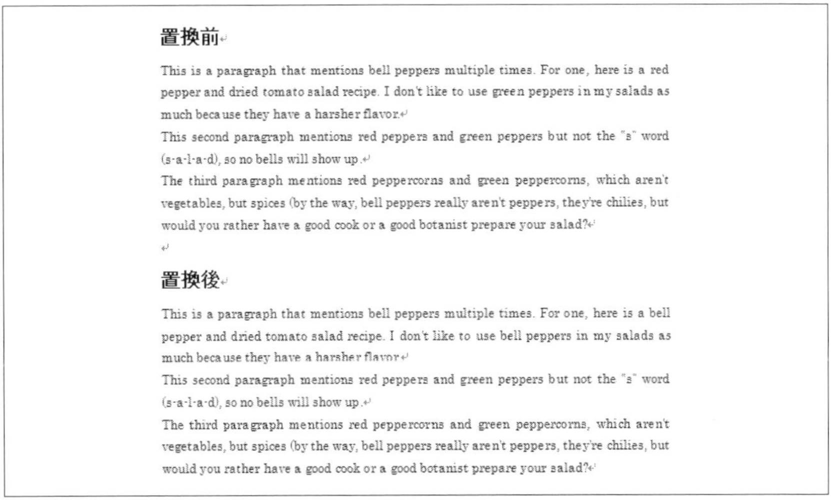

置換前

This is a paragraph that mentions bell peppers multiple times. For one, here is a red pepper and dried tomato salad recipe. I don't like to use green peppers in my salads as much because they have a harsher flavor.

This second paragraph mentions red peppers and green peppers but not the "s" word (s-a-l-a-d), so no bells will show up.

The third paragraph mentions red peppercorns and green peppercorns, which aren't vegetables, but spices (by the way, bell peppers really aren't peppers, they're chilies, but would you rather have a good cook or a good botanist prepare your salad?

置換後

This is a paragraph that mentions bell peppers multiple times. For one, here is a bell pepper and dried tomato salad recipe. I don't like to use bell peppers in my salads as much because they have a harsher flavor.

This second paragraph mentions red peppers and green peppers but not the "s" word (s-a-l-a-d), so no bells will show up.

The third paragraph mentions red peppercorns and green peppercorns, which aren't vegetables, but spices (by the way, bell peppers really aren't peppers, they're chilies, but would you rather have a good cook or a good botanist prepare your salad?

図30-4　正規表現を使った複雑な置換

```
Set re = New RegExp
re.Pattern = "¥b(red|green)(¥s+pepper(?!corn)(?=.*salad))"
re.IgnoreCase = True
re.Global = True
For Each para In ActiveDocument.Paragraphs
    Set rng = para.Range
    rng.MoveEnd unit:=wdCharacter, Count:=-1
    rng.Text = re.Replace(rng.Text, "bell$2")
Next para
End Sub
```

> 正規表現に関して詳しくはO'Reillyの "Mastering Regular Expressions" (邦題『詳説 正規表現』)をご覧ください。

HACK #31 複数のファイルに対して検索や置換を行う

ここで紹介するコードを使って、1回の操作で複数のファイルに対して置換などの操作をまとめて行えるようにしてみましょう。

検索や置換の機能を活用すれば作業の手間を大幅に削減できますが、複数のファイルに対して同じ内容で検索や置換を行う場合は単純作業が要求されかなり面倒です。

多くの文書に対して同じ内容での置換を行うという作業が頻繁に必要なら、このような作業をすべて自動で行ってくれるマクロを作ってしまいましょう。さらなる作業効率の向上は間違いありません。

コード

例えば、Dewey & Cheatham 法律事務所が合併により Dewey, Cheatham & Howe 法律事務所へと名称変更したとします。以下のコードは、C:¥My Documents フォルダの直下にあるすべての Word 文書に対して事務所名の置換を行います。

```
Sub FindReplaceAllDocsInFolder()
Dim i As Integer
Dim doc As Document
Dim rng As Range

With Application.FileSearch
    .NewSearch
    .LookIn = "C:¥My Documents"
    .SearchSubFolders = False
    .FileType = msoFileTypeWordDocuments
    If Not .Execute() = 0 Then
        For i = 1 To .FoundFiles.Count
            Set doc = Documents.Open(.FoundFiles(i))
            Set rng = doc.Range
```

```
            With rng.Find
                .ClearFormatting
                .Replacement.ClearFormatting
                .Text = "Dewey & Cheatham"
                .Replacement.Text = "Dewey, Cheatham & Howe"
                .Forward = True
                .Wrap = wdFindContinue
                .Format = False
                .MatchCase = False
                .MatchWholeWord = False
                .MatchWildcards = False
                .MatchSoundsLike = False
                .MatchAllWordForms = False
                .Execute Replace:=wdReplaceAll
            End With

            doc.Save
            doc.Close

            Set rng = Nothing
            Set doc = Nothing
        Next i
    Else
        MsgBox "該当するWord文書がありません"
    End If
End With
End Sub
```

ここではFileSearchオブジェクトを使い、フォルダ内のすべての文書をチェックしています。もしWord文書が見つかったらそのファイルを開き、置換を実行してファイルを保存し閉じます。フォルダ内にWord文書が1個もなかった場合はエラーメッセージを表示します。

[Hack #40] を参考にしながらこのマクロを適切なテンプレートに格納し、［ツール（T）］→［マクロ（M）］→［マクロ（M）...］を選択してマクロを呼び出してみましょう。**[Hack #2]** で紹介しているように、マクロはメニューまたはツールバーに追加すると簡単に呼び出せます。

さらなる Hack

上のプログラムには、Findオブジェクトに関するちょっとした問題点があります。VBAのコードからこのオブジェクトを使って検索や置換を行うと、本文のみが対象となり、ヘッダーやフッター、コメント、脚注、テキストボックスなどは無視されてしまいます。

文書のすみずみまで検索や置換を行うようにするには、実際の処理を行っている部分のコードをFor Eachループで囲み、文書全体が処理の対象になるようにします。太字で表示されているのが変更された部分です。

```
Sub FindReplaceAllDocsInFolder()
Dim i As Integer
Dim doc As Document
Dim rng As Range

With Application.FileSearch
    .NewSearch
    .LookIn = "C:¥My Documents"
    .SearchSubFolders = False
    .FileType = msoFileTypeWordDocuments
    If Not .Execute() = 0 Then
        For i = 1 To .FoundFiles.Count
            Set doc = Documents.Open(.FoundFiles(i))
            For Each rng In doc.StoryRanges
                With rng.Find
                    .ClearFormatting
                    .Replacement.ClearFormatting
                    .Text = "Dewey & Cheatem"
                    .Replacement.Text = "Dewey, Cheatem & Howe"
                    .Forward = True
                    .Wrap = wdFindContinue
                    .Format = False
                    .MatchCase = False
                    .MatchWholeWord = False
                    .MatchWildcards = False
                    .MatchSoundsLike = False
                    .MatchAllWordForms = False
                    .Execute Replace:=wdReplaceAll
                End With
            Next rng
            doc.Save
            doc.Close

            Set rng = Nothing
            Set doc = Nothing
        Next i
    Else
        MsgBox "該当するWord文書がありません"
    End If
End With
End Sub
```

HACK #32 上書きモードを無効化する

何かをひらめいて、興奮して画面も見ずに文字をタイプしたことはありませんか？　そんなときに限って上書きモードになっているものです。せっかくテキストを入力したのに、入力した分だけ別のテキストが消えてしまいました。そんなあなたに、上書きモードを無効化してしまう方法をお教えします。

そもそも、上書きモードを日常的に使っている人などいるのでしょうか？　Insertキーに

上書きモードを無効化する | **129**

は［貼り付け］などの別の機能を割り当てて使っている人も多いと思います。こういった機能はWordにも用意されています。［ツール(T)］→［オプション(O)...］を選択し、［編集と日本語入力］タブの［貼り付けにInsキーを使用する(U)］をチェックすればOKです。

でも一度上書き入力で失敗をしてしまうと、この程度の対策では安心できないかもしれません。そこで、以下のHackを使ってみましょう。これを使えば、上書きモードになることはもう二度とありません。ここでは組み込みのコマンドの動作を変更してしまうというテクニック(**[Hack #44]**)を使っています。これはWordのカスタマイズ機能の中でも最も強力なものの1つです。

まず［ツール(T)］→［マクロ(M)］→［マクロ(M)...］を選択し、［マクロの保存先(A)］の中から［コマンドマクロ］を選びます。そして［マクロ名(M)］の中から［Overtype］を探します（図32-1）。

次に［マクロの保存先(A)］の中から今度は［Normal.dot（全文書対象のテンプレート）］ま

図32-1　上書きモードに対応するコマンド

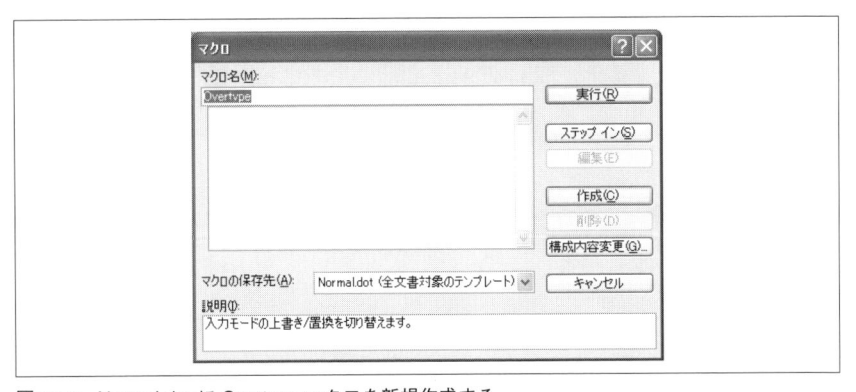

図32-2　Normal.dotにOvertypeマクロを新規作成する

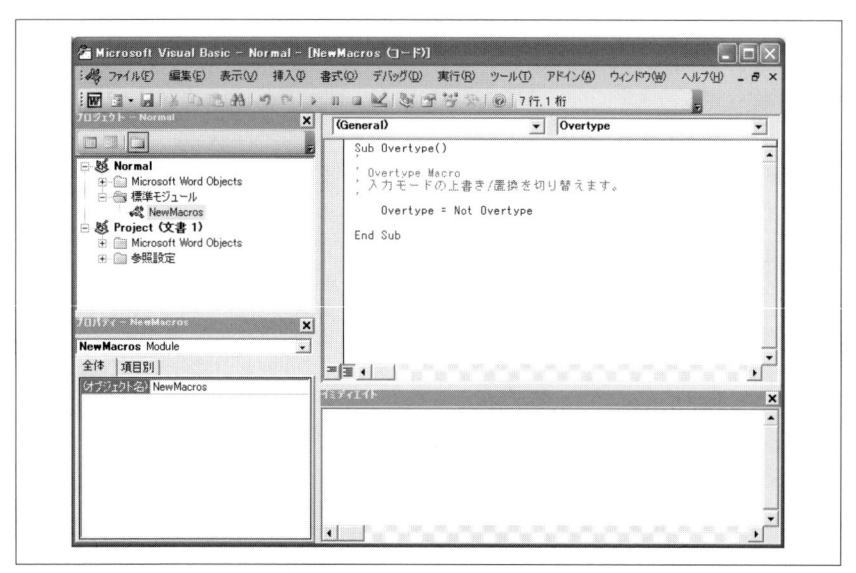

図 32-3　Overtype コマンドの標準の動作

たはその他のテンプレート（**[Hack #40]** 参照）を選び、［作成（C）］をクリックします（図 32-2）。

すると図 32-3 のように Visual Basic Editor が起動し、Insert キーが押されたときの標準の動作が VBA のコードとして表示されます。

このコードの中に以下のような行があります。

    Overtype = Not Overtype

これを以下で置き換えてください。

Selection.Paste

変更したテンプレートを保存し、Visual Basic Editor を終了して Word に戻ります。すると、Insert キーを押すと［貼り付け］が実行されるようになります。

> Insert キーが押されたときに何の動作も行わないようにしたい場合は、Overtype コマンドの中身をすべて削除してしまってください。

すべてのハイパーリンクを解除する

頼んでもいないのに勝手に現れてユーザーに迷惑をかけ、こちらの言うことをほとんど聞いてくれないハイパーリンクは、ある意味やくざのようなものです。こんなハイパーリンクを追い払う方法をここでは紹介します。

多くのユーザーは、ハイパーリンクなんか使いたくないと思っているはずです。編集が面倒になる、青字と下線という組み合わせがダサい、間違ってリンク先を開いてしまったときにWebブラウザやメールソフトを閉じるのが面倒など、理由を挙げたらきりがありません。

> Wordにハイパーリンクの作成をやめさせるには、まず［ツール(T)］→［オートコレクトのオプション(A)...］（Word 97 と Word 2000 では［ツール(T)］→［オートコレクト(A)...］）を選択します。［入力オートフォーマット］タブで、［インターネットとネットワークのアドレスをハイパーリンクに変更する］のチェックを外してください。

すでに作成されてしまったハイパーリンクを解除するには、右クリックして［ハイパーリンクの削除(R)］を選択します（図 33-1）。

ハイパーリンクの文字列を選択し、Ctrl+Shift+F9を押してもハイパーリンクを解除できます。ただし、この方法を使うと選択範囲中のすべてのフィールドも削除されてしまいます。したがって、文書全体を選択してCtrl+Shift+F9を押すというのはあまりよい方法ではありません。

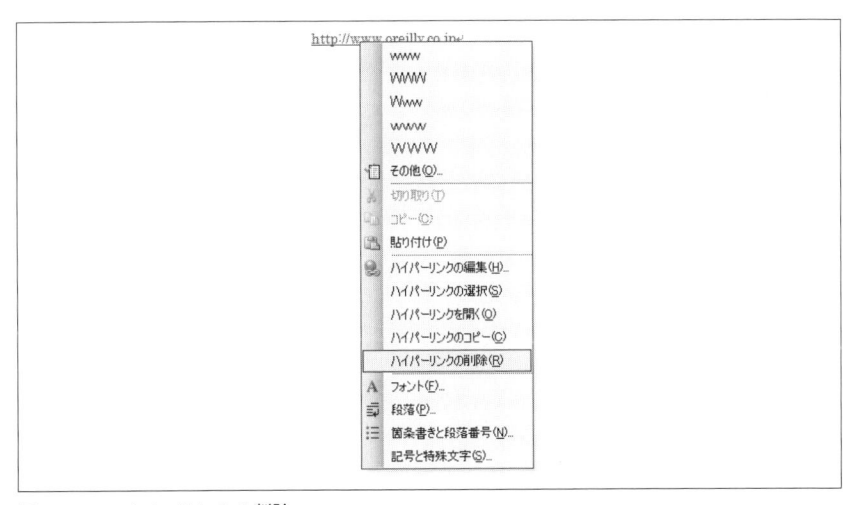

図 33-1　ハイパーリンクの削除

Wordには、文書中のハイパーリンクをすべて削除するという機能は用意されていません。そこで、このような処理を行うマクロを作ってしまいましょう。

コード

これから紹介するコードを、各自の好みのテンプレートに保存してください（**[Hack #40]** 参照）。これを実行するには、［ツール(T)］→［マクロ(M)］→［マクロ(M) ...］を選択して対象のマクロを選びます。あるいは、**[Hack #2]** で紹介しているようにあらかじめメニューまたはツールバーにマクロを登録しておくこともできます。

このマクロを実行すると、ハイパーリンクを1つ1つ選択してショートカットメニューから［ハイパーリンクの削除(R)］を選ぶのと同じ効果が得られます。

```
Sub RemoveAllHyperlinks()
    Dim i As Integer
    For i = ActiveDocument.Hyperlinks.Count To 1 Step -1
        ActiveDocument.Hyperlinks(i).Delete
    Next i
End Sub
```

ハイパーリンクは削除されて文字の書式は元に戻りますが、リンク元の文字列自体は削除されないということを覚えておいてください。

> **[Hack #3]** を参考にして、このマクロを［ハイパーリンク］ショートカットメニューに追加してもよいでしょう。

さらなる Hack

自動と手動とを問わず、文書にハイパーリンクが挿入されると、その文字列に対して［ハイパーリンク］という文字スタイルが適用されます。このスタイルもその他のスタイルと同様に、［書式設定(O)］ツールバーの［スタイル］プルダウンメニューに表示されています（図33-2）。

ハイパーリンクの仕組み自体は許せるけれども青字と下線は我慢ならないという人は、［ハイパーリンク］スタイルの書式を変更してみましょう。［書式(O)］→［スタイルと書式(S) ...］（Word 2000では［書式(O)］→［スタイル(S) ...］）を選択し、［ハイパーリンク］を選んで［変更(M) ...］を選択します。続いて［書式(O)］→［フォント(F) ...］を選択し、例えば図33-3のように書式を適宜変更します。

ハイパーリンクを削除すれば、その文字列に設定されていた［ハイパーリンク］スタイルは解除されます。一方、［ハイパーリンク］スタイルの書式設定を通常の文字列とまったく

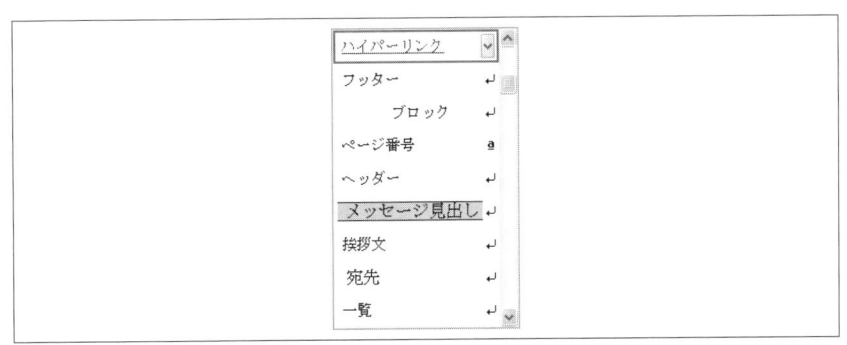

図 33-2 [ハイパーリンク] とその他のスタイル

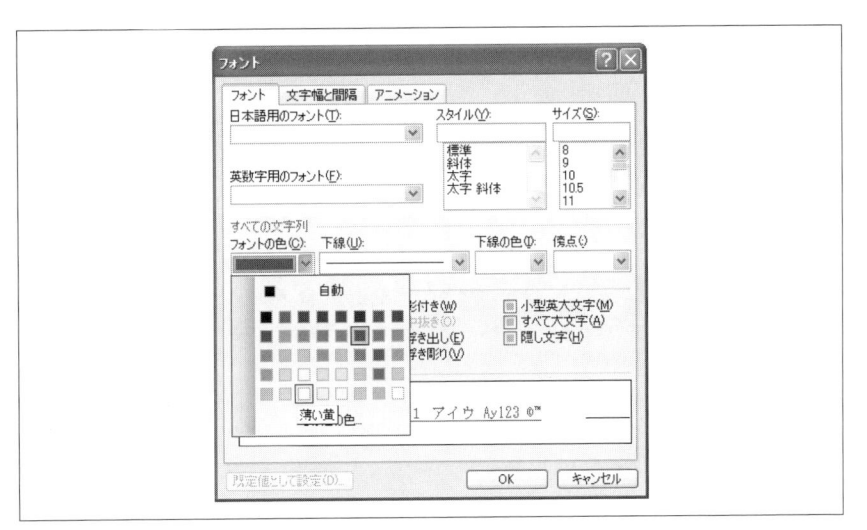

図 33-3 ハイパーリンクをもっと落ち着いた色に変更する

同じ書式に変更したとしても、挿入されたハイパーリンクは正しく機能し続けます。

> ハイパーリンクの文字列に対して別のスタイルや書式を指定しても、引き続きハイパーリンクとして機能します。一方、通常の文字列に対して[ハイパーリンク]スタイルを適用しても、その文字列がハイパーリンクになるということはありません。このようなことを行うと、通常のハイパーリンクと区別が付かなくなりユーザーは混乱するかもしれません。

ハイパーリンクは削除したいが、文字列に対して適用されている[ハイパーリンク]スタ

イルはそのままにしたいという場合は、以下のようなコードを使うとよいでしょう。

```
Sub RemoveHyperlinksKeepStyle()
Dim oHyperlink As Hyperlink
Dim i As Integer
Dim rng As Range
For i = ActiveDocument.Hyperlinks.Count To 1 Step -1
    Set oHyperlink = ActiveDocument.Hyperlinks(i)
    Set rng = oHyperlink.Range
    oHyperlink.Delete
    rng.Style = wdStyleHyperlink
Next i
End Sub
```

　文書中のハイパーリンクを、文字列そのものも含めて削除してしまいたい場合は、以下のコードを使いましょう。

```
Sub ReallyRemoveAllHyperlinks()
Dim i As Integer
For i = ActiveDocument.Hyperlinks.Count To 1 Step -1
    ActiveDocument.Hyperlinks(i).Range.Delete
Next i
End Sub
```

HACK #34 すべてのブックマークを削除する

Wordには文書中のすべてのブックマークを削除するような機能は用意されていません。そこでVBAを使ってこれを実現してみましょう。

　ブックマークを使うと文書中の見たい部分にすばやく移動できます。しかしブックマークを含む文書をQuarkXPressやAdobe FrameMakerなどでインポートすると、しばしば問題が発生します。例えばAdobe FrameMakerはブックマークをマーカと呼ばれるものに変換しますが、その際にリンク先が見つからなくなってしまうことがよくあります。逆に、他のプログラムで作成したファイルをWord形式にエクスポートする際に、意味不明な値を持ったブックマークが生成されてしまうこともあります。

　［挿入（I）］→［ブックマーク（K）...］を選択し、ブックマークを1つ1つ削除してゆくこともちろん可能です。しかしブックマークが何十個もある場合、マウスを何度も何度もクリックしなければなりません。そこで、ブックマークをすべて一度に削除してくれるマクロをこれから紹介します。

コード

　[Hack #40] を参考にしながら以下のマクロを適当なテンプレートに保存したら、［ツール（T）］→［マクロ（M）］→［マクロ（M）...］を選択してこのマクロを実行してみましょう。マクロを

メニューやツールバーに追加する（[Hack #2] 参照）のもよいでしょう。
　以下のマクロを実行すると、文書中のすべてのブックマークが削除されます。

```
Sub DeleteAllBookmarks()
Dim i As Integer
For i = ActiveDocument.Bookmarks.Count To 1 Step -1
    ActiveDocument.Bookmarks(i).Delete
Next i

End Sub
```

さらなる Hack

　初期設定では、ブックマークのうち相互参照用のものなどは表示されません。このようなブックマークについては、上のコードを使っても削除できません。これを削除するには、［ブックマーク］ダイアログボックスで［自動的に挿入されたブックマークを表示する(H)］をチェックしておく必要があります。あるいは、以下のコードを使えばこのチェックは不要です。

```
Sub DeleteAllBookmarksIncludingHidden()
Dim i As Integer
Activedocument.Bookmarks.ShowHidden = True
For i = ActiveDocument.Bookmarks.Count To 1 Step -1
    ActiveDocument.Bookmarks(i).Delete
Next i

End Sub
```

HACK #35 すべてのコメントを削除する

Word 2002 以降では、［チェック/コメント］ツールバーに［ドキュメント内のすべてのコメントを削除］というコマンドが追加されています。ここでは、これ以前のバージョンのWordでも同等の機能を実現するための Hack を紹介します。

　コメントを使うと、文書の内容を直接変更することなく文書に対して追加の情報を表示させることができ、他人が文書の内容をチェックする場合などに便利です。ただ、チェックや修正の作業が終わったときにコメントを削除するのがやや面倒です。
　ある1つのコメントを削除するには、コメントが挿入されている範囲かコメント自体を右クリックして［コメントの削除(M)］を選択します。しかし文書の中に何十ものコメントがある場合、これを1つ1つ削除してゆくのは気の遠くなるような作業です。そこで、VBAのマクロを使ってコメントを削除するのがよいでしょう。

コード

好みのテンプレート([Hack #40]参照)に以下のマクロを保存し、必要に応じてこのマクロをメニューやツールバーに登録([Hack #2]参照)してください。登録しなくても、[ツール(T)]→[マクロ(M)]→[マクロ(M)...]を選択すればこのマクロを実行できます。

```
Sub DeleteAllComments
Dim i As Integer
For i = ActiveDocument.Comments.Count To 1 Step -1
    ActiveDocument.Comments(i).Delete
Next i
End Sub
```

よく使うボタンの隣にこのマクロを登録した場合などに、このマクロを誤って起動しコメントをすべて削除してしまうということがあるかもしれません。そこで、以下のマクロでは実際にマクロを削除してしまう前に確認のダイアログボックス(図35-1)を表示するようにしてあります。また、処理が終わった後に削除したコメントの数を表示するようにもしてあります。

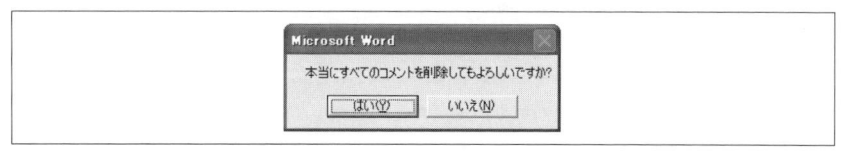

```
Sub DeleteAllCommentsAndConfirm()
Dim i As Integer
Dim iNumberOfComments As Integer
If MsgBox( _
    "本当にすべてのコメントを削除してもよろしいですか?", _
        vbYesNo) = vbYes Then
    iNumberOfComments = ActiveDocument.Comments.Count
    For i = iNumberOfComments To 1 Step -1
        ActiveDocument.Comments(i).Delete
    Next i
MsgBox iNumberOfComments & " 個のコメントを削除しました", vbInformation
End If
End Sub
```

図 35-1 コメントを削除する前の確認

HACK #36 コメントを通常の文字列に変換する

コメントが挿入されている位置に、その記入者と本文が表示されるようにしてみましょう。

コメントを使うと、本文の表示に影響を与えることなく文書に注釈などを追加できます。しかし、コメントを含む文書をQuarkXPressやAdobe FrameMakerなどにインポートしようとすると、コメントのせいでうまくいかないということもあります。また、このような文書をテキスト(.txt)形式で保存すると、コメントはすべて文末に移動し、それぞれが本文中のどこに対して挿入されたかが分からなくなってしまいます。

[Hack #35]で紹介されている方法を使って、単にコメントをすべて削除してしまうということも可能です。ただ、コメントの中に印刷工程に関する指示やその他の重要な情報が含まれている場合もあります。このような場合は本文の中にコメントを埋め込み、その部分がコメントであることが分かるようにしておけばOKです。こうしておけばコメントがどこに挿入されていたかも一目で分かります。マクロを使い、このような処理を瞬時に行ってしまいましょう。

> [ツール(T)] → [オプション(O)...] を選択して [ユーザー情報] タブをクリックすると、コメントの記入者として表示される名前を変更できます。

コード

以下のマクロを使うと、文書中でコメントが挿入されている場所すべてにそのコメント本文と記入者が文字列として挿入されます。これらの情報は図 36-1 のように角カッコで囲まれ、[強調斜体] スタイルで表示されます。

まず、[Hack #40]を参考にしてこのマクロを適当なテンプレートに保存してください。このマクロを実行するには、[ツール(T)] → [マクロ(M)] → [マクロ(M) ...] を選択して[ConvertCommentsToInlineText] を選びます。なお、[Hack #2]ではマクロをメニューやツールバーに登録する方法を解説しているので、こちらも参考にしてください。

```
Sub ConvertCommentsToInlineText()
Dim c As Comment
Dim i As Integer
```

> Word 2003 は、画期的な日本語入力・編集環境を実現した日本語ワープロです。Word 2003 は、画期的な日本語入力・編集環境を実現した日本語ワープロです。Word 2003 は、画期的な日本語入力・編集環境を実現した日本語ワープロです。Word 2003 は、画期的な日本語入力・編集環境を実現した日本語ワープロです。[くどい。 -- Andrew Savikas] Word 2003 は、画期的な日本語入力・編集環境を実現した日本語ワープロで

図 36-1 文字列に変換されたコメント

```
For i = ActiveDocument.Comments.Count To 1 Step -1
    Set c = ActiveDocument.Comments(i)
    c.Reference.Style = wdStyleEmphasis
    c.Reference.Text = " [" & c.Range.Text & " -- " & c.Author & "] "
Next i
End Sub
```

コードの中では意図的にコメントを削除するという操作は行っていませんが、結果的にコメントを削除するのとほぼ同等の効果が得られます。

さらなる Hack

コメントの内容を本文の中に埋め込むのではなく、新規作成した文書の中に挿入することもできます。

以下のマクロを実行すると白紙の文書が新規に作成され、すべてのコメントとその記入者を含む表が作成されます。

```
Sub CreateTableOfComments
Dim c As Comment
Dim i As Integer
Dim docForComments As Document
Dim docActive As Document

Set docActive = ActiveDocument
Set docForComments = Documents.Add
docForComments.Range.InsertAfter _
    "コメント" & vbTab & "記入者" & vbCr

For Each c In docActive.Comments
docForComments.Range.InsertAfter _
    c.Range.Text & vbTab & c.Author & vbCr
Next c
docForComments.Range.ConvertToTable _
    Separator:=vbTab, _
    Format:=wdTableFormatList1
End Sub
```

参照

- 「XSLT を使って複数の Word 文書を一括処理する」 [Hack #68]

HACK #37 文書の内容をテキストとしてOutlookで送信する

Outlookを起動し、開いている文書の内容をテキストとしてメールの本文に挿入するようなマクロをここでは作成します。

とても簡単な文書を送信相手に見てもらいたいときなどには、わざわざWord文書のファイルをメールに添付するまでもないことがあります。また、ウィルス対策としてメールサーバーが添付ファイルを削除してしまうというケースも考えられます。

文書をテキストとしてメール本文にカット＆ペーストすることも可能ですが、その結果は多くの場合延々と続く文字の羅列になってしまい、とても読めたものではありません。

あるいは、文書をテキスト(.txt)形式で保存し、これをメモ帳などのテキストエディタで見やすいように編集し、さらにこれをメールに貼り付けるということもできなくはありません。ただ、あまりの面倒さに誰もが尻込みしてしまうことでしょう。

ここで紹介するマクロは、まず文書の内容をテキストとして抜き出し見やすく整形します。続いてOutlookを起動して新規メールを作成し、整形された文書をメールの本文にペーストします。Visual Basic Editorの設定を少しだけ変更するだけで、これらの一連の手順をすべて自動で実行してくれるマクロを作成できます。

Outlook オブジェクトを利用可能にする

まず、Wordの中からOutlookにアクセスできるようにする必要があります。［ツール(T)］→ ［マクロ(M)］→ ［Visual Basic Editor (V)］を選択し、続いて［ツール(T)］→ ［参照設定(R) ...］を選択します。そして図 37-1 のように、［Microsoft Outlook 11.0 Object Library］をチェックします。

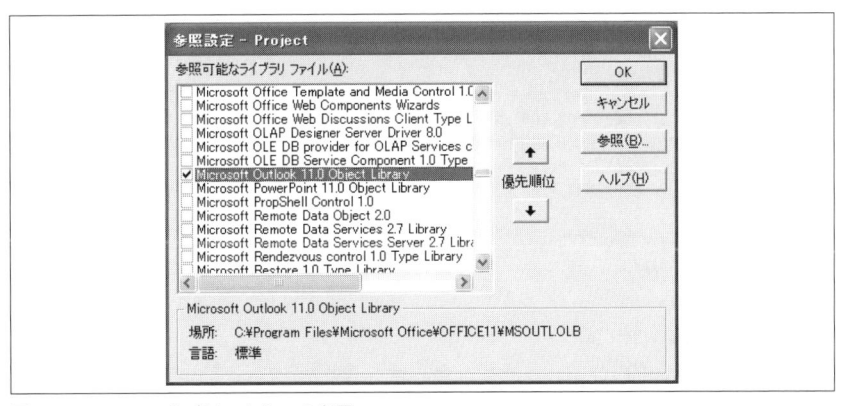

図 37-1　Outlook オブジェクトへの参照

> 11.0 というバージョンは Outlook 2003 に対応します。以前のバージョンの Outlook を使っている場合は、適切なバージョン番号のものを代わりに使ってください。いずれのバージョンでも、ここで紹介するコードは正しく動作するでしょう。

以上の手順によって、Word上で動作するマクロの中からOutlookにアクセスできるようになりました。

コード

まず、以下のマクロを適切なテンプレート（**[Hack #40]** 参照）に保存します。**[Hack #2]** を参考にして、このマクロをメニューやツールバーに登録しておくと便利です。［ツール(T)］→［マクロ(M)］→［マクロ(M)...］を選択してもこのマクロを呼び出せます。

このマクロを実行したとき、すでに Outlook が起動している可能性があります。そこで、まず Outlook が起動しているかどうかをチェックし、すでに起動していた場合はそのオブジェクトをそのまま利用します。

```
Sub Doc2OutlookEmail()
Dim sDocText As String
Dim oOutlook As Outlook.Application
Dim oMailItem  As Outlook.MailItem

    ' すでに起動している Outlook のオブジェクトを使うか、あるいは
    ' 新規に Outlook を起動します
    On Error Resume Next
    Set oOutlook = GetObject(Class:="Outlook.Application")
    If Err.Number = 429 Then
        Set oOutlook = CreateObject(Class:="Outlook.Application")
    ElseIf Err.Number <> 0 Then
        MsgBox "エラー: " & Err.Number & vbCr & Err.Description
        Exit Sub
    End If
    
    sDocText = ActiveDocument.Content.Text
    ' 段落区切りを 2 つの段落区切りに置換し、段落の間隔を広げます
    sDocText = Replace(sDocText, Chr(13), String(2, Chr(13)))
    Set oMailItem = oOutlook.CreateItem(olMailItem)
    
    oMailItem.Body = sDocText
    oMailItem.Display
    
    ' Outlook オブジェクトへの参照を解除します
    Set oMailItem = Nothing
    Set oOutlook = Nothing
End Sub
```

このコードを実行するとメールの新規作成用ウィンドウが開き、文書の内容が本文に入力されます。後はあて先を入力して送信ボタンをクリックするだけです。

さらなる Hack

文書全体を送信してしまうのではなく、文書のアウトラインだけをテキストとして送信したいということもあるのではないでしょうか。このためには、表示を［アウトライン］モードに変更し、アウトラインレベルを指定する必要があります。このレベル以上の見出しだけがメール本文に挿入されます。

これに合わせて、先ほどのマクロを少しだけ変更します。変更点は太字で示してあります。

```
Sub SendOutlineOnly()
Dim sDocText As String
Dim oOutlook As Outlook.Application
Dim oMailItem  As Outlook.MailItem

' すでに起動している Outlook のオブジェクトを使うか、あるいは
' 新規に Outlook を起動します
On Error Resume Next
Set oOutlook = GetObject(Class:="Outlook.Application")
If Err.Number = 429 Then
    Set oOutlook = CreateObject(Class:="Outlook.Application")
ElseIf Err.Number <> 0 Then
    MsgBox "エラー: " & Err.Number & vbCr & Err.Description
    Exit Sub
End If
' アウトラインだけを取り出します
ActiveDocument.Content.TextRetrievalMode.ViewType = wdOutlineView
sDocText = ActiveDocument.Content.Text
' 段落区切りを 2 つの段落区切りに置換し、段落の間隔を広げます
sDocText = Replace(sDocText, Chr(13), String(2, Chr(13)))
Set oMailItem = oOutlook.CreateItem(olMailItem)

oMailItem.Body = sDocText
oMailItem.Display

' Outlook オブジェクトへの参照を解除します
Set oMailItem = Nothing
Set oOutlook = Nothing
End Sub
```

HACK #38 自動生成された文字スタイルを削除する

Word 2002 や Word 2003 で文書を編集していると、見つけづらいのですが消すのも面倒という困った文字スタイルが次々と生成されてしまいます。ここではこんな厄介者のいない、快適な Word 生活を送るためのコツをお教えします。

Word をはじめとして Adobe InDesign、Adobe FrameMaker、QuarkXPress などのプログラムは、スタイルに基づいて書式設定を行います。このようなプログラムで、段落スタイルを段落の一部分にだけ適用しようとしても、通常そのスタイルは段落全体に適用されます。しかし Word ではやや事情が異なります。以前のバージョンの Word では、このような場合適用しようとしていたスタイルのうち文字列に関する書式設定のみが適用され、残りの部分のスタイルは変更されません。このようなことになると、結果的にはスタイルを無視して直接書式を設定するのとほとんど変わらず、文書を変更あるいは管理する際にとても面倒です。

> これを防ぐために、段落スタイルは必ず段落全体を選択した状態で適用するようにしましょう。一部分にだけ適用してはいけません。

そこで Word 2002 以降では、設定しようとしていた段落スタイルから文字列に関する書式設定を抜き出したものを新しい文字スタイルとして生成するようになりました。このスタイルは例えば「見出し1（文字）」のように、設定しようとしていたスタイルの末尾に（文字）という語が追加された名前を持ちます。また、通常このスタイルは表示されません。

直感的には、このような挙動は以前のバージョンと比べて改善されていると思われるかもしれません。生成される文字スタイルは元となった段落スタイルに関連付けられており、後で段落スタイルを変更すれば文字スタイルも合わせて変更されます。しかし一方で、Word は他のプログラムのように「文字列には文字スタイルを適用すべきだ」という方針を採らず、独自でまったく新しい方法をほとんど何の説明もなく採用してしまったとも言えます。

隠された文字スタイルを見つけ出す

このような隠しスタイルを作成し、発見してみましょう。もちろん、Word 2002 以降が必要です。白紙の文書を新規作成し、適当な文字列を入力しておきます。

次に文書中の数文字を選択し、［見出し1］スタイルを適用します。［スタイルと書式］作業ウィンドウや［書式設定］ツールバーの［スタイル］プルダウンメニューを見ても、特におかしな点は見当たりません。しかし、むしろ本当におかしいのは以下の2つの点です。

- ［見出し1］は段落スタイルであるはずなのに、文字列に対して適用できてしまいま

図38-1　ようやく見つかった文字スタイル

した。

- 新しいスタイルが生成されたとしても、何の警告やメッセージも表示されません。また、そのスタイルが存在すること自体簡単には分かりません。

そこで、Shiftキーを押しながら［スタイル］プルダウンメニューを開いてみてください。［見出し1］や［見出し2］の近くに、［見出し1（文字）］というスタイルが表示されているはずです（図38-1）。このスタイルに設定されている書式は、［書式の詳細設定］作業ウィンドウで確認できます。

きっと、今までこのようなスタイルが存在することすら知らなかったのではないでしょうか。しかし、このスタイルを含む文書を古いバージョンのWordで開くと、生成されたスタイルは［スタイル］プルダウンメニューや［文字/段落スタイルの設定］ダイアログボックスに表示されてしまいます。

このようなスタイルを含む文字列に対して、他の文書（特に、古いバージョンのWordで作成した文書）との間でカット＆ペーストを繰り返していると、さらに不可解な事態が起こります。スタイル名の末尾に（文字）がどんどん追加され、しまいには画面に収まらないほど長々としたスタイル名が生成されてしまいます。

しかも、他の段落スタイルの名前に対しても末尾に（文字）が追加されてしまうことがあります。いったいどうすればよいのでしょう？

残念ながら、このようなスタイルが作成されないようにする方法はありません。そしてこ

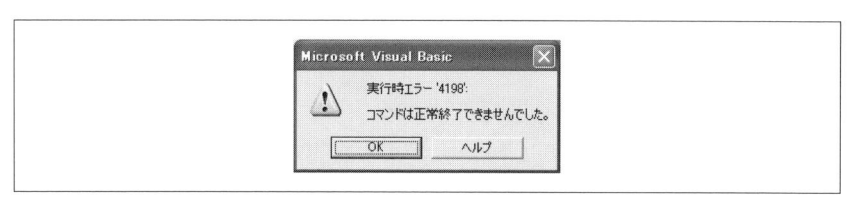

図38-2　スタイルの削除時に表示されるエラーメッセージ

のスタイルが Word 2000 上で表示されないようにする方法もありません。

　先ほど「元の段落スタイルと生成された文字スタイルは関連付けられている」と述べましたが、関連付けられたスタイルという概念はWord 2000にはありません。そこで、Word 2000を使えば生成された文字スタイルを自由に削除あるいは名前を変更できます。しかし、問題を引き起こした張本人である Word 2002 以降ではそうもゆきません。［スタイル］プルダウンメニューではスタイルの削除はできず、［スタイルと書式］作業ウィンドウにはそもそも表示すらされません。

　そこで、VBAの力を借りることにします。Visual Basic Editor の［イミディエイト］ウィンドウ（**[Hack #2]** 参照）で、ためしに以下のコードを入力してみましょう。

```
ActiveDocument.Styles("見出し 1 (文字)").Delete
```

　すると図38-2のようなダイアログボックスが表示されます。しかしWordのウィンドウに戻ってよく見ると、（文字）のスタイルは削除されています。

　ここではいったい何が起こっているのかをいうことを確認するために、今度は次のコードを［イミディエイト］ウィンドウに入力してみてください。

```
ActiveDocument.Styles("見出し 1").Delete
```

　先ほどと同じエラーメッセージが表示されるはずです。

　繰り返しになりますが、これらのスタイルは相互に関連付けられています。つまり、片方を変更するともう片方も同じように変更されます。これはスタイルの削除についても当てはまり、片方を削除するともう片方も削除されます。また、Wordに組み込みのスタイルは削除できません。したがって［見出し1（文字）］を削除すると、削除できない［見出し1］も削除しようとしてしまい、その結果として実行時エラーが表示されてしまったのです。

　Word の組み込みではない段落スタイルに関連付けられた文字スタイルについてはどうでしょう。このような文字スタイルを削除すると、元の段落スタイルも合わせて削除され、これらのスタイルが適用されていた文字列はすべて以前の書式に戻ってしまいます。これでは困るという場合がほとんどと思われます。そこで、元の段落スタイルはそのままで、関連付けられた文字スタイルだけを削除するという Hack をこれから紹介します。

コード

このコードは、まず「(文字)」という文字列を含む文字スタイルをすべて削除します。そして「(文字)」という文字列を含む段落スタイルについては、その名前の中から「(文字)」を削除します。関連付けられているスタイルを削除するともう片方のスタイルも削除されてしまうので、まず削除しようとしている文字スタイルを[標準]スタイルと関連付けします。これによって、もう段落スタイルとの関連付けが解除されます。

> スタイルを削除すると、そのスタイルが適用されていた文字列の書式設定も解除されます。この書式設定を削除しないようにするには、後述の「さらなるHack」で紹介しているテクニックが必要になります。

Word 2000 や Word 97 では、スタイルオブジェクトに LinkStyle というプロパティはありません。これらのバージョンのWordを使っている場合は、sty.LinkStyle = wdStyleNormal という行をコメントアウトする必要があります。ここには DeleteCharCharStyles と SwapStyles という2つのプロシージャがありますが、もちろん両方とも必要です。

```
Sub DeleteCharCharStyles()
Dim sty As Style
Dim i As Integer
Dim doc As Document
Dim sStyleName As String
Dim sStyleReName As String
Dim bCharCharFound As Boolean

Set doc = ActiveDocument
Do
    bCharCharFound = False
    For i = doc.Styles.Count To 1 Step -1
        Set sty = doc.Styles(i)
        sStyleName = sty.NameLocal
        If sStyleName Like "* (文字)*" Then
            bCharCharFound = True
            If sty.Type = wdStyleTypeCharacter Then
                On Error Resume Next
                '##########################################
                ' Word 2000 や Word 97 上で実行する場合は、次の
                ' 行をコメントアウトしてください
                sty.LinkStyle = wdStyleNormal
                sty.Delete
                Err.Clear
            Else
                sStyleReName = Replace(sStyleName, " (文字)", "")
                On Error Resume Next
                sty.NameLocal = sStyleReName
```

```
                    If Err.Number = 5173 Then
                        Call SwapStyles(sty, doc.Styles(sStyleReName), doc)
                        sty.Delete
                        Err.Clear
                    Else
                        On Error GoTo ERR_HANDLER
                    End If
                End If
                Exit For
            End If
            Set sty = Nothing
        Next i
    Loop While bCharCharFound = True
    Exit Sub
ERR_HANDLER:
    MsgBox "エラーが発生しました" & vbCr & _
        Err.Number & Chr(58) & Chr(32) & Err.Description, _
        vbExclamation
End Sub

Function SwapStyles(ByRef styFind As Style, _
                    ByRef styReplace As Style, _
                    ByRef doc As Document)
    With doc.Range.Find
        .ClearFormatting
        .Text = ""
        .Wrap = wdFindContinue
        .MatchCase = False
        .MatchWholeWord = False
        .MatchWildcards = False
        .MatchSoundsLike = False
        .MatchAllWordForms = False
        .Style = styFind
        .Replacement.ClearFormatting
        .Replacement.Style = styReplace
        .Replacement.Text = "^&"
        .Execute Replace:=wdReplaceAll
    End With
End Function
```

SwapStylesプロシージャは、新しいバージョンと古いバージョンのWordで交互に編集を繰り返すと段落スタイルが増加してしまうという問題に対処するためのものです。例えば「欄外注」というスタイルが、気が付くと以下のような2つのスタイルに「分裂」してしまっていることがあります。

- 欄外注
- 欄外注(文字)(文字)

自動生成された文字スタイルを削除する | **147** | HACK #38

ここでもし単に2つ目のというスタイル名から「(文字)(文字)」という部分を取り除くだけだと、「欄外注」というスタイルが2つあることになりエラーが発生してしまいます。そこでSwapStylesプロシージャでは、2つ目のスタイルが適用されている段落に対して1つ目のスタイルが適用されるように変更し、その後で2つ目のスタイルを削除しています。

Hackの実行

まず、2つのプロシージャを適切なテンプレート(**[Hack #40]**参照)に保存してください。これを実行するには、[マクロ]ダイアログボックス([ツール(T)]→[マクロ(M)]→[マクロ(M)...])から呼び出す方法とメニューやツールバーに登録する方法(**[Hack #2]**参照)の2つがあります。

このコードは「(文字)」という文字列を含むスタイル名に対して作用します。したがって、このようなスタイル名を自分で意図的に作成した場合は注意が必要です。

さらなるHack

段落スタイルに関連付けられた文字スタイルは削除したいが、文字列に設定されている書式設定は残したいということもあるかと思います。このような場合は、以下のコードを代わりに使ってください。StripStyleKeepFormattingというプロシージャが追加されており、この中で書式設定を残してスタイルを削除するという処理が行われています。先ほどのコードと同様に、Word 2000やWord 97を使っている場合はLinkStyleプロパティに関する行をコメントアウトしてください。

```
Sub DeleteCharCharStylesKeepFormatting()
Dim sty As Style
Dim i As Integer
Dim doc As Document
Dim sStyleName As String
Dim sStyleReName As String
Dim bCharCharFound As Boolean

Set doc = ActiveDocument
Do
    bCharCharFound = False
    For i = doc.Styles.Count To 1 Step -1
        Set sty = doc.Styles(i)
        sStyleName = sty.NameLocal
        If sStyleName Like "* (文字)*" Then
            bCharCharFound = True
            If sty.Type = wdStyleTypeCharacter Then
                Call StripStyleKeepFormatting(sty, doc)
                On Error Resume Next
                '###########################################
```

```
            ' Word 2000 や Word 97 上で実行する場合は、次の
            ' 行をコメントアウトしてください
            sty.LinkStyle = wdStyleNormal
            sty.Delete
            Err.Clear
        Else
            sStyleReName = Replace(sStyleName, "(文字)", "")
            On Error Resume Next
            sty.NameLocal = sStyleReName
            If Err.Number = 5173 Then
                Call SwapStyles(sty, doc.Styles(sStyleReName), doc)
                sty.Delete
                Err.Clear
            Else
                On Error GoTo ERR_HANDLER
            End If
        End If
        Exit For
    End If
    Set sty = Nothing
  Next i
Loop While bCharCharFound = True
Exit Sub
ERR_HANDLER:
MsgBox "エラーが発生しました" & vbCr & _
       Err.Number & Chr(58) & Chr(32) & Err.Description, _
       vbExclamation
End Sub

Function SwapStyles(ByRef styFind As Style, _
                    ByRef styReplace As Style, _
                    ByRef doc As Document)
With doc.Range.Find
    .ClearFormatting
    .Text = ""
    .Wrap = wdFindContinue
    .MatchCase = False
    .MatchWholeWord = False
    .MatchWildcards = False
    .MatchSoundsLike = False
    .MatchAllWordForms = False
    .Style = styFind
    .Replacement.ClearFormatting
    .Replacement.Style = styReplace
    .Replacement.Text = "^&"
    .Execute Replace:=wdReplaceAll
End With
End Function

Function StripStyleKeepFormatting(ByRef sty As Style, _
                                  ByRef doc As Document)

Dim rngToSearch As Range
```

```
    Dim rngResult As Range
    Dim f As Font

    Set rngToSearch = doc.Range
    Set rngResult = rngToSearch.Duplicate

    Do
        With rngResult.Find
            .ClearFormatting
            .Style = sty
            .Text = ""
            .Forward = True
            .Wrap = wdFindStop
            .Execute
        End With

        If Not rngResult.Find.Found Then Exit Do

        Set f = rngResult.Font.Duplicate
        With rngResult
            .Font.Reset
            .Font = f
            .MoveStart wdWord
            .End = rngToSearch.End
        End With
        Set f = Nothing
    Loop Until Not rngResult.Find.Found
End Function
```

HACK #39 リストテンプレートを削除してファイルサイズを節約する

文書の中で箇条書きを多用したり、何度も箇条書きを編集したりしていると、知らず知らずのうちにその残骸がたまってゆき、ファイルサイズが不自然に増大してしまいます。このようなゴミをきれいに削除する方法を紹介します。

　箇条書きのスタイルは「リストテンプレート」と呼ばれる内部的なテンプレートに基づいています。これは一度設定した箇条書きに関する設定項目を再利用できるようにするためのもので、ちょうど段落スタイルと同じような役割を果たします。

　しかし、一度作成したリストテンプレートは削除できません。したがって長い文書を編集していると、文書中に数百あるいは数千ものリストテンプレートが蓄積されてしまうこともあります。このせいでファイルサイズが増大し、処理速度が低下してしまうことは容易に推測できます。

　Word 2003になって、ようやくこの問題に対する改善策が導入されました。使われていないリストテンプレートの数に50個という上限が定められ、これを超えると古いものから順に削除されてゆきます。しかし、多くの個人や企業はまだ以前のバージョンのWordを使い続

けていると思われます。このようなユーザーにとって、無駄なリストテンプレートによるファイルサイズの増大は依然として深刻な問題です。

リストテンプレートが増えてゆく様子を確認するために、以下の実験を行ってみましょう。

1. 白紙の文書を新規作成します。
2. ［書式設定］ツールバーの［箇条書き］または［段落番号］ボタンを何度もクリックし、箇条書きの設定と解除を繰り返します。

［ツール(T)］→［マクロ(M)］→［Visual Basic Editor (V)］を選択するかAlt+F11を押します。［イミディエイト］ウィンドウ(**[Hack #2]**参照)を表示させ、以下のように入力してEnterキーを押します。

```
?ActiveDocument.ListTemplates.Count
```

すると図39-1のように、現在のリストテンプレートの数が表示されます。この数は先ほど箇条書きの設定を行った回数と一致しているはずです。まだ実際のデータは何も入力されていないのに、すでにこれだけの情報が蓄積されてしまいました。

繰り返しますが、このようなテンプレートを削除することはできず、たとえWord 2003を使っていても50個までは文書中に残ってしまいます。そこで、これから紹介するHackを使って無駄なリストテンプレートを全部削除してしまいましょう。

WordやVBAにはこのような機能は備えられていないので、文書の内容をいったんRTF (Rich Text Format)形式で保存し、このファイルに対して変更を行います。RTFファイルの中にはすべてのリストテンプレートが保存されていますが、本文中のどこからも参照されていないリストテンプレートだけを削除すれば、本文にまったく影響はありません。RTFはテキスト形式なので、好きなテキストエディタ(メモ帳など)を使って編集できます。しかしRTFのデータを手作業で修正するのはかなり面倒なので、Perlのスクリプトを使うことにします。

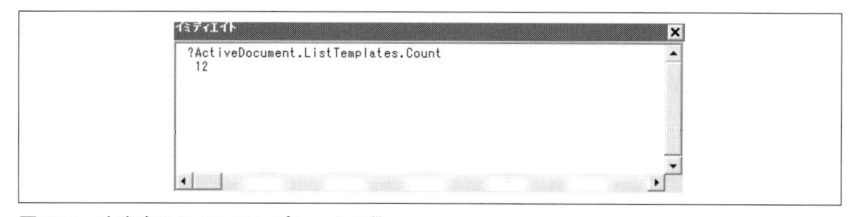

図39-1 文書中のリストテンプレートの数

> RTF 形式のデータに関する込み入った事柄については本書の範囲外です。
> O'Reillyの "*RTF Pocket Guide*" は、RTFの入門書としてもリファレンスガ
> イドとしても優れておりお勧めです。

コード

以下のPerlスクリプトを実行すると、使われていないリストテンプレートをRTFファイル
の中からすべて削除してくれます。このスクリプトはRTF::Parserモジュールを使っています。
ActivePerlなどを使っている場合は、PPM（Perl Package Manager）を使ってこのモジュール
をインストールできます。手作業でインストールする場合は、まずhttp://www.cpan.org/に
アクセスしてみてください。

```perl
#!/usr/bin/perl

use strict;
use RTF::Parser;

my $file = shift;

die " 処理対象の RTF ファイルを指定してください。\n" unless $file;

open(RTFIN, "< $file") or die " ファイル $file を読み込めません: $!\n";

my $tokenizer = RTF::Tokenizer->new( file => \*RTFIN );

my @listoverride;
while(my ( $type, $arg, $param ) = $tokenizer->get_token()) {
    last if $type eq 'eof';

    if( $type eq 'control' and $arg eq 'listoverridetable' ) {
        my $brace = 1;

        while( $brace > 0 ) {
            my @attr = $tokenizer->get_token();

            $brace++ if $attr[0] eq 'group' and $attr[1] == 1;
            $brace-- if $attr[0] eq 'group' and $attr[1] == 0;

            if( $attr[0] eq 'control'
                    and ($attr[1] eq 'listid' or $attr[1] eq 'ls')) {
                push( @listoverride, $attr[2] );
            }
        }
    }
}

seek(RTFIN, 0, 0);
my %list_map = @listoverride;
```

```perl
    for my $key (keys %list_map) {
        my $matches = 0;

        while(<RTFIN>) {
            my @ls = $_ =~ m/¥¥(ls$list_map{$key})(?:¥s|¥¥|¥n|¥})/g;

            $matches += scalar(@ls);
        }
        seek(RTFIN, 0, 0);

        if ($matches > 1) {
            delete $list_map{$key};
        }
    }

    seek(RTFIN, 0, 0);
    $tokenizer->read_file( ¥*RTFIN );

    while(my ( $type, $arg, $param ) = $tokenizer->get_token()) {
        last if $type eq 'eof';

        if( $type eq 'control'
            and ($arg eq 'listoverridetable' or $arg eq 'listtable') ) {
            put( $type, $arg, $param );
            my $brace = 1;

            my @listkeep;
            while( $brace > 0 ) {
                my @attr = $tokenizer->get_token();

                $brace++ if $attr[0] eq 'group' and $attr[1] == 1;
                $brace-- if $attr[0] eq 'group' and $attr[1] == 0;

                my @listitem;
                my $delete = 0;
                push( @listitem, ¥@attr );

                while( $brace > 1 ) {
                    my @attr = $tokenizer->get_token();

                    $brace++ if $attr[0] eq 'group' and $attr[1] == 1;
                    $brace-- if $attr[0] eq 'group' and $attr[1] == 0;

                    if( $attr[0] eq 'control' and $attr[1] eq 'listid') {
                        $delete = 1 if( exists $list_map{$attr[2]} );
                    }

                    push( @listitem, ¥@attr );
                }

                unless($delete) {
                    push( @listkeep, ¥@listitem );
                }
            }

            for (@listkeep) {
```

```
            for (@$_) {
                put(@$_);
            }
        }
    } else {
        put( $type, $arg, $param );
    }
}

close(RTFIN);

sub put {
    my ($type, $arg, $param) = @_;

    if( $type eq 'group' ) {
        print $arg == 1 ? '{' : '}';
    } elsif( $type eq 'control' ) {
        print "¥¥$arg$param";
    } elsif( $type eq 'text' ) {
        print "¥n$arg";
    }
}
```

このスクリプトを、例えば cleanlists.pl のような名前で保存してください。

Hack の実行

先ほど説明したように、白紙の文書を新規作成し、［箇条書き］または［段落番号］ボタンを何度もクリックしてリストテンプレートをたくさん作ります。図39-1のように［イミディエイト］ウィンドウでリストテンプレートの数を確認できたら、この文書に DirtyFile.rtf のような名前を付けて RTF 形式で保存してください。

この RTF ファイルと先ほど作成した Perl スクリプトのファイルを同じディレクトリに置き、コマンドプロンプト（MS-DOS プロンプト）で以下のコマンドを入力してください。

> perl cleanlists.pl DirtyFile.rtf > CleanFile.rtf

生成された CleanFile.rtf ファイルを Word で開いてみましょう。無駄なリストテンプレートの数が減っていることを確認できたら、文書を .doc 形式で保存しなおします。

> RTF ファイルの処理は複雑であり、特に画像が埋め込まれた RTF ファイルのサイズは巨大になります。大きな RTF の処理には数分かかることもあるので、注意が必要です。

—— Andy Bruno、Andrew Savikas

5章
マクロ
Hack #40-50

Wordのハックにマクロは欠かせません。日常作業の自動化からWordコマンドの改変にいたるまで、マクロは幅広くかつ強力な役割を果たしています。この章では単純な自動化を超えて、マクロをより早く、より手軽に、より柔軟なものへと生まれ変わらせるテクニックを紹介します。

HACK #40 テンプレートを使ってマクロを管理する

初期設定のままだと、作成したマクロはNormal.dotというテンプレートの中にすべて格納されます。マクロを分類したり他人と共有したりする際には、別のテンプレートを作ってその中にマクロを収めるほうがよいでしょう。

通常、マクロは他の設定項目とともにNormal.dotというテンプレートの中に保存されます。このNormal.dotはWordの実行のために必須のファイルです。このファイルの名前を変更したり削除したりしてからWordを起動すると、デフォルトの設定項目などが記録されたNormal.dotが新たに作成されます。

Wordで作業するということはNormal.dotで作業することだと言っても過言ではありません。作業中の文書がたまたま他のテンプレートを使っているとしても、Normal.dotは必ず読み込まれます。つまり、Normal.dotに格納されているマクロやその他の設定項目はすべての文書に対して利用できます。

Normal.dotはテンプレートとして特別な性質を持っています。空白の文書を新しく作成すると、Normal.dotは他の「文書テンプレート」と同様にその文書のためのテンプレートとして機能します。一方、Normal.dotは「グローバルテンプレート」（アドインとも呼ばれます）としても機能します。文書と文書テンプレートは1対1で対応しますが、グローバルテンプレートは複数呼び出されて実行されていてもかまいません。

グローバルテンプレートは、主にツールバーの設定やマクロを記録するために使われます。例えば [Hack #62] で紹介するGhostWordはグローバルテンプレートであり、Ghostscriptプログラムを呼び出すためのマクロとツールバーが収められています。Wordに機能を追加するた

めのアプリケーションの多くは、GhostWordと同様にアドインすなわちグローバルテンプレートとして提供されています。

　一見するとNormal.dotは非常に便利であり、わざわざ他のテンプレートにマクロを記録する必要はないようにも思われます。しかしその便利さゆえに、さまざまなマクロや設定項目がNormal.dotに記録され、その結果としてファイルサイズがすぐに増大してしまいます。Normal.dotはWordの起動時に必ず読み込まれるため、ファイルサイズが大きいとWordの起動にかかる時間も増えてしまいます。同時にファイルが破損する危険性も増します。

> Normal.dotが破損してしまったら、「トラブルシューティングの定石」（**[Hack #12]**）で紹介されている方法を試してみてください。

　多くのマクロユーザーは自分でグローバルテンプレートを作成し、その中にマクロを作成しています。このようなテンプレートはGhostWordなどのアドインと同様に、Wordの起動時に読み込ませることもできます。

グローバルテンプレートの作成

　以下の2ステップだけで、Wordの起動と同時に読み込まれるグローバルテンプレートを作成できます。

1. 空白の文書を作成します。

図40-1　インストールされているグローバルテンプレート

2. ［ファイル（F）］→［名前を付けて保存（A）...］を選択し、［ファイルの種類（T）］で［文書テンプレート（*.dot）］を選びます。すると保存先がテンプレート用のフォルダ（通常は C:¥Documents and Settings¥＜ユーザー名＞¥Application Data¥Microsoft¥Templates）になります。
1つ上のフォルダに移動し、さらに C:¥Documents and Settings¥＜ユーザー名＞¥Application Data¥Microsoft¥Word¥STARTUP フォルダに移動します。このフォルダに、適切な名前（例えば MacrosTemplate.dot）を付けてファイルを保存します。

Word を再起動すると、先ほど保存したテンプレートが読み込まれます。［ツール（T）］→［テンプレートとアドイン（I）...］を選択すると、図40-1のように MacrosTemplate.dot が確かにアドインとして登録されていることが分かります。VBacs（**[Hack #27]** 参照）のような、自分でインストールしたアドインもここに表示されます。ただし Normal.dot は表示されません。

グローバルテンプレートにマクロを追加する

グローバルテンプレートは、使用可能になっている状態では編集できません。マクロを追加したりツールバーを作成するなどの目的で編集を行いたい場合は、いったん［テンプレートとアドイン］ダイアログボックスで対象のテンプレートのチェックを外す必要があります。そして［ファイル（F）］→［開く（O）...］を選択し、そのテンプレートを開きます。

以上のように、グローバルテンプレートを編集するのはやや面倒です。そこで、いったん Normal.dot にマクロを作成しておき、頃合いを見計らってそのマクロを自分のグローバルテンプレートに移動させるようにするとよいでしょう。定期的にこの操作を行う習慣を付けておくと、その際に使われなくなったマクロを削除することもでき一石二鳥です。

マクロの内容を別のテンプレートへ移動させる方法は2つあります。1つ目の方法では Visual Basic Editor（**[Hack #2]** 参照）を使います。多くの場合、Normal.dot テンプレートには NewMacros というモジュール（この中にそれぞれのマクロが保管されています）が存在するはずです。このモジュールのアイコンをダブルクリックして、まず不要なマクロを削除（ウィンド

図 40-2　Visual Basic Editor を使ってマクロをコピーする

ウ右側のリストからマクロ名を選択し、表示されたコードをすべて削除)します。そして NewMacros モジュールのアイコンを MacrosTemplate.dot テンプレートにドラッグします(図 40-2 参照)。すると、モジュールが Normal.dot から MacrosTemplate.dot にコピーされます。コピー先のモジュールが選択された状態で［表示(V)］→［プロパティウィンドウ(W)］を選択し、［オブジェクト名］に適切な名前を入力してモジュール名を変更します。最後に、コピー元のモジュールを解放します。

もう1つの方法では、まず［ツール(T)］→［マクロ(M)］→［マクロ(M)...］を選択し、［構成内容変更(G)...］をクリックします。すると［構成内容変更］ダイアログボックスが現れ、左右に表示された2つのテンプレートの間でモジュールを自由にコピーまたは削除できます。ウィンドウの表示上は左が［コピー元(I)］で右が［コピー先(O)］となっていますが、左右どちらからでもコピーできます。コピー元・コピー先のモジュール名が同じ場合はコピーできないので、適宜名前を変更してからコピーしてください。なお、この方法では不要になったコードをマクロの単位で削除することはできません。

いずれの方法でも、変更を保存してからWordを再起動すると移動後のマクロが有効になります。

HACK #41 ［マクロ］ダイアログボックスに余計なマクロを表示しない

マクロを追加してゆくと［マクロ］ダイアログボックスにさまざまなマクロが散らかって表示されてしまいます。必要のないマクロは表示されないようにしてしまいましょう。

マクロやその他のプログラムを開発する際には、全体の処理をいくつかのパーツに分割するのがよいとされています。こうすることによって、1つ1つのマクロの作成やデバッグが容易になり、しかも再利用もしやすくなるというメリットがあります。

一方、この方針をとると［マクロ］ダイアログボックス（［ツール(T)］→［マクロ(M)］→［マクロ(M)...］）の表示がすぐにあふれ返ってしまい、実行しようとしているマクロを探すのが大変になるというデメリットもあります。マクロをツールバーやメニューに登録することも可能です[Hack #2]参照）が、たまにしか使わないマクロがツールバーなどを占領しているというのも考え物です。

［マクロ］ダイアログボックスをきれいにする方法は2つあります。

マクロ名の付け方に統一性を持たせる

もし［マクロ］ダイアログボックスに表示されているマクロが test や MyMacro といったような名前のものばかりだったとしたら、必要としているマクロを発見するのはほぼ不可能で

図 41-1　マクロ名の単語をスペースで区切ってツールチップに表示させる

す。RemoveAllHyperlinks や SetPageMargins などのように、処理の内容を的確に表す名前を付けましょう。マクロ名の長さに制限はほとんどありません。

　上の例のように、それぞれの単語が大文字で始まるようなマクロ名を付けるともう1ついいことがあります。このマクロをツールバーに登録し、ボタンにマウスカーソルを重ねると、マクロ名の単語区切りごとにスペースが挿入されたものがツールチップとして表示されます（図 41-1）。

[マクロ] ダイアログボックスにマクロを表示させない

　引数または返り値の少なくとも一方を持つプロシージャは、[マクロ] ダイアログボックスには表示されません。このダイアログボックスを使った場合、引数を渡すことも返り値を受け取ることもできないためです。このようなプロシージャは別のコードの中から呼び出されます。

　例えば、以下のようなプロシージャは [マクロ] ダイアログボックスに表示されません。

```
Sub ComplimentMe(sName as String)
    MsgBox sName & "さんって素敵なお名前ですよね。"
End Sub

Function OppositeDay(bInput as Boolean) As Boolean
    OppositeDay = Not bInput
End Function
```

　この性質を利用して、マクロにOptional属性付きの無意味な引数を追加すればダイアログボックスに表示されなくなります。

```
Sub SuperSecretMacro(Optional bFakeInput As Boolean)
    MsgBox "ちっ、見つかっちまったぜ"
End Sub
```

　こうすると、SuperSecretMacroを呼び出すには以下のように別のマクロを利用するしかなくなります。

```
Sub ShowSecretMacro()
    Call SuperSecretMacro
End Sub
```

このテクニックはMicrosoftも多用しています。さまざまなウィザードが使うプロシージャが［マクロ］ダイアログボックスに表示されないのはこのためです。

HACK #42 フォルダ内のすべてのファイルに対してマクロを実行する

どんなに簡単な操作でも、数十回も繰り返しているうちに苦痛に変わってきます。マウスをひっきりなしに動かす手を休めて、退屈な作業はWordに任せてしまいましょう。

文書を開き、すべての変更履歴を反映し、上書き保存し、印刷し、閉じるという作業について考えてみます。個々の作業はとても簡単で、マウスクリック数回で完了できます。しかし、この一連の作業をあるフォルダ中にある50個のファイルすべてに対して行わなければならないとしたらどうでしょう。［ドキュメント内のすべての変更を反映(H)］のボタンをツールバー上に直接表示したとしても、全部で300回以上ものマウスクリックが必要になります。300回もマウスをクリックしていれば、操作ミスや処理し忘れた文書もきっと少なくはないでしょう。

コード

まず、**[Hack #40]** を参考にしながら以下のマクロをテンプレートに保存してください。このマクロを実行するには、［ツール(T)］→［マクロ(M)］→［マクロ(M)...］を選択してマクロ名を指定します。マクロをあらかじめメニューやツールバーに登録(**[Hack #2]** 参照)しておくと、後で呼び出すのが簡単です。

このコードでは上で説明したような簡単な操作しか行っていませんが、他のさまざまな処理の自動化にも応用できます。

```
Sub RunOnAllFilesInFolder()
Dim i As Integer
Dim doc As Document

With Application.FileSearch
    .NewSearch
    .LookIn = "C:\My Documents"
    .SearchSubFolders = False
    .FileType = msoFileTypeWordDocuments
    If Not .Execute() = 0 Then
        For i = 1 To .FoundFiles.Count
            Set doc = Documents.Open(.FoundFiles(i))
            ' #### それぞれの文書に対する処理 ####
            doc.AcceptAllRevisions
            doc.PrintOut
            doc.Save
```

```
            ' ####################################
                    doc.Close
                    Set doc = Nothing
            Next i
        Else
            MsgBox "該当するファイルがありません"
        End If
    End With
End Sub
```

　このコードはFileSearchオブジェクトのFileTypeプロパティを使って、あるフォルダの中からWord文書だけを取り出しています。このプロパティには、表42-1に挙げた24種類の定数のうちいずれかを指定できます。

表42-1　FileType プロパティに指定できる定数

msoFileTypeAllFiles	msoFileTypeBinders
msoFileTypeCalendarItem	msoFileTypeContactItem
msoFileTypeCustom	msoFileTypeDatabases
msoFileTypeDataConnectionFiles	msoFileTypeDesignerFiles
msoFileTypeDocumentImagingFiles	msoFileTypeExcelWorkbooks
msoFileTypeJournalItem	msoFileTypeMailItem
msoFileTypeNoteItem	msoFileTypeOfficeFiles
msoFileTypeOutlookItems	msoFileTypePhotoDrawFiles
msoFileTypePowerPointPresentations	msoFileTypeProjectFiles
msoFileTypePublisherFiles	msoFileTypeTaskItem
msoFileTypeTemplates	msoFileTypeVisioFiles
msoFileTypeWebPages	msoFileTypeWordDocuments

　FileNameプロパティには処理対象のファイル名を指定します。ここではワイルドカードとして*と?を利用できます。例えばこのプロパティの値が*.docの場合、.docという拡張子を持つファイルがすべて該当します。

さらなるHack

　Wordで文書を開くと、文書のあるフォルダに1つまたはそれ以上の一時ファイルが生成されます。例えばFoobar.docというファイルを開いて編集すると、同じフォルダに以下のようなファイルが生成されることがあります。

- ~$Foobar.doc

- ~WRL2402.tmp
- ~WRL1748.tmp

> これらのファイルは隠しファイルなので、エクスプローラの設定によっては表示されません。[ツール(T)] → [フォルダオプション(O)...] を選択し、[表示] タブの [すべてのファイルとフォルダを表示する] をチェックしてください。

ここで興味深い点が2つあります。1つ目のファイルには .doc という拡張子が付いていますが、これは Word の文書ファイルではありません。また、本当は2つ目と3つ目のファイルは Word の文書なのですが、.tmp という拡張子が付いています。これらの .tmp ファイルは文書を保存するたびに作成され、文書を閉じると同時に削除されます。

~$Foobar.doc も、本来ならば文書を閉じたときに削除されます。しかし Word または Windows が異常終了した場合、このファイルが削除されないこともあります。Word の文書ファイルではない .doc ファイルが存在すると、すべての .doc ファイルに対して操作を行うようなマクロにとっては困ります。

そこで先ほどのマクロを修正し、~で始まるファイルは無視するようにしてみました。太字の部分が修正された箇所です。

```
Sub RunOnAllRealFilesInFolder()
Dim i As Integer
Dim doc As Document
Dim sFileFullName As String
Dim sFileName As String
With Application.FileSearch
    .NewSearch
    .LookIn = "C:¥My Documents"
    .SearchSubFolders = False
    .FileType = msoFileTypeWordDocuments
    If Not .Execute() = 0 Then
        For i = 1 To .FoundFiles.Count
            sFileFullName = .FoundFiles(i)
            sFileName = Right$(sFileFullName, _
                        (Len(sFileFullName) - _
                        (InStrRev(sFileFullName, "¥"))))
            If sFileName Like "[!~]*" Then
              Set doc = Documents.Open(sFileFullName)
              ' #### それぞれの文書に対する処理 ####
                doc.AcceptAllRevisions
                doc.PrintOut
                doc.Save
              ' ####################################
                doc.Close
                Set doc = Nothing
            End If
```

```
            Next i
        Else
            MsgBox "該当するファイルがありません"
        End If
    End With

End Sub
```

マクロを自動実行する

HACK #43

マクロというのは作業を自動化するためのものですが、マクロを呼び出すにはメニュー操作やマウスクリックが必要です。この Hack では、文書やテンプレートを開いたり閉じたり、新規作成したときなどに自動実行されるマクロを作成します。

文書を開くたびに、何かの作業を必ず行うというユーザーは多いと思います。例えば文書のプロパティを確認したりフィールドコードを表示させたりといった作業が考えられますが、このような定型的な作業は Word に任せてしまいましょう。

Word の世界には、特別な意味を持つマクロ名が5つあります。作成したマクロにこれら5つの名前のいずれかを付けると、Word 上で特定の処理が発生したときに自動的にそのマクロが呼び出されるようになります。これらは「オートマクロ」と呼ばれ、実行されるタイミングはマクロ名とマクロの保存場所によって異なります。

5つのオートマクロとその実行条件は以下の通りです。

AutoOpen
　マクロが保存されている文書やテンプレートが開かれたときに実行されます。

AutoNew
　マクロが保存されている文書やテンプレートに基づいて、ファイルが新規作成されたときに実行されます。

AutoClose
　マクロが保存されている文書やテンプレートが閉じられたときに実行されます。

AutoExec
　テンプレートが読み込まれたときに実行されます。グローバルテンプレート(**[Hack #40]** 参照)に保存されている場合のみ有効です。

AutoExit
　テンプレートの読み込みが解除されたとき(Word の終了時など)に実行されます。グローバルテンプレートに保存されている場合のみ有効です。

これらの名前はプロシージャ名としてだけでなくモジュール名として利用することもできます。これらの名前を持つモジュールを作成した場合、モジュールの中の Main というプロシージャがオートマクロとして実行されます。このようにモジュールを使うと、オートマクロの分類や管理に好都合です。

モジュールの名前を変更するには、Visual Basic Editor のウィンドウ上でモジュールをクリックし、［プロパティ］ウィンドウの［オブジェクト名］に表示されている名前を書き換えます。

オートマクロを無効化する

スタートアップスイッチ（**[Hack #13]**）を使うとオートマクロを実行するかどうか指定できますが、マクロを使っても同様の指定が可能です。

以下のマクロを使うと、オートマクロを無効化したうえでfoo.docという文書を開きます。

```
Sub OpenFooDoc()
    WordBasic.DisableAutoMacros
    Documents.Open("C:¥foo.doc")
End Sub
```

WordのヘルプにはDisableAutoMacroコマンドについては触れられていますが、逆にオートマクロを有効な状態に戻す方法については記述がありません。EnableAutoMacrosというコマンドがあれば都合がよいのですが、残念ながらこのようなコマンドはありません。以下のように、DisableAutoMacros コマンドに引数を指定するのが正しい方法です。

```
Sub ReactivateAutoMacros()
    WordBasic.DisableAutoMacros False
End Sub
```

「アプリケーションイベントを利用する」（**[Hack #45]**）で紹介する方法を使っても、Word上で発生する何らかの処理に対応するコードを作成できます。

HACK #44 Word コマンドの動作を変更する

Word本体によるコマンドの処理を横取りして、別の処理を行う方法を紹介します。

［ファイル(F)］→［上書き保存(S)］を選択すると、当然ですが作業中の文書が保存されます。この処理の手順をもう少し詳しく見ると、［上書き保存(S)］が選択されるとFileSaveというコマンドが実行され、これによってWordがコンピュータに対して実際にファイルを保存するよう命令するのです。これはちょうど、誰かがあなたの電話番号をダイヤルすると、電話局の中のどこかにあるコンピュータがあなたの家にある電話を呼び出すのに似ています。

あなたが引っ越すときは、電話会社に頼めばあなた宛の電話を新しい家に転送してくれます。あなた宛の電話を一時的にどこか別の電話に転送することもでき、電話をかける側にとっては何も難しいことを考える必要はありません。

これと同じようなことを、FileSave など Word に組み込みのコマンドでも行えます。このような仕組みは「インターセプト」（処理を横取りするという意味）と呼ばれ、かなり昔から存在しています。Word ではインターセプトを行うのも、それを解除するのも簡単です。

> Wordのユーザーインタフェースから実行できるコマンドだけがインターセプト可能です。

ここで紹介するマクロはすべて、任意のテンプレート（**[Hack #40]**参照）に保存できます。マクロの名前に対応するコマンドが実行されると、そのマクロが呼び出されます。

まず以下のマクロを作りましょう。電話にたとえると、FileSave コマンドへの呼び出しはこのマクロに転送されます。

```
Sub FileSave()
MsgBox "FileSave コマンドが実行されました!"
End Sub
```

早速何かのファイルを保存してみましょう。図44-1のようなダイアログボックスが表示されるはずです。

この例では、FileSaveコマンドを実行してもファイルは保存されません。保存を行うには、マクロを以下のように修正する必要があります。

```
Sub FileSave()
ActiveDocument.Save
MsgBox " ファイルが保存されました。"
End Sub
```

上記のコードはとてもつまらないものですが、Wordの動作を変更するのがいかに簡単かということはお分かりいただけたかと思います。

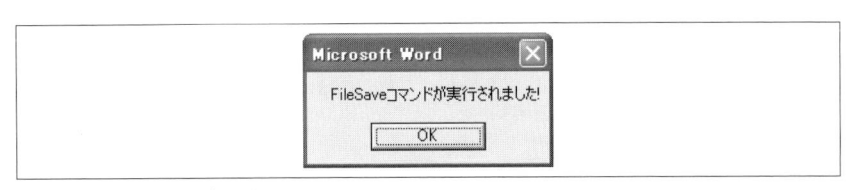

図 44-1　インターセプトの例

コマンドの名前を調べる

コマンドをインターセプトするには、そのコマンドの名前を知っている必要があります。例えばBold（太字）のようなコマンドは簡単に推測できますが、MailMergeAskToConvertChevronsのようにまったく想像もつかないものもあります。

コマンド名について大体の見当がついている場合や、とりあえずコマンドの一覧を眺めてみたいという場合は、まず［ツール(T)］→［マクロ(M)］→［マクロ(M)...］を選択します。［マクロの保存先(A)］の中から［コマンドマクロ］を選ぶと、図44-2のようにコマンドが一覧表示されます。

インターセプトしたいコマンドを選び、次に［マクロの保存先(A)］で保存先のテンプレートまたは文書を選びます。そして［作成(C)］をクリックするとVisual Basic Editorが起動し、コマンドが実際に行っている処理と同等のコードが表示されます（図44-3）。自分が行いたい処理に合わせて、このコードを適宜変更してください。

Wordのユーザーインタフェースそのものを使ってコマンド名を知る方法もあります。まずテンキーをNumLock状態にしてから、Ctrl+Altキーを押しながらテンキーの+キーを押します。するとMacintoshのCommandマークのような、4つ葉のクローバーに似た形にマウスカーソルが変化します。次に、コマンド名を調べたいメニュー項目を選択するか、ツールバー

図44-2　コマンドとその説明

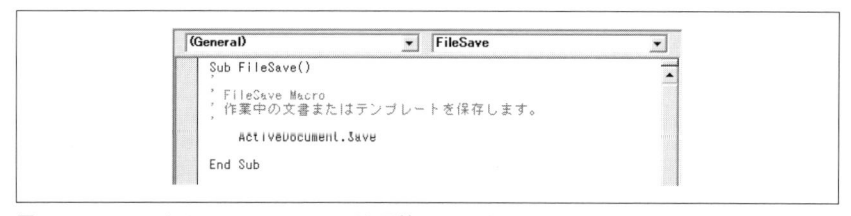

図44-3　VBAによるFileSaveコマンドと同等のコード

図 44-4　メニューやツールバーからコマンド名を調べる

のボタンをクリックします。すると図 44-4 のような［キーボードのユーザー設定］ダイアログボックスが表示され、選んだメニュー項目またはボタンに対応するコマンドの名前が表示されます。

　コマンドの一覧をより分かりやすく表示するには、図 44-2 のコマンド一覧の中からListCommandsを選んで［実行(R)］をクリックします。すると新しい文書が作成され、すべてのWordコマンドを表形式で一覧できます。また、これらのコマンドに関するより便利で詳しい解説がhttp://www.word.mvps.org/faqs/general/CommandsList.htm（英文）に掲載されています。

コマンドの優先順位

　Normal.dotテンプレートでインターセプトしたコマンドを、別の文書やテンプレートの中でもインターセプトしていることがあります。このような場合、まず作業中の文書の中でインターセプトされていないかどうかがチェックされます。もし実行しようとしているコマンドと同名のマクロがあった場合、そのマクロが実行されます。なければその文書が利用している文書テンプレート（[Hack #40]参照）がチェックされ、そこにもなければインストールされているグローバルテンプレートがチェックされます。どこにも同名のマクロがなかった場合、Wordに組み込みのコマンドが実行されます。

参照

- 「上書きモードを無効化する」（[Hack #32]）

- 「前後の文脈に応じてスタイルを変更する」（[Hack #22]）
- 「箇条書きと段落番号を使いこなす」（[Hack #23]）

HACK #45 アプリケーションイベントを利用する

Word上で何らかの出来事が起こったときに、任意のVBAのコードを実行させるということが可能です。このためにはアプリケーションイベントを使います。

　Windowsはイベントベースのオペレーティングシステムであると言えます。キー入力からウィンドウのスクロールにいたるまで、ほぼすべての操作に対応して何らかのイベントが発生します。すると、そのイベントの内容に基づいてWindowsまたはアプリケーションプログラム中の特定のコードが呼び出されます。

　Wordでは、マクロの中で利用できるイベント（アプリケーションイベント）がいくつか用意されています。例えばWordのウィンドウのサイズが変更されたときや、Wordのウィンドウ上でダブルクリックが行われたときなどに呼び出されるコードを作成できます。

　もう1つの例として、2つのWord文書を開いているときに［ウィンドウ(W)］メニューを使って別の文書に移動したとします。この場合、以下の順序で3つのイベントが発生します。

1. WindowDeactivate イベント
2. WindowActivate イベント
3. DocumentChange イベント

　これらのイベントのそれぞれに対応して、発生時に呼び出されるVBAのコードを作成できます。

　イベントを処理するコード（イベントハンドラと呼びます）の有無を問わず、どのような文書で作業していても必ずイベントは発生します。作業中の文書（またはその文書が利用しているテンプレート）の中に処理のコードが記述されていなくても、Normal.dotや読み込まれているアドインの中に記述されていればOKです。

　Word 2002以降には、文書を印刷または保存する際に文書の変更履歴やコメントを削除するよう警告する機能（［ツール(T)］→［オプション(O)...］を選択し、［セキュリティ］タブの［変更履歴またはコメントを含むファイルを印刷、保存、送信するときに警告を表示する(W)］）が用意されています。これと同等の機能を、イベントハンドラとして実現してみましょう。

イベントハンドラの準備

まず白紙の文書を新規作成し、保存する際に［ファイルの種類(T)］として［文書テンプレート(*.dot)］を選びます。［ファイル名(N)］に **Event Handlers.dot** と入力してテンプレートを保存し、続いて［ツール(T)］→［マクロ(M)］→［Visual Basic Editor (V)］を選択します。[Event Handlers]が選択されている状態で、［挿入(I)］→［クラスモジュール(C)］を選択します。そして［プロパティ］ウィンドウ（表示されていない場合はF4キーを押してください）の［（オブジェクト名）］を、Class1 から **EventHandler** に変更してください（図45-1）。

このクラスモジュールのアイコンをダブルクリックし、以下のコードを入力してください。

```
Public WithEvents oThisWordApp As Application

Private Sub oThisWordApp_DocumentBeforePrint(ByVal Doc As Document, _
            Cancel As Boolean)
    Dim lResponse As Long
    If Doc.Comments.Count <> 0 Or Doc.Revisions.Count <> 0 Then
        lResponse = MsgBox(Chr(34) & Doc.Name & Chr(34) _
            & " にはコメントや変更履歴が残っています。" & vbCr _
            & " 印刷を続行しますか?", vbYesNo)
        If lResponse = vbNo Then Cancel = True
    End If
End Sub

Private Sub oThisWordApp_DocumentBeforeSave(ByVal Doc As Document, _
            SaveAsUI As Boolean, Cancel As Boolean)
  Dim lResponse As Long
    If Doc.Comments.Count <> 0 Or Doc.Revisions.Count <> 0 Then
        lResponse = MsgBox(Chr(34) & Doc.Name & Chr(34) _
            & " にはコメントや変更履歴が残っています。" & vbCr _
            & " 保存を続行しますか?", vbYesNo)
        If lResponse = vbNo Then Cancel = True
    End If
End Sub
```

ここでは DocumentBeforePrint と DocumentBeforeSave という2つのイベントが処理されてい

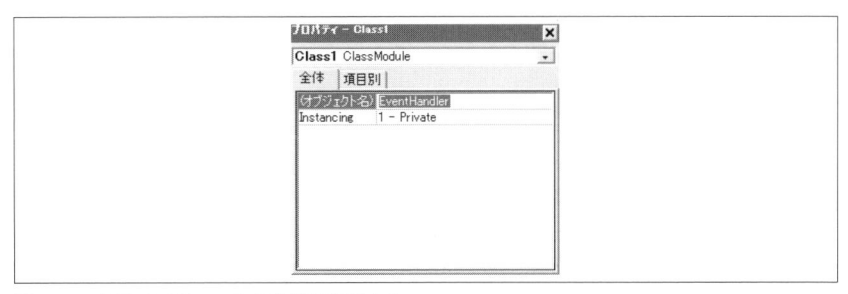

図45-1 クラスモジュールの名前を変更する

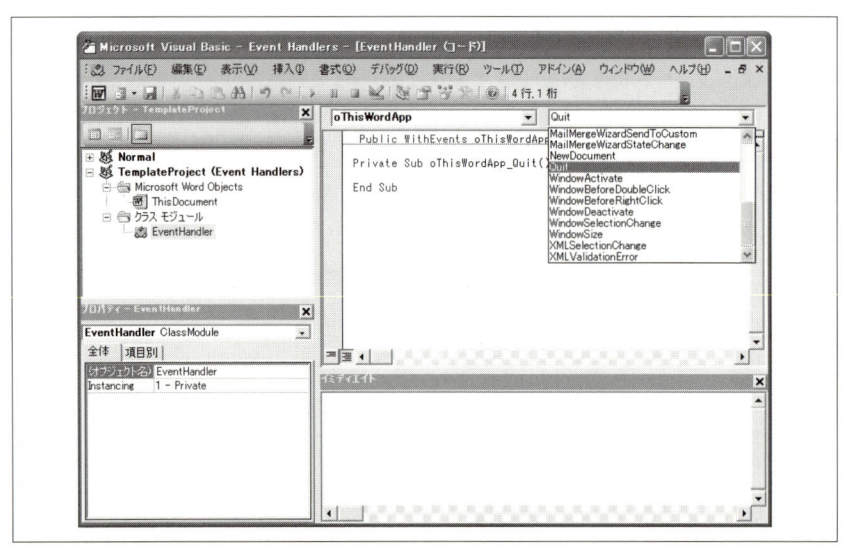

図45-2 アプリケーションイベントとそのハンドラ

ます。イベントの処理のために必要な情報は、イベントハンドラの引数としてWordから渡されます。例えばこのコードのすぐ左上に表示されているプルダウンメニューからoWordAppを選び、その右隣のプルダウンメニューから適当なアプリケーションイベントを選んでみましょう。すると、イベントハンドラのひな型が必要な引数とともに表示されます(図45-2)。

イベントを処理するクラスモジュールが作成できたので、次はクラスのオブジェクトを生成するためのコードを作成しましょう。このコードは標準モジュールの中に記述する必要があります。また、Event Handlers.dotが読み込まれるのと同時にイベントハンドラを有効化するために、コードはオートマクロ(**[Hack #43]** 参照)として作成します。

プロジェクトエクスプローラで［Event Handlers］を選択し、［挿入(I)］→［標準モジュール(M)］を選択します。そしてコードの先頭(Declarationsセクション)に以下のコードを入力します。

```
Dim oEventHandler As New EventHandler
```

これに続けて、EventHandlerオブジェクトの初期化を行うためのコード(以下参照)を入力します。

```
Sub AutoExec()
Set oEventHandler.oThisWordApp = Word.Application
End Sub
```

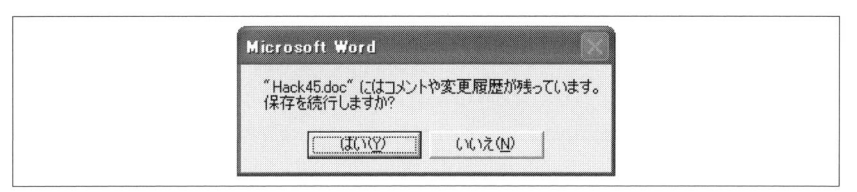

図45-3　DocumentBeforeSave イベントを利用した警告のメッセージ

Hack の実行

コードの入力が終わったら［ファイル(F)］→［Event Handlers の上書き保存(S)］を選択し、Visual Basic Editor を終了します。次に［ツール(T)］→［テンプレートとアドイン(I) ...］を選択し、［追加(D)...］をクリックしてEvent Handlers.dotを指定し、最後に［OK］をクリックします。以上の手順で、Event Handlers.dot がグローバルテンプレートとして読み込まれました。以降は、コメントや変更履歴の残っている文書に対して保存や印刷を行おうとすると図45-3 のようなダイアログボックスが表示されます。

イベントハンドラは**[Hack #44]**で紹介しているコマンドのインターセプトに若干似ていますが、大きく異なる点が2つあります。

まず、DocumentBeforeSave イベントは［上書き保存］と［名前を付けて保存］のどちらを選んでも発生します。一方インターセプトを使う場合、その名の通りそれぞれのコマンドを個別に横取りしなければなりません。

さらに重要な点として、イベントハンドラはマクロの中で発生した処理に対しても正しく機能してくれます。このおかげで、イベントハンドラはインターセプトよりもずっと強力かつ柔軟であると言えます。

> あるマクロが文書の保存を試みたがイベントハンドラが保存をキャンセルした場合、エラーが発生する可能性があります。このような場合のために、マクロにエラー処理のコードを追加する必要があるかもしれません。

HACK #46　標準のダイアログボックスを呼び出す

Word に標準で用意されているダイアログボックスを使えば、マクロのユーザーは使い慣れたユーザーインタフェースを使って作業でき、複雑なマクロもきっと使いやすく感じられることでしょう。

一般的に、ユーザーの入力を必要とするマクロはそうでないものと比べて作成が困難です。しかし、このような目的にとって必要なものの多くはMicrosoft が準備してくれています。例えばユーザーに列数と行数を指定してもらい、文書中に表を挿入するようなマクロにつ

いて考えてみましょう。このような場合、Visual Basic Editor を使ってユーザーフォームを自作するよりは、Wordに用意されているInsertTable(表の挿入)ダイアログボックスを使い、そこで表の列数と行数を入力してもらうほうがよいでしょう。

この Hack では、マクロの中から Word のダイアログボックスを利用する方法を2つ紹介します。

作成したマクロは、[Hack #40]を参考にして適切なテンプレートに保存します。実行するには、［ツール(T)］→［マクロ(M)］→［マクロ(M)...］を選択して対象のマクロを選びます。

ダイアログボックスを使ってコマンドを対話的に実行する

文書を新規作成し、そこに何らかの情報を入力するようなマクロについて考えてみます。このような例としては、フォントの一覧表示([Hack #14]参照)などがあります。ただし、ここでは生成された文書を保存するかどうかをマクロの終了前にユーザーに確認することにしましょう。以下のコードを使うとまず白紙の文書が作成され、WordのFileSaveAs(名前を付けて保存)ダイアログボックスが表示されます。

```
Sub ShowFileSaveAsDialog()
Dim dial As Dialog
Dim doc As Document
Set dial = dialogs(wdDialogFileSaveAs)
Set doc = Documents.Add
dial.Show
MsgBox "文書を保存しましたね。あるいは、キャンセルしましたね。"
End Sub
```

FileSaveAs ダイアログボックスが表示されると、ユーザーは最終的に［保存(S)］か［キャンセル］のいずれかをクリックします。しかし上のコードでは、どちらがクリックされたかまでは分かりません。クリックされたボタンに応じて別々の処理を行いたい場合は、ダイアログボックスの「返り値」を利用します。これは質問に対する答えのようなものに該当します。次のマクロでは、Countプロパティからの返り値に基づいて現在開いているファイルの数を表示します。

```
Sub HowManyDocumentsAreOpen()
Dim iNumberOfDocuments As Integer
iNumberOfDocuments = Documents.Count  ' 返り値を取得
MsgBox iNumberOfDocuments  ' 取得した返り値を表示
End Sub
```

マクロの中でダイアログボックスを呼び出すと、ユーザーが何をクリックしてダイアログボックスを終了したかが返り値を通じて分かるようになっています。［キャンセル］ボタンか

ダイアログボックス右上隅の×ボタンがクリックされた場合、返り値は0です。これを利用し、先ほどのShowFileSaveAsDialogマクロを改良してみましょう。［キャンセル］や×ボタンがクリックされたかそうでないかに応じて、別々の処理を行うようにします。

```
Sub ShowFileSaveAsDialog2()
Dim dial As Dialog
Dim doc As Document
Set dial = dialogs(wdDialogFileSaveAs)
Set doc = Documents.Add
If dial.Show <> 0 Then
    ' ［キャンセル］ではなかった場合
    MsgBox "保存してくれてありがとう!"
Else
    ' ［キャンセル］がクリックされた場合
    MsgBox "びびってる?"
End If
End Sub
```

上のコードでは、［保存(S)］をクリックすると感謝のメッセージが表示されます。一方［キャンセル］をクリックすると悪態をつかれます。

推奨されるファイル名をあらかじめ表示しておきたい場合は、ダイアログボックスのオブジェクトに対して何らかの方法で値を伝えておく必要があります。具体的にはFileSaveAsダイアログボックスが表示される前に、Nameプロパティにファイル名を指定します。コードは以下のようになります。

図 46-1 ダイアログボックスのプロパティについて調べる

```
Sub ShowFileSaveAsDialogAndSuggestName
Dim dial As Dialog
Dim doc As Document
Set dial = dialogs(wdDialogFileSaveAs)
Set doc = Documents.Add
dial.Name = "新しい文書.doc"
If dial.Show <> 0 Then
    MsgBox "保存してくれてありがとう!"
Else
    MsgBox "やっぱり、びびってる?"
End If
End Sub
```

各種ダイアログボックスのプロパティ名を調べるには、Visual Basic Editorのヘルプで「組み込みのダイアログボックスの引数一覧」を検索してみてください（図46-1）。

ダイアログボックスを使って値を入力してもらう

ダイアログボックス本来の処理を行うためではなく、何かのデータをユーザーに指定してもらうためだけにダイアログボックスを利用するというのも賢いやり方です。

例えば、次のマクロは以前のコードと同様にFileSaveAsダイアログボックスを表示します。しかし［保存(S)］ボタンを押してもファイルは保存されず、指定されたファイル名が表示されるだけです。以前のコードとの違いは、Showメソッドの代わりにDisplayメソッドを使っている点です。

```
Sub ShowFileSaveAsDialog()
Dim dial As Dialog
Set dial = dialogs(wdDialogFileSaveAs)
dial.Display
MsgBox dial.Name & "にセーブ…しませんでした!"
End Sub
```

Showメソッドを使うと、ダイアログボックスは期待通りに保存の処理を行います。一方Displayメソッドを使うと、ファイル名の指定まではできますが保存は行いません。

このHackの冒頭で紹介した、文書中に表を挿入する例に戻ります。以下のマクロを実行すると、カーソル位置に3列×2行からなる表が挿入されます。1行目には［見出し1］、2行目以降には［見出し2］のスタイルがそれぞれ適用されます。

```
Sub TableWithSpecialHeadings()
Dim tbl As Table
Set tbl = Selection.Tables.Add(Range:=Selection.Range, _
    NumRows:=2, NumColumns:= 3)
tbl.Range.Style = wdStyleHeading2
tbl.Rows(1).Range.Style = wdStyleHeading1
End Sub
```

ここで、列数や行数をユーザーが指定できるようにしてみましょう。以下のコードではInsertTable（表の挿入）ダイアログボックスを表示し、そこで指定された列数と行数を使って表を作成します。

```
Sub TableWithSpecialHeadings()
Dim tbl As Table
Dim dial As Dialog
Set dial = Dialogs(wdDialogTableInsertTable)

If dial.Display = 0 Then
    ' [キャンセル] がクリックされたので終了します
    Exit Sub
End If

Set tbl = Selection.Tables.Add(Range:=Selection.Range, _
    NumRows:=dial.NumRows, _
    NumColumns:=dial.NumColumns)
tbl.Range.Style = wdStyleHeading2
tbl.Rows(1).Range.Style = wdStyleHeading1
End Sub
```

HACK #47 VBAのコードを高速化するヒント

複雑なマクロを作成していると、小さなコーディングミスが積み重なって処理時間が大幅に悪化することがあります。このHackで紹介するヒントを活用して、少しでも高速なコードを目指しましょう。

ここでは、マクロのコードを高速化するためのプログラミングテクニックを6つ紹介します。その効果はちょっとしたものから100倍以上の高速化をもたらすものまでさまざまです。

整数の除算を使う

整数同士の割り算を行うアプリケーションを作成する際、多くの開発者はスラッシュ（/）を演算子として使っているかと思います。しかしこの演算子は浮動小数点数同士の計算用に最適化されています。そこで、代わりに円記号（¥）を使ってみましょう。この演算子は小数部分の計算を行わないため、/を使った場合よりも高速に計算を行えます（もちろん、この演算子が使えるのは計算結果も整数であってほしい場合のみです。小数点以下の部分も重要なら、/を使って浮動小数点演算を行う必要があります）。例えば、

```
intX = intY / intZ
```

この代わりに以下のようなコードを使うようにしましょう。

```
intX = intY ¥ intZ
```

できる限りバリアント型を使わない

バリアント型は便利ですが、その代償として処理速度が低下します。バリアント型を使うと、データが正しい型であることを確認するためにしばしば型変換が発生します。実際のデータが持つ型に合わせて変数を宣言すれば、型変換の必要がなくなり処理速度が向上します。また、バリアント型の変数は整数型と比べてデータサイズが2倍(32ビットオペレーティングシステムの場合)であり、その分操作のコストも増大します。

Len 関数を使って文字列が空かどうか調べる

文字列が空であるかどうか調べる場合、別の空文字列("")と比較することが多いと思われます。しかしこれはあまりよい方法ではありません。Wordの文字列オブジェクトでは、その先頭バイトに文字列長が記録されています。そこで、Len関数を使って文字列長がゼロであるかどうかを調べるほうが効率的です。

```
If strTemp = "" Then
    MsgBox " 空の文字列です "
End If
```

このようなコードの代わりに、以下のコードを利用するようにしましょう。

```
If Len(strTemp) = 0 Then
    MsgBox " 空の文字列です "
End If
```

また、文字列に初期値を与える場合にはリテラル値("")を使ってはいけません。代わりに、組み込みのvbNullString定数を使うようにしましょう。

オブジェクトは変数に格納する

コードの中であるオブジェクトに2回以上アクセスする場合は、そのオブジェクトを変数に格納しましょう。そうしないと、アクセスのたびに対象のオブジェクトが何であるかを確認するための作業が発生し、余計な処理時間がかかってしまいます。一方オブジェクトを変数に格納しておけば、一度対象のオブジェクトを確認すれば以降はその情報が保存されるため高速にアクセスできます。例えば、以下の2つのコードについて考えてみましょう。

```
Sub ReferencingTestSlowWay()
Dim k As Long
Dim str As String
For k = 1 To 100000
    str = ActiveDocument.Paragraphs(1).Range.Characters(1).Text
Next k
End Sub


Sub ReferencingTestFastWay()
Dim k As Long
Dim str As String
Dim rng As Range
Set rng = ActiveDocument.Paragraphs(1).Range.Characters(1)
For k = 1 To 100000
    str = rng.Text
Next k
End Sub
```

これらの実行時間の差は歴然です。2.6GHzのCeleronプロセッサ上で測定を行ったところ、1つ目のマクロの実行に62.16秒かかったのに対して2つ目はわずか0.26秒でした。

コメントは遠慮なく使う

コメントの挿入をためらってはいけません。少なくともVBAの世界では、コメントをたくさん記述したからといって実行速度が低下することはありません。しかも、コメントは自分やその他のユーザーがコードの処理内容を理解する助けになります。

IIf を使わない

IIfの代わりにIf... Then... Elseを使うほうが、処理速度が向上します。例えば、2番目のコードのほうが1番目より高速です。

```
MsgBox IIf(intX = 1, "1です", "1ではありません")


If intX = 1 Then
    MsgBox "1です"
Else
    MsgBox "1ではありません"
End If
```

—— 『Access Cookbook』（O'Reilly）より

HACK #48 処理の進行状況を表示する

マクロの実行に時間がかかると、ユーザーは「いつになったら終了するのか？」とか「フリーズしてしまったのでは？」とか「待っている間に風呂に入れるんじゃないか？」などと思い、いらいらし始めます。そんなユーザーにプログレスバーを表示し、リラックスしてもらうためのテクニックを紹介します。

まず、プログレスバー以外の手段を使ってユーザーに情報を通知する方法について考えてみましょう。例えば、StatusBarプロパティを使うとWordのステータスバーに文字列を表示できます。ここには通常ページ番号や行番号などが表示されています。

以下のマクロを使うと、ある意味パーソナライズされたメッセージをステータスバーに表示できます。[Hack #40]を参考にして適切なテンプレートにこのコードを保存し、［ツール（T）］→［マクロ（M）］→［マクロ（M）...］を選択してSayHelloを選ぶと実行できます。

```
Sub SayHello()
    StatusBar = "こんにちは、" & Application.UserName & _
        "さん。素敵な服をお召しですね。"
End Sub
```

Word自身も、文書を保存するときなどにステータスバー上にメッセージを表示しています。これにならい、マクロの中でもステータスバーを活用してユーザーに情報を伝えましょう。

次のマクロは、アウトラインレベルが2（［見出し2］スタイルに相当）以上でかつ10語以上を含む段落をハイライト表示します。同時に、現在処理中の段落の内容をステータスバーに表示しています。

```
Sub HighlightLongHeadings()
Dim para As Paragraph
For Each para In ActiveDocument.Paragraphs
    StatusBar = "チェック中: " & para.Range.Text
    If para.OutlineLevel = wdOutlineLevel2 Then
        If para.Range.Words.Count > 10 Then
            para.Range.HighlightColorIndex = wdBrightGreen
        End If
    End If
Next para
StatusBar = ""
End Sub
```

ステータスバーに処理状況が逐次表示されていれば、ユーザーにとってはWordがフリーズしてしまったわけではないということが分かり安心できます。多くの場合はこれで十分です。

情報をより分かりやすく伝えたいという場合は、ダイアログボックス上に自作のプログレ

スバーを表示してもよいでしょう。ここからは、VBAを使ってプログレスバーを作成する方法を2つ紹介します。いずれの例でも、実際に行われる処理としては上のHighlightLongHeadingsを利用します。

方法1

まず、マクロのコード中にプログレスバーのコードを追加してみましょう。

説明の都合上、ここで紹介するコードはNormal.dotテンプレートに保存するものとします。まず［ツール(T)］→［マクロ(M)］→［Visual Basic Editor (V)］を選択し、ウィンドウ左上にあるプロジェクトエクスプローラで［Normal］を選んでから［挿入(I)］→［ユーザーフォーム(U)］を選択します。ここで［ツールボックス］ウィンドウが表示されていない場合は、［表示(V)］→［ツールボックス(X)］を選択します。次に［ツールボックス］に表示されている［ラベル］（大文字のAのアイコン）をクリックし、［UserForm1］上でドラッグして適当なサイズのラベルを作成します。そしてこのラベルの左上隅が［UserForm1］の左上隅の近くに表示されるようにします(図48-1)。

次に［UserForm1］が選択されている状態で［表示(V)］→［コード(C)］を選択し、以下のコードを入力します。

```
Private Sub UserForm_Activate()
Dim lParaCount As Long
Dim i As Integer
```

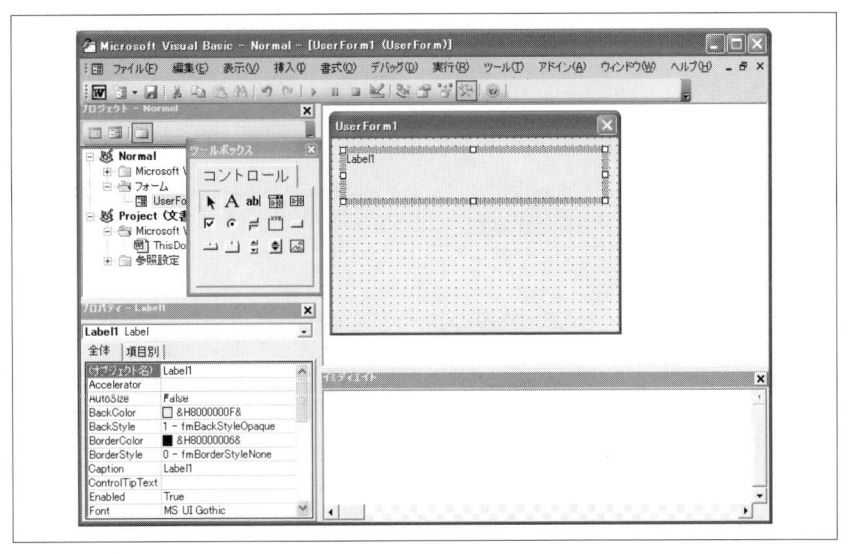

図48-1　プログレスバーの元となるラベル

```
    Dim para As Paragraph
    Dim lMaxProgressBarWidth As Long
    Dim sIncrement As Single

    ' ユーザーフォームのサイズを変更します
    Me.Width = 240
    Me.Height = 120

    ' ラベルのサイズを変更します
    Me.Label1.Height = 50
    Me.Label1.Caption = ""
    Me.Label1.Width = 0
    Me.Label1.BackColor = wdColorBlue

    lMaxProgressBarWidth = 200
    lParaCount = ActiveDocument.Paragraphs.Count
    sIncrement = lMaxProgressBarWidth / lParaCount
    i = 1

    For Each para In ActiveDocument.Paragraphs
        Me.Label1.Width = Format(Me.Label1.Width + sIncrement, "#.##")
        Me.Caption = CStr(lParaCount) & " 個中の " & CStr(i) & " 番目を処理中"
        Me.Repaint
        If para.OutlineLevel = wdOutlineLevel2 Then
            If para.Range.Words.Count > 10 Then
                para.Range.HighlightColorIndex = wdBrightGreen
            End If
        End If
    i = i + 1
    Next para

    Unload Me

End Sub
```

プロジェクトエクスプローラに戻り、**図48-2**のように[Normal.dot]の[標準モジュール]の中からどれか1つを選びます。[標準モジュール]が表示されていない場合は、[挿入(I)]→[標準モジュール(M)]を選択します。

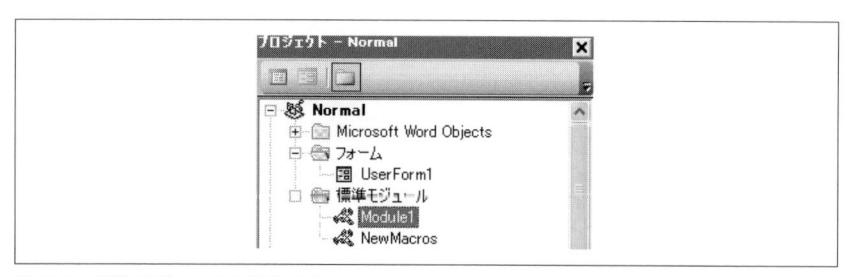

図 48-2　標準モジュールを指定する

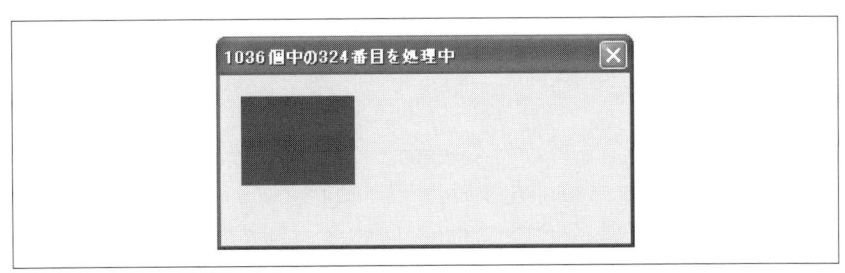

図 48-3 シンプルなプログレスバー

選んだモジュールの中に、以下のコードを入力します。

```
Sub HighlightLongHeadings()
    UserForm1.Show
End Sub
```

最後に［ファイル(F)］→［終了して Microsoft Word に戻る(Q)］を選択します。［ツール(T)］→［マクロ(M)］→［マクロ(M)...］を選択し、HighlightLongHeadings を実行します。すると図 48-3 のようなプログレスバーが表示されます。

> このとき開かれている文書が短いと、マクロの実行があっという間に終わってしまいプログレスバーがよく見えないかもしれません。このマクロを実行するときには、段落がたくさんある文書を開いておくほうがよいでしょう。

ここで、ユーザーフォームのコードに記述されている次の 1 行に注目してみましょう。

```
Format(Me.Label1.Width + sIncrement, "#.##")
```

sIncrement 変数には、プログレスバー全体の横幅を文書中の段落数で割った値が格納されています。マクロが次の段落の処理に移るたびに、プログレスバーの表示は sIncrement で指定されている値だけ伸びます。プログレスバー全体の横幅は lMaxProgressBarWidth 変数で 200 ピクセルと指定されているので、仮に文書中に 10 個の段落があった場合、プログレスバーは 1 段落ごとに 20 ピクセルずつ伸びてゆくことになります。

もし文書中に数百あるいは数千もの段落があると、sIncrement 変数の値はとても小さくなり、ユーザーフォームが扱える最小の単位以下になってしまいます。このような場合、VBA では固有のルールに基づいて切り捨てあるいは切り上げが行われます。その結果、プログレスバーの表示がユーザーフォームからはみ出してしまうこともあります。そこで、このコードではより正確な切り捨てや切り上げを行う Format 関数を利用しています。この関数を使え

ば、プログレスバーは必ずユーザーフォーム内部に収まります。

方法2

　先ほどのコードには、プログレスバーのためのコードと文書に対する処理のためのコードが混在してしまっているという問題点があります。同じようなプログレスバーを他のマクロでも使いたいという場合は、ユーザーフォームやコードをもう一度作成しなおす必要があります。そこで、プログレスバーのコードを文書に対する処理のコードから切り離し、他のプログラムから再利用できるようにしてみましょう。

　これから、マクロによる処理の進み具合を10%単位で表示するダイアログボックス（図48-4）を作成します。処理状況を百分率で表すことができさえすれば、どんなマクロからでもこのプログレスバーを利用できます。

　ここでも、コードはNormal.dotテンプレートに保存するものとします。方法1の場合と同様に、ユーザーフォームを作成してから［ツールボックス］を表示させてください。

　［ツールボックス］の中にある［フレーム］（XYZという文字と枠のアイコン）をクリックし、ユーザーフォーム上の左上隅付近で適当にドラッグしてください。そしてこのフレームが選択された状態で、［プロパティ］ウィンドウ（図48-5）に注目します。ここで［Height］プ

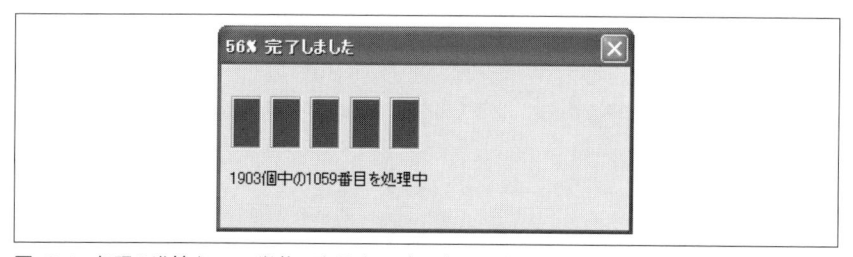

図48-4　処理の進捗を10%単位で表示するプログレスバー

図48-5　［プロパティ］ウィンドウ

ロパティを 30 に、[Width] プロパティを 18 に、[Visible] プロパティを **False** にそれぞれ設定します。続いて [Caption] プロパティの文字列を削除し、[BackColor] を青にします。

次に [プロパティ] ウィンドウの上端にあるリストボックスを開き、[Frame1] の代わりに [UserForm1] を選びます。[ShowModal] というプロパティがあるので、これを **False** にします。また、[(オブジェクト名)] を UserForm1 から **IncrementalProgress** に変更します。

そしてユーザーフォームに戻り、先ほど作成したフレームを選択します。[編集(E)]→[コピー(C)] を選択し、これを右方向に 9 回貼り付けします。そして 10 個になったフレームのそれぞれを、Ctrl キーを押しながらクリックしてすべて選択します。[書式(O)]→[整列(A)]→[上(T)] や [書式(O)]→[左右の間隔(H)]→[間隔を均等にする(E)] を選択し、フレームをきれいに配置します。

続いて [ツールボックス] の [ラベル] (大文字の A のアイコン) をクリックし、フレームの下をドラッグしてラベルを作成します。そして [プロパティ] ウィンドウで、このラベルに対応する [Caption] プロパティの文字列を削除します。このラベルとフレームに合わせてユーザーフォームのサイズを調整すると、図 48-6 のようになります。

次に、ダイアログボックスにプログレスバーを表示させるためのコードを作成します。マクロの実行が始まるとダイアログボックスが表示され、実行の進み具合に応じてプログレスバーの横幅が伸びてゆきます。方法 1 のコードと比べて複雑さはほとんど変わらず、しかも再利用がずっと容易です。

ユーザーフォームを選択して [表示(V)] → [コード(C)] を選択し、以下のコードを入力してください。

```
Private Sub UserForm_Initialize()
Me.Caption = "0% 完了しました "
End Sub

Public Function Increment(sPercentComplete As Single, _
    sDescription As String)
On Error Resume Next
Me.Label1.Caption = sDescription
Dim iPercentIncrement As Integer
```

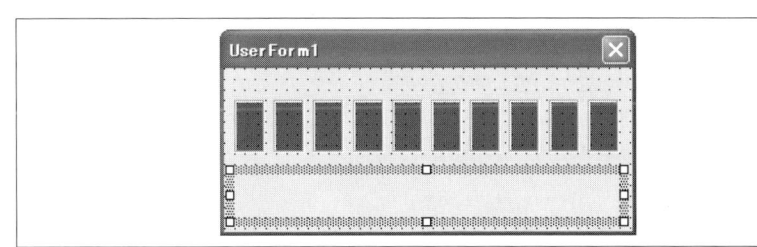

図 48-6　プログレスバーの作成

```
        iPercentIncrement = Format(sPercentComplete, "#")
        Select Case iPercentIncrement
            Case 10 To 19
                Me.Frame1.visible = True
            Case 20 To 29
                Me.Frame2.visible = True
            Case 30 To 39
                Me.Frame3.visible = True
            Case 40 To 49
                Me.Frame4.visible = True
            Case 50 To 59
                Me.Frame5.visible = True
            Case 60 To 69
                Me.Frame6.visible = True
            Case 70 To 79
                Me.Frame7.visible = True
            Case 80 To 89
                Me.Frame8.visible = True
            Case 90 To 99
                Me.Frame9.visible = True
            Case 100
                Me.Frame10.visible = True
        End Select
        Me.Caption = iPercentIncrement & "% 完了しました"
        Me.Repaint
    End Function
```

これで、プログレスバーの準備が整いました。あとは、このプログレスバーに対して進行の割合と表示される文字列を指定するだけでOKです。

以下のコードは、上のプログレスバーを使うようにHighlightLongHeadingsマクロを改良したものです。太字の部分でプログレスバーを呼び出しています。

```
    Sub HighlightLongHeadings()
    Dim lParaCount As Long
    Dim sPercentage As Single
    Dim i As Integer
    Dim para As Paragraph
    Dim sStatus As String

    IncrementalProgress.Show

    lParaCount = ActiveDocument.Paragraphs.Count
    i = 1

    For Each para In ActiveDocument.Paragraphs

        sPercentage = (i / lParaCount) * 100
        sStatus = lParaCount & " 個中の " & i & " 番目を処理中"
        IncrementalProgress.Increment sPercentage, sStatus
```

```
            If para.OutlineLevel = wdOutlineLevel2 Then
                If para.Range.Words.Count > 10 Then
                    para.Range.HighlightColorIndex = wdBrightGreen
                End If
            End If
    i = i + 1
Next para

Unload IncrementalProgress
End Sub
```

このマクロを実行すると、図 48-4 のようなプログレスバーが表示されます。

プログレスバーを表示することによって、マクロ全体の実行時間は長くなってしまいます。プログレスバーを使わずに自分のマクロを実行してみて、プログレスバーによる実行時間の増加がやむを得ないと思える程度のものかどうかチェックするとよいでしょう。

> 処理対象が 10 個未満の場合、プログレスバーの表示が飛び飛びになってしまいます。このような事態を避けるためには、飛ばされている可能性がある部分を毎回表示しなおす必要があります。具体的には以下のようなコードになります。

```
...
Case 40 To 49
    With Me
        .Frame1.Visible = True
        .Frame2.Visible = True
        .Frame3.Visible = True
        .Frame4.Visible = True
    End With
...
```

HACK #49 .ini ファイルに設定やデータを記録する

何らかのデータをテキストファイルとして保存し、必要に応じて取り出すという手段がVBAでは提供されています。このようなデータは作成、変更、削除いずれも簡単です。

Windows 95 でレジストリが導入されるまでは、プログラムの設定などのデータは .ini ファイルというテキスト形式のファイルに保存されていました。.ini ファイルは現在でも各種のプログラムや Windows 自身によって使われており、ハードディスクを検索すると数百個以上見つかることもあります。

.ini ファイルはマクロが何らかのデータを保存しておく場所として最適です。本書中でも、「文書に通し番号を付ける」(**[Hack #58]**) や「［最近使ったファイル］の機能を強化する」(**[Hack #11]**) などで .ini ファイルを活用しています。

.ini ファイル（構成設定ファイルとも呼ばれます）の構造はとてもシンプルです。それぞれのファイルには 1 つ以上のセクションがあり、1 つ 1 つのセクションの中に「キー」と「値」の

ペアが複数記録されます。具体例は以下の通りです。

```
[MRU_Files]
MRU01=C:¥Dox¥Doc 1.doc
MRU02=C:¥Dox¥Doc 2.doc
```

セクション名は角カッコで囲んで記述します。セクション中のそれぞれの行では、等号(=)の左にキー、右側に値がそれぞれ記述されます。

VBAにはPrivateProfileStringというプロパティがあり、このプロパティを使うと.iniファイルを読み書きできます。これはどのマクロからでも利用できます。.iniファイルから値を読み込むには、ファイル名、セクション名、キー名の3つの情報が必要です。これらに加えて、値を書き込む場合はその値も必要です。

例えばWordSettings.iniというファイルのWordInfoセクションに、現在作業中の文書の名前をCurrentDocというキーで保存したい場合は、以下のようにコードを記述します。

```
System.PrivateProfileString("WordSettings.ini", "WordInfo", "CurrentDoc") = _
    ActiveDocument.Name
```

WordSettings.iniというファイルが存在しない場合は、空のファイルが作成されてその中にデータが書き込まれます。特に何も指定していない場合、.iniファイルはC:¥WINDOWSディレクトリなどに作成されます。また、該当するキーがすでに存在する場合は値が置き換えられます。

このデータを読み込むためのコードは以下の通りです。

```
strSetting = System.PrivateProfileString("WordSettings.ini", _
    "WordInfo", "CurrentDoc")
```

該当するファイルやセクションやキーが存在しない場合は、空文字列が返されます。

.iniファイルを使った簡単なマクロの例を紹介します。以下のコードは、Wordの終了時に開いていたファイルの名前を.iniファイルに記録し、後でWordを起動するときにはそのファイルを開くというものです。このコードはオートマクロ(**[Hack #43]** 参照)であり、必ずNormal.dotの中に保存する必要があります。

```
Sub AutoExec
Dim sDocName as String
sDocName = System.PrivateProfileString("WordSettings.ini", _
    "WordInfo", "CurrentDoc")
If Len(sDocName) <> 0 Then
    Documents.Open(sDocName)
End If
End Sub

Sub AutoClose
```

```
System.PrivateProfileString("WordSettings.ini", "WordInfo", "CurrentDoc") = _
    ActiveDocument.FullName
End Sub
```

.iniファイルに記述されているのは通常のテキストなので、メモ帳などの好きなテキストエディタを使って表示や編集が可能です。

HACK #50 ボタン用のアイコンを一覧表示する

ボタンやメニュー項目を文書あるいはテンプレートに追加する際、使えるアイコンの数は多いに越したことはありません。このHackでは、利用できるすべてのアイコンを一覧表示できるツールを紹介します。

自作のツールバーやメニュー項目は、分かりやすいアイコンが付いていればより利便性が向上します。［ツール(T)］→［ユーザー設定(C)...］を選択すると表示される［ユーザー設定］ダイアログボックスを使いこなせば、自作か否かにかかわらずほとんどのボタンのアイコンは変更できます。しかし、実際にボタンを右クリックして［ボタンイメージの変更(B)］を選択してみれば分かると思いますが、図50-1のようにとても少数のアイコンしか表示されません。

このように貧相な一覧表示とは裏腹に、実はOfficeには4,000種類を超えるアイコン（フェイスとも呼ばれます）が用意されています。しかしこれらのアイコンについて説明したドキュメントはほとんどなく、実際に利用するためにはVBAのコードを使ってアイコンのID番号（フェイスID）を知る必要があります。

http://skp.mvps.org/faceid.htm （英文）からダウンロードできるFaceID Browserを使うと、すべてのアイコンを一度に100個ずつ表示できます。FaceID Browserは図50-2のようにツールバーとして表示され、アイコンの上にマウスカーソルを置くとそのアイコンのフェイスIDがツールチップとして表示されます。

気に入ったアイコンが見つかったら、そのアイコンをツールバーに表示させてみましょう。

図50-1　限られた種類のアイコン

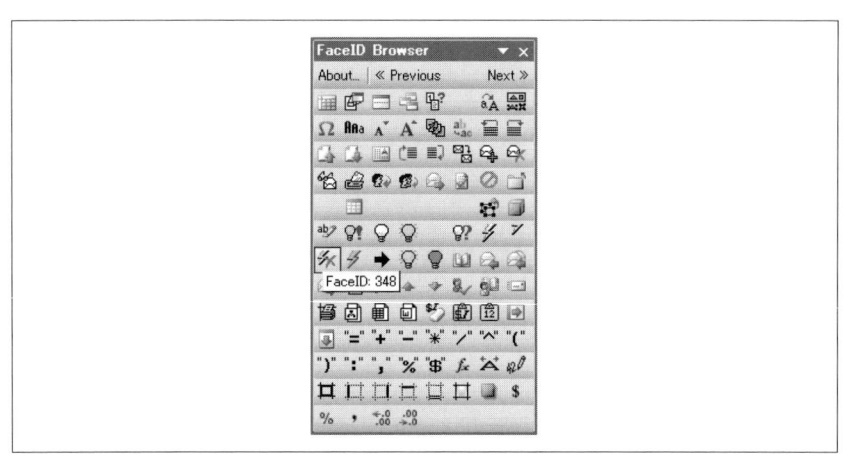

図 50-2　FaceID Browser のツールバー

　ここでは、すべてのハイパーリンクを解除するために **[Hack #33]** で作成したマクロを題材に、このマクロを実行するためのボタンを［標準］ツールバーの［ハイパーリンクの挿入］ボタンの隣に追加することにします。

　まず、**[Hack #2]** を参考にしてボタンをツールバーに表示させたら、FaceID Browserを使って好みのアイコンを選びます。次に［ツール（T）］→［ユーザー設定（C）］を選択し、［コマンド］タブをクリックします。ここでFaceID Browserのツールバーが消えた場合は、［保存先（S）］に適切な文書またはテンプレートを指定しなおしてください。そして図50-3のように、ボタンに表示させたいアイコンを右クリックして［ボタンイメージのコピー（C）］を選択

図 50-3　アイコンのデータをコピーする

ボタン用のアイコンを一覧表示する | 189 | HACK #50

図 50-4　アイコンのデータを貼り付ける

図 50-5　ボタンが追加された［標準］ツールバー

します。

　［ユーザー設定］ダイアログボックスが開いたままの状態で、最初に追加したマクロのボタンを右クリックし、［ボタンイメージの貼り付け(P)］を選択します（図50-4）。もう一度右クリックして［既定のスタイル(U)］を選択します。すると、図50-5のようにボタンにはアイコンだけが表示されるようになりました。

さらなる Hack

　VBAのコードの中でツールバーのボタンやメニュー項目を追加する場合は、フェイスIDを使ってアイコンを指定します。フェイスIDの数値に法則性はありませんが、似たジャンルのアイコンは大体並んで表示されます。ここでは、トランプのマークが並んだクールな（しかしあまり役には立たない）ツールバー（図 50-6）を作成してみましょう。

　アイコンだけでなく、ボタンの上にマウスカーソルを置いたときに表示される文字列も指定できます。これは `ToolTipText` プロパティとして指定します。

図 50-6　これから作成するツールバー

```
Sub MakeNewToolbar()
Dim cbar As CommandBar
Dim cbarctrl As CommandBarControl
Set cbar = CommandBars.Add(Name:="トランプ", Position:=msoBarFloating)

Set cbarctrl = cbar.Controls.Add(Type:=msoControlButton)
cbarctrl.FaceId = 481
cbarctrl.TooltipText = "ハート"

Set cbarctrl = cbar.Controls.Add(Type:=msoControlButton)
cbarctrl.FaceId = 482
cbarctrl.TooltipText = "ダイヤ"

Set cbarctrl = cbar.Controls.Add(Type:=msoControlButton)
cbarctrl.FaceId = 483
cbarctrl.TooltipText = "スペード"

Set cbarctrl = cbar.Controls.Add(Type:=msoControlButton)
cbarctrl.FaceId = 484
cbarctrl.TooltipText = "クラブ"

cbar.Visible = True

End Sub
```

―― Shyam Pillai

6章
フィールド
Hack #51-61

ページ番号や相互参照など、よく使われる機能のうち多くは「フィールド」を使って実現されています。フィールドは文字列を表示するための枠として機能し、時と場合によって変わる文字列を生成して表示し、更新することができます。

例えばDATEというフィールドは、今日の日付を単なる文字列として表示するためのものではありません。このフィールドは、「このフィールドが更新されるときには必ず、今日の日付を調べてここに表示しなさい」という意味を持っています。DATEフィールドを実際に挿入するには、まずCtrl+F9を押して「フィールド文字」({ })を入力します。フィールド文字は中カッコに似ていますが、普通にキーボードから入力するのではなく必ずCtrl+F9を使って入力しなければなりません。続いてカーソル位置にDATEと入力してください。フィールド上にカーソルがある状態でF9を押すと、フィールドが更新されて今日の日付が表示されます。

この章では、基本を超えたフィールドの使いこなしについて解説します。フィールドの編集は初心者にとってはやや敷居が高く、短気な人にはあまり向かないかもしれません。しかしフィールドが持つ真の力に一度触れると、以後はWordでの作業にとって欠かせないツールとなるでしょう。

この章で取り上げるフィールドは複雑なものも多く、しかも1文字でも間違うと正しく動作しなくなってしまいます。また、本書のページ幅を超えてしまうコードについては、↵という記号で区切って表示しています。このような場合、Shift+Enterを押してから次の行の内容を入力するか、すべて1行にまとめて入力してください。面倒を避けるには、本書のWebサイト（http://www.oreilly.co.jp/books/4873112389/）からサンプルコードをダウンロードするのがよいでしょう。

> フィールドを使った文書で作業するときは、［ツール(T)］→［オプション(O)...］を選択して［表示］タブの［フィールドの網かけ表示(:)］を［表示する］にしておきましょう。なお、画面上で網かけ表示されていても印刷のときには通常のテキストとして出力されるので心配は不要です。

HACK #51 テキスト入力欄を簡単に作成する

PowerPointの［クリックしてテキストを入力］のような、テキスト入力欄をWordでも作ってみましょう。とても簡単です。

書簡や契約書などでは、定型の文章などを保管するためにWordのテンプレートがよく使われます。しかし、その中で1回1回入力を必要とする部分については、図51-1のように下線やカッコなどで目立たせるだけ、ということが多いのではないでしょうか。

カッコに囲まれた部分をすべて削除したり、下線の幅を入力に合わせて調整しなければならないというのはとても面倒です。そこで、テキスト入力欄をクリックしてそこに文字を入力するだけですむようにしてみましょう。このためにはMACROBUTTONというフィールドを使い、このフィールドから実際には存在しないマクロを呼び出すというテクニックを使います。

テキストの入力が必要な場所のそれぞれで、以下の手順を行ってください。

1. Ctrl+F9 を押し、空のフィールド文字を挿入します。
2. フィールド文字のカッコの間に、以下のように入力します。

    MACROBUTTON FakeMacroName Text to Display

    Text to Display の部分には、最初に表示される文字列を入力します。

3. F9 キーを押し、フィールドを更新します。

> ［挿入(I)］→［フィールド(F)...］を選択してもフィールドを挿入できます。

以上の手順を繰り返すと、図51-1の契約書は図51-2のようになります。フィールドは必ず網かけ表示（［ツール(T)］→［オプション(O) ...］を選択し、［表示］タブで［フィールドの網かけ表示(:)］を［表示する］に指定）するようにしておきましょう。

これらのフィールドを選択すると、本来であればFakeMacroNameという名前のマクロが呼び出されるはずなのですが、このような名前のマクロは存在しません。したがって、フィールドをクリックしてもフィールド全体が選択されるだけでマクロは呼び出されません。ここで

＿＿＿＿年＿＿月＿＿日発効

[契約者の住所・氏名]と海山商事株式会社は、金[支払金額]円を対価としてここに[物品名]の利用に関する契約を締結する。本件の当事者は相互に…

図 51-1 テキストの入力が必要な文書

年 年月 月日 日発効

契約者の住所・氏名 と海山商事株式会社は、金支払い 金額 円を対価としてここに 物品名 の利用に関する契約を締結する。本件の当事者は相互に…

図 51-2　フィールドを使って書き換えた文書

文字列を 2 行以上に折り返して表示することはできません!

図 51-3　文字列が長すぎるという警告

何か文字列を入力すると、フィールドはその文字列に置き換わります。

ただし、上の Text to Display の部分に2行以上の文字列を入力すると、フィールドを更新する際に図51-3のようなエラーメッセージが表示されます。このような場合には、1行に収まるように文字列を短くしてください。

HACK #52 頻繁に入力される語句をショートカットメニューに登録する

AUTOTEXTLISTフィールドを使うと、文書上で右クリックするだけで定型句をドロップダウンメニューから選択して入力できます。

例えばスタッフの名前などを頻繁に入力することがあるなら、AUTOTEXTLIST フィールドを使ってみましょう。このフィールドは図52-1のようにドロップダウンリストを表示し、その中から入力する文字列を選べます。

この Hack では図 52-1 のようなフィールドを作成する方法を紹介します。

まず白紙の文書を新規作成します。次に、スタッフ名のリストに使うスタイルを作成します。［書式(O)］→［スタイルと書式(S)...］を選択し、［新しいスタイル］をクリックします（Word のバージョンによっては、［書式(O)］→［スタイル(S)...］から［新規作成(N)...］）。［新しいスタイルの作成］ダイアログボックスで、図52-2のように Staff というスタイルを作

加藤様、
先日は 右クリックしてスタッフ名を選択 とのミーティングにご参加
　　　　　　　　　　佐藤
　　　　　　　　　　田中
　　　　　　　　　　鈴木
　　　　　　　　　　定型句の作成(C)...

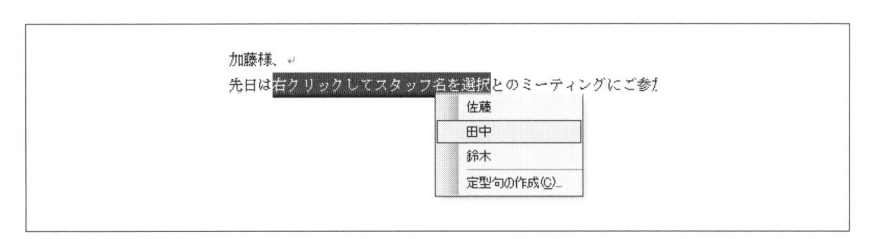

図 52-1　AUTOTEXTLIST フィールドによる文字列の入力

図 52-2　新しいスタイルの作成

成し、書式は変更せずに［OK］をクリックします。スタッフ名のリストをすべての文書で使いたい場合は、このときに［テンプレートに追加する(A)］をクリックしておきます。

次に、空の段落を3つ作成します。このとき、段落記号が表示されない場合は［ツール(T)］→［オプション(O)...］を選択し、［表示］タブで［段落記号(M)］をチェックします。3つの段落を選択し、［Staff］スタイルを適用します。

それぞれの段落に1つずつスタッフの名前を入力します。次に1つ目の名前を(行末の段落記号を含めずに)選択し、Alt+F3を押して［定型句の作成］ダイアログボックス(図 52-3)を表示させます。そのまま［OK］を押し、この操作を残る2つの段落についても繰り返します。

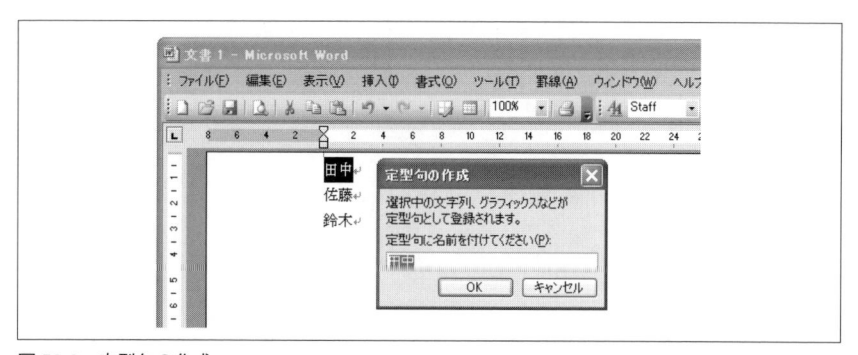

図 52-3　定型句の作成

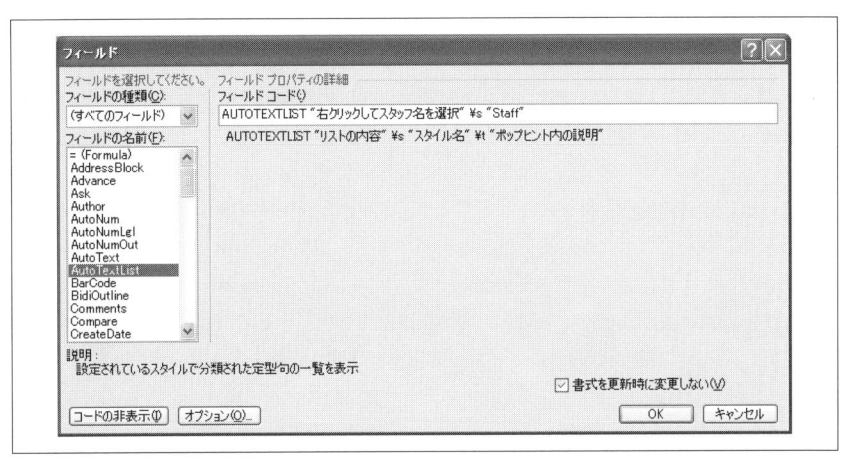

[図: フィールドダイアログ]

図52-4　AUTOTEXTLIST フィールドの作成

　定型句を作成したら、スタッフの名前はもう必要ないので段落ごと削除してしまいます。本文中に［Staff］スタイルが残ってしまっている場合は、［標準］スタイルに設定しなおします。次に［挿入(I)］→［フィールド(F)...］を選択し、［フィールドの名前(F)］から［AutoTextList］を選んで［フィールドコード(I)］をクリックします。そして［フィールドコード(:)］の欄に、以下のように入力します（図52-4）。「AUTOTEXTLIST」はすでに入力されています。

　　AUTOTEXTLIST " 右クリックしてスタッフ名を選択 " ¥s "Staff"

　ここで、「Staff」は先ほど作成したスタイル名に対応します。入力が終わったら［OK］をクリックし、フィールドを挿入します。

　挿入されたフィールドを（ここでも行末の段落記号を含めずに）選択し、もう一度Alt+F3を押します。定型句の名前としてstaff と入力し、［OK］をクリックします。以降は、staf あたりまで入力したところで定型句を挿入するかどうか尋ねるメッセージが表示されます。その指示に従って定型句を挿入すると、図52-1のようにフィールドを使ってスタッフ名を選択できるようになります。

HACK #53　DATE フィールドを使いこなす

DATEフィールドを駆使して、複雑な日付計算を行ってみましょう。

　借用書や契約書など、多くの文書で日付は重要な役割を果たしています。Wordを使うと、さらに「今日の6ヵ月後は何月何日？」とか「1978年9月12日に生まれた人は今何歳？」と

いった日付計算も行えます。

　フィールドを挿入するには、挿入位置にカーソルを置いてCtrl+F9を押すか［挿入(I)］→［フィールド(F)...］を選択し、続いてフィールドコードの文字列を入力します。フィールドの中にさらにフィールドを挿入したり、フィールド同士が隣り合ったりすることがとても多いので、入力の際には間違わないようにしてください。また、フィールドコード中の一部の文字列に対して書式設定を行うこともあります。本書では、フィールドコード中に行を改めるための↵という記号が書かれていることもあります。これを入力するにはShift+Enterを押します。ただしこれは読みやすさを向上させるためのものなので、すべて1行に続けて入力してしまってもかまいません。フィールドの処理結果を表示させるには、フィールド全体を選択して（フィールド上のどこかにカーソルを置くだけでよい場合もあります）F9キーを押します。

日付を長い形式で表示する

　今日の日付に曜日も含めるには、次のようなフィールドを使います。

```
{ DATE ¥@ "dddd 'the' { DATE ¥@ d ¥*Ordinal } of' MMMM, yyyy" }
```

　このフィールドは以下のような形式で今日の日付を表示します。

```
Saturday the 28th of May, 2005
```

　フィールドコードだけでは、序数の接尾語部分（上の例ではth）を上付きで表示できません。この制約を回避するには、まず以下のようなフィールドを作成します。そしてrd、st、nd、thの部分を選択して［書式(O)］→［フォント(F)...］を選択し、［上付き(P)］をチェックします。

```
{ DATE ¥@ "dddd 'the' d" }{ IF { =MOD({ DATE ¥@ d },10)<4)*↵
(MOD({ DATE ¥@ d },10)<>0)*({ DATE ¥@ d }<>11)*↵
({ DATE ¥@ d }<>12)*({ DATE ¥@ d }<>13 } = 1 ↵
{ =MOD({ DATE ¥@ d },10)-2 ¥# rd;st;nd } th }{ DATE ¥@ " 'of' MMMM, YYYY" }
```

　先ほどの例と似ていますが、このフィールドはthの部分を上付きで表示します。

```
Saturday the 28th of May, 2005
```

元日から数えて何日目かを調べる

　次のようなフィールドを使うと、今日が元日から数えて何日目かを表示してくれます。

```
{ QUOTE "今日({ DATE \@ "yyyy' 年 'M' 月 'd' 日 '" })は元日から数えると "↵
{ SET yd { ={ DATE \@ d }+INT((({ DATE \@ M }-0.986)*30.575)-↵
IF({ DATE \@ M }>2,2-(MOD({ DATE \@ yy },4)=0)-↵
(MOD({ DATE \@ yyyy },400)=0)+(MOD({ DATE \@ yy },100)=0),0) } }↵
{ =yd \# 0 }" 日目です。" }
```

このフィールドの出力は以下のような形式になります。

今日(2005 年 5 月 28 日)は元日から数えると 148 日目です。

指定した日数だけ前・後の日付を表示する

ここで紹介するフィールドは、今日から指定された日数分だけ前または後の日付を計算して表示します。計算にはグレゴリオ暦を使います。それぞれのフィールドの中にDelayという変数があり、ここに日数を指定します。過去の日付を計算したい場合は、ここに負の値を指定します。

また、今日の日付を表すDATEの代わりに、必要に応じてCREATEDATE（文書の作成日）、SAVEDATE（文書を最後に保存した日）、PRINTDATE（文書を最後に印刷した日）を指定することもできます。

> SAVEDATEやPRINTDATEを使う場合は、あらかじめ文書が保存または印刷されていなければなりません。

n ヵ月後の月を求める

以下のフィールドは、今日から 10 ヵ月後の月の名前を英語で表示します。

```
{ QUOTE { SET Delay 10 } { =MOD({ DATE \@ M }+Delay-1,12)+1 }/0 \@ MMMM}
```

n ヶ月後の年と月を求める

今日から 10 ヵ月後の月に加えて年も知りたい場合は、次のようなフィールドを作成します。

```
{ QUOTE { SET Delay 10 }↵
{ SET m "{ =MOD({ DATE \@ MM }+Delay-1,12)+1 }/0" }↵
{ SET y { ={ DATE \@ yyyy }+INT((Delay+{ DATE \@ M }-1)/12) } }↵
{ m \@ MMMM }" "{ y } }
```

{ フィールドコード }/0 という記述は、フィールドの処理結果が月の数字であるということ示すためのものです。ただし、このような記述方法については Word のドキュメントにも記載されていません。

n 年後の年と月を求める

今日から1年後の年と月を表示させるには、以下のようにします。

```
{ QUOTE { SET Delay 1 } { DATE \@ MMMM }" "{ ={ DATE \@ yyyy }+Delay } }
```

n 年後の日付を求める

以下のフィールドを使うと、今日からぴったり1年後の日付が表示されます。これまでの例より複雑になっているのは、うるう年を考慮しているためです。

```
{ QUOTE↵
{ SET Delay 1 }↵
{ SET yy { ={ DATE \@ yyyy }+Delay } }↵
{ SET dd { ={ DATE \@ d }-({ DATE \@ d }>28)*({ DATE \@ M }=2)*↵
((MOD(yy,4)>0)+(MOD(yy,400)>0)-(MOD(yy,100)>0)) } }↵
{ =dd*10^6+{ DATE \@ M }*10^4+yy \# "00'-'00'-'0000" } \@ "dddd, MMMM d yyyy" }
```

n ヵ月後の日付を求める

次のフィールドを使うと、今日から10ヵ月後の日付を表示します。うるう年に加えて、それぞれの月の日数も考慮して計算を行っています。

```
{ QUOTE↵
{ SET Delay 10 }↵
{ SET mm { =MOD({ DATE \@ M }+Delay-1,12)+1 } }↵
{ SET yy { ={ DATE \@ yyyy }+INT((Delay+{ DATE \@ M }-1)/12) } }↵
{ SET dd { =IF((({ DATE \@ d }>28)*(mm=2)*((MOD(yy,4)=0)+↵
(MOD(yy,400)=0)-(MOD(yy,100)=0))=1,28,IF((mm=4)+(mm=6)+(mm=9)+(mm=11)+↵
({ DATE \@ d }>30)=1,30,{ DATE \@ d })) } }↵
{ =mm*10^6+dd*10^4+yy \# "00'-'00'-'0000" } \@ "dddd, MMMM d yyyy" }
```

n 日後の日付を求める

以下のフィールドでは今日から301日後の日付を計算しています。これとこの次の例では、まず日付をユリウス暦に変換し、日付を加算または減算した後通常の日付に戻すという処理を行っています。

```
{ QUOTE↵
{ SET Delay 301 }↵
{ SET a { =INT((14-{ DATE \@ M })/12) } }↵
{ SET b { ={ DATE \@ yyyy }+4800-a } }↵
{ SET c { ={ DATE \@ M }+12*a-3 } }↵
{ SET d { DATE \@ d } }↵
{ SET jd { =d+INT((153*c+2)/5)+365*b+INT(b/4)-↵
INT(b/100)+INT(b/400)-32045+Delay } }↵
{ SET e { =INT((4*(jd+32044)+3)/146097) } }↵
{ SET f { =jd+32044-INT(146097*e/4) } }↵
{ SET g { =INT((4*f+3)/1461) } }↵
```

```
{ SET h  { =f-INT(1461*g/4) } }↵
{ SET i  { =INT((5*h+2)/153) } }↵
{ SET dd { =h-INT((153*i+2)/5)+1 } }↵
{ SET mm { =i+3-12*INT(i/10) } }↵
{ SET yy { =100*e+g-4800+INT(i/10) } }↵
{ =mm*10^6+dd*10^4+yy ¥# "00'-'00'-'0000" } ¥@ "dddd, MMMM d yyyy" }
```

n 週後の日付を求める

このフィールドでは今日から数えて 43 週間後の日付を計算しています。

```
{ QUOTE↵
{ SET Delay 43 }↵
{ SET a  { =INT((14-{ DATE ¥@ M })/12) } }↵
{ SET b  ={ DATE ¥@ yyyy }+4800-a } }↵
{ SET c  { ={ DATE ¥@ M }+12*a-3 } }↵
{ SET d  { DATE ¥@ d } }↵
{ SET jd { =d+INT((153*c+2)/5)+365*b+INT(b/4)-↵
INT(b/100)+INT(b/400)-32045+INT(Delay*7) } }↵
{ SET e  { =INT((4*(jd+32044)+3)/146097) } }↵
{ SET f  { =jd+32044-INT(146097*e/4) } }↵
{ SET g  { =INT((4*f+3)/1461) } }↵
{ SET h  { =f-INT(1461*g/4) } }↵
{ SET i  { =INT((5*h+2)/153) } }↵
{ SET dd { =h-INT((153*i+2)/5)+1 } }↵
{ SET mm { =i+3-12*INT(i/10) } }↵
{ SET yy { =100*e+g-4800+INT(i/10) } }↵
{ =mm*10^6+dd*10^4+yy ¥# "00'-'00'-'0000" } ¥@ "dddd, MMMM d yyyy" }
```

さまざまな日付の形式

上の例では日付を「月、日、年」の順に表示していますが、これは簡単に他の形式にも変更できます。例えば「日、月、年」の順で表示したい場合は、

```
{ QUOTE { =mm*10^6+dd*10^4+yy ¥# "00'-'00'-'0000" } ¥@ "MMMM d yyyy" }
```

これを以下のように変更すれば OK です。

```
{ QUOTE { =dd*10^6+mm*10^4+yy ¥# "00'-'00'-'0000" } ¥@ "d MMMM yyyy" }
```

年度を表示する

次のフィールドを使うと、今日がある年度（4月1日から3月31日まで）の中で何ヶ月目で、その月の中で何週目かを表示してくれます。

```
{ QUOTE↵
"{ DATE ¥@ yyyy }年度 第{ =MOD(↵
{ DATE ¥@ M }+8,12)+1 }月、第{ =INT(({ date ¥@ dd }-1)/7)+1}週 " }
```

処理結果は以下のような形式で表示されます。

2005年度 第2月、第4週

年齢を計算する

以下のフィールドは、ASKフィールドを使ってユーザーに生年月日を入力してもらい、年齢を計算するためのものです。

```
{ QUOTE }
{ ASK BirthDate "生年月日を入力してください(MM/DD/YYYY)" }
{ SET by { BirthDate \@ yyyy } }
{ SET bm { BirthDate \@ M } }
{ SET bd { BirthDate \@ d } }
{ SET yy { DATE \@ yyyy } }
{ SET mm { DATE \@ M } }
{ SET dd { DATE \@ d } }
{ SET md  { =IF((mm=2),28+(mm=2)*((MOD(yy,4)=0)+(MOD
(yy,400)=0)-(MOD(yy,100)=0)),31-((mm=4)+(mm=6)+(mm=9)+(mm=11))) } }
{ Set Years  { =yy-by-(mm<bm)-(mm=bm)*(dd<bd) } }
{ Set Months { =MOD(12+mm-bm-(dd<bd),12) } }
{ Set Days  { =MOD(md+dd-bd,md) \# 0 } }
"{ Birthdate \@ "yyyy'年'M'月'd'日'" }生まれのあなたは{
Years }歳{ Months }ヶ月と{ Days }日です。" }
```

このコードの表示は以下のような形式になります。

1978年9月12日生まれのあなたは26歳8ヶ月と17日です。

最終保存時刻と最終印刷時刻

次のフィールドを使うと、文書が最後に保存された日時以降に印刷されているかどうかをチェックしてくれます。

```
{ IF { PRINTDATE \@ yyyyMMddHHmm }>{ SAVEDATE \@ yyyyMMddHHmm }
"最後の印刷以降保存されていません" "最後の保存以降印刷されていません" }
```

もし最後に文書を印刷して以来保存していなければ、以下のように表示されます。

最後の印刷以降保存されていません

—— Paul Edstein

HACK #54 数式フィールドを使って計算を行う

わざわざExcelを起動しなくても、Wordの数式フィールドを使うと驚くほど多種多様な計算を行えます。

数式フィールドの構文は以下の通りです。

{ = 数式 [ブックマーク] [¥# 数値の表示形式] }

例えば以下のフィールドでは、数値の入力を求めるダイアログボックスがまず表示されます。そして入力された値はMyNumという名前のブックマークに保存され、この値の2乗が表示されます。

{ QUOTE { ASK MyNum "数値を入力してください" } { =MyNum^2 } }

別の値の2乗を計算するには、フィールドを選択してF9キーを押します。

「数値の表示形式」には、計算結果の数値をどのように表示するかを指定します。詳しくは「フィールドに表示される数値の表示形式を指定する」(**[Hack #55]**)をご覧ください。

「数式」には数値、ブックマークの値、数値を出力するフィールドや、以下で紹介する演算子や関数を自由に組み合わせて記述できます。

演算子

加減乗除などの基本的な数値計算を行うには、表54-1の算術演算子を組み合わせて記述します。

例えば加算を行うには、以下のように記述します。

{ =2+2 }

表 54-1　数式フィールド用の算術演算子

計算の種類	演算子
加算	+
減算	-
乗算	*
除算	/
百分率	%
べき乗またはべき乗根	^

もちろん、演算子は組み合わせることもできます。平方根を計算するには以下のようなフィールドを作成します。

{ =3^(1/2) }

値の比較

表54-2の比較演算子を使うと、数式フィールドの中で数値の比較を行えます。比較結果が正しい場合は1が、そうでない場合は0がそれぞれ返されます。

表 54-2 数式フィールド用の比較演算子

比較の種類	演算子
等しい	=
等しくない	<>
より小さい	<
より小さいか等しい	<=
より大きい	>
より大きいか等しい	>=

例えば、2つの値が等しいかどうかをチェックするには以下のように記述します。

{ =3=2+1 }

関数

フィールド中では、表54-3の関数を使って計算を行うこともできます。

表 54-3 数式フィールド用の関数

関数名	返り値
ABS(x)	数値または式の計算結果の絶対値を返します。例えば{ =ABS(-5) }と{ =ABS(5) }はいずれも5を返します。
AVERAGE()	引数で指定された値の平均を返します。{ =AVERAGE(1,2,3) }は2を返します。
COUNT()	引数で指定された値の個数を返します。{ =COUNT(1,2,3) }は3を返します。
DEFINED(x)	xという式が正当なものであればTRUEまたは1を返し、そうでない場合にFALSEまたは0を返します。例えば、{ =DEFINED(1/0) }はFALSEを返します。

表 54-3　数式フィールド用の関数(続き)

関数名	返り値
FALSE	必ず 0 を返します。{ =FALSE }のように利用します。
INT(x)	数値または式の計算結果の、小数点より左の部分だけを返します。{ =INT(-5.15) }は -5 を返します。
MIN()	引数で指定された値のうち、最も小さいものを返します。{ =MIN(1,2,3) }は 1 を返します。
MAX()	引数で指定された値のうち、最も大きいものを返します。{ =MAX(1,2,3) }は 3 を返します。
MOD(x,y)	x を y で割った余りを返します。例えば{ =MOD(5.15,2) }は 1.15 を返します。
PRODUCT()	引数で指定された値をすべて掛け合わせたものを返します。{ =PRODUCT(2,4,6,8) }は 384 を返します。
ROUND(x,y)	x を小数第 y 位に四捨五入した値を返します。{ =ROUND(123.456,2) }は 123.46、{ =ROUND(123.456,1) }は 123.5、{ =ROUND(123.456,0) }は 123、{ =ROUND(123.456,-1) }は 120 をそれぞれ返します。
SIGN(x)	x が正の値であれば 1、ゼロであれば 0、負の値であれば -1 を返します。例えば{ =SIGN(-123) }は -1 を返し、{ =SIGN(123) }は 1 を返します。
SUM()	引数で指定された値をすべて足し合わせたものを返します。{ =SUM(2,4,6,8) }は 20 を返します。
TRUE	必ず 1 を返します。{ =TRUE }のように利用します。

> 表の中で引数が空の()になっている関数は、任意の個数の引数をとることができます。引数を複数個指定する場合は、コンマ(,)で区切って記述します。また、引数には数値や他の数式、ブックマーク名を指定できます。

論理関数

表 54-4 のような論理関数も利用できます。

表 54-4　数式フィールド用の論理関数

関数名	返り値
AND(x,y)	式 x と y がともに 1 の場合に 1 を返し、それ以外の場合に 0 を返します。例えば{ =AND(5=2+3,3=5-2) }は 1 を返します。
OR(x,y)	式 x と y の少なくともどちらか一方が 1 の場合に 1 を返し、それ以外の場合に 0 を返します。例えば{ =OR(5=2+3,3=5-2) }は 1 を返します。

表 54-4　数式フィールド用の論理関数（続き）

関数名	返り値
NOT(x)	式 x が 0 の場合に 1 を返し、1 の場合に 0 を返します。例えば{ =(3=2+1) } という式は{ =NOT(3<>2+1) }とまったく同じ意味であり、ともに 1 を返します。
IF(x,y,z)	x には 1 または 0、あるいはこれらの値を返す式を指定します。x が 1 の合に y を返し、0 の場合に z を返します。例えば{ IF(5=2+3,2*3,2/3) }は 6 を、{ IF(5<>2+3,2*3,2/3) }は 0.67 を返します。

3 つ以上の論理式を処理する

Word の AND 関数と OR 関数は、一度に 2 つの論理式しか扱えません。3 つ以上の論理式を扱うにはこれらの関数を複数個組み合わせてもかまいませんが、もっと簡潔に書き換えることもできます。

- { =AND(AND(5=2+3,3=5-2),2=5-3) }は{ =(5=2+3)*(3=5-2)*(2=5-3) }に書き換え可能です。

- { =OR(OR(5=2+3,3=5-2),2=5-3) }は{ =((5=2+3)+(3=5-2)+(2=5-3)>0) }に書き換え可能です。また、複数の条件のうち 1 つだけが 1 であることをチェックしたい場合（排他的論理和と呼ばれます）は、{ =((5=2+3)+(3=5-2)+(2=5-3)=1) }のように記述します。ここでの 1 を 2 に書き換えれば、3 つの条件のうち 2 つが 1 であるかどうかをチェックできます。

文字列に対して論理演算を行う

数式フィールドには文字列に対する論理演算の機能は用意されていませんが、等しいか等しくないかのチェックは IF フィールド（先ほど紹介した IF 論理関数とは別物です）を活用すれば可能です。例えば以下のフィールドでは、ユーザーの入力した名前が「ボブ」だった場合には「やあ、ボブ。」と表示し、そうでなかった場合には「ボブは元気かい?」と表示します。

```
{ QUOTE { ASK  Name " 君の名前は?"}↵
{ IF { Name } = " ボブ " " やあ、ボブ。"↵
" ボブは元気かい?" } }
```

表の中のデータを参照する

Excel と同様に、Word でも数式の中で表のセルを参照できます。

セルに入力された数値を参照する

表の中のセルを参照するには、列番号をアルファベットで指定し、続けて行番号を数値で指定します。左上隅のセルがA1で、その右隣のセルがB1になります。

実際に試してみましょう。［罫線(A)］→［挿入(I)］→［表(T)...］を選択し、2列2行の表を作成します。そして表の各セルに、表54-5と同じ内容を入力します。

表54-5 セル参照のためのデータ

12	23
すぐ上のセルの値は{ =A1 }です。	上の行の値を足すと{ =A1+B1 }です。

フィールド上にカーソルを置いてF9キーを押すと計算結果が表示されます。1行目の数値を変更した場合は、フィールド上でもう一度F9キーを押してフィールドを更新する必要があります。

> Excelと異なり、Wordのフィールドには相対参照という概念はありません。すべての参照は絶対参照になり、この際ドル記号は必要ありません。つまり、ExcelでセルA1を参照するのとWordでセルA1を参照するのはまったく同じ意味を持ちます。

参照演算子

2つ以上の連続あるいは分散したセルを指定することもできます。これには表54-6で紹介する参照演算子を使います。

表54-6 セル参照のための演算子

演算子	動作	使用例
:（コロン）	セル範囲を指定します。指定された2つのセルを対角線とする四角形のセル範囲を返します。	=SUM(A1:A5)
,（カンマ）	セルまたはセル範囲を複数指定します。連続していなくてもかまいません。	=SUM(A1:A5,A10:A15,A20)

行または列全体を参照する

行または列全体を参照して合計などを計算することもできます。

- 行番号または列番号のみをセル範囲として指定します。例えば1:1は1行目全体を参照し、A:AはA列(1列目)全体を参照します。この方法では行または列全体が常に参照されるため、後でセルを追加あるいは削除しても正しく機能します。

> この方法を使って自分自身を含む行または列全体を参照した場合、フィールドを更新するたびに現在の自分自身の値も計算に含められてしまい、正しい計算結果を得られません。

- 行または列の端から端までのセル範囲を指定します。例えば行が4つある表では、D1:D4 と指定するとD列の1番目から4番目までのセルすべてが参照されます。この方法を使った場合、後でセルを追加または削除した場合に参照先を正しく変更しなければなりません。

表の外から表内のセルを参照する

表の外から表の中にあるセルを参照することもできますが、利用できる関数は以下の6つに限られます。

- AVERAGE()
- COUNT()
- MAX()
- MIN()
- PRODUCT()
- SUM()

まず、参照先の表を識別するためのブックマークを作成します。表内にカーソルを置いて［挿入(I)］→［ブックマーク(K) ...］を選択し、［ブックマーク名(B)］に例えば **Table1** と入力します。そして［追加(A)］をクリックするとブックマークが作成され、表の外からこの表を参照できるようになります。

実際に参照を行うには、たとえ1つのセルだけを参照したい場合でも上の6つの関数のいずれかを使う必要があります。先ほど作成した表にTable1というブックマークを設定した場合、この表のセル A1 を参照するには以下のようなフィールドを作成します。

    { =SUM(Table1 A1) }

本文や他の表に表内のデータを表示させたい場合や、表内のデータに基づいて計算を行いたい場合などにこのテクニックは便利です。

> アルファベットに続いて数値が現れるようなブックマーク名を作る場合、アルファベットの部分は必ず3文字以上にしましょう。そうしないと、ブックマーク名が通常のセル参照であると解釈されてしまいます。

最終行に入力されている合計の値を知る

表中のある列の値の合計を知りたいときに、合計の値がすでに最終行に入力されているということがよくあると思います。このような場合最終行のセルを参照することも可能ですが、行が挿入あるいは削除されるとセルの位置が変わってしまいます。そこで、合計が入力されている行も含めて列全体の値の合計を計算し、この値を2で割ることにします。こうすれば正しい合計の値を知ることができ、合計が入力されているセルの行番号を指定する必要もありません。例えばD列の合計を求めるには、以下のようなフィールドを作成します。

{ =SUM(Table1 D:D)/2 }

—— Paul Edstein

HACK #55 フィールドに表示される数値の表示形式を指定する

計算結果をどのように表示するかということは、実際の計算と同じくらい重要です。ここでは、フィールドによる計算結果の表示形式を自由に指定する方法を紹介します。

フィールドを使って計算を行った場合、その計算結果をどのように表示するか指定したいことがよくあります。例えば、計算結果は小数第3位を四捨五入し、先頭に通貨記号を表示したいといったケースが考えられます。このような場合、**[Hack #54]** の冒頭で紹介した「数値の表示形式」を利用します。

表示形式にはさまざまな種類があり、¥# に続けて指定します。

例えば以下のようなフィールドを作成してみましょう。

{ =2+2 ¥# 00.0000 }

このフィールド上にカーソルを置いてF9キーを押すと、指定された表示形式に基づいて計算結果が 04.0000 と表示されます。

0 という表示形式を指定すると、計算結果は四捨五入されて整数になります。例えばこのフィールドの計算結果は 3 と表示されます。

{ =3.1415 ¥# 0 }

表示形式を指定しなかった場合、Word内部で定義されているルールが適用され、計算結果を整数として表示するか小数第1位または2位まで表示するかが決定されます。

表示形式の中で通貨記号を指定することもできます。以下のフィールドの計算結果は $82.37 と表示されます。なお、円記号を表示させたい場合は¥¥のように2つ続けて記述する必要があります。

{ =50+32.37 ¥# $00.00 }

表示形式を組み合わせる

　実は、表示形式は一度に3つまで指定できます。3つの表示形式をセミコロンで区切って指定すると、先頭から順に正の値、負の値、ゼロに対してそれぞれの表示形式が適用されます。今までの例のように1つしか表示形式を指定しなかった場合は、すべての値に対して同じ表示形式が適用されます。例えば正の値はそのままで、負の値はカッコで囲んで表示したい場合には、#;(#)という表示形式を指定すればOKです。

　表示形式として何も指定しなかった場合、その値は表示されません。例えば#;;という表示形式を使うと、正の値しか表示されなくなります。

　#;-#;φという表示形式を指定すると、計算結果がゼロであった場合にφという文字を表示します。この文字を入力するには、NumLockを有効にしてからAltキーを押し、そのままテンキーで0216と入力します。また、以下のような表示形式を指定すると、正の値には「利益」、負の値には「損失」という文字列がそれぞれ先頭に追加されて表示されます。計算結果がゼロであった場合は「損得なし」と表示されます。ここでスペースの直前に円記号を入力しているのは、このスペースをそのまま表示するようWordに伝えるためです。

　　　利益¥ $,0.00;損失¥ $,0.00;損得なし

　表示形式を使って文字列を表示しても、実際の計算結果は数値のままであり、この数値を使ってさらに計算を行うこともできます。一方IFなどを使って文字列を表示するようにした場合、計算結果の数値は失われてしまいます。

　また、表示形式の文字列に指定したフォント関連の書式は実際の表示にも反映されます。例えば上の例では「利益」が青、「損失」が赤、「損得なし」が緑でそれぞれ表示されるように書式設定することもできます。

—— Paul Edstein

HACK #56 フィールドを使って複雑な計算を行う

フィールドをいくつか組み合わせれば、難しい計算も可能になります。

　[Hack #54]で紹介した数式フィールドを使えば、Word上で必要であろう計算のほとんどを行えます。しかしより複雑な計算を行うには、その内容に基づいて数式フィールドを複数組み合わせる必要があります。ここではこのような組み合わせの例として、対数と三角関数の計算を取り上げます。

対数の計算

ここで紹介するフィールドを更新しようとすると、まず数値の入力を求められます。Wordには対数を計算する機能が用意されていないので、テイラー展開の手法を使って近似値を計算します。

```
{ QUOTE
{ SET l2l 0.301029995663981 }
{ SET l3l 0.477121254719662 }
{ SET l5l 0.698970004336019 }
{ SET l7l 0.845098040014257 }
{ SET l11l 0.0413926851582251 }
{ SET l13l 0.113943352306837 }
{ SET l17l 0.230448921378274 }
{ SET l19l 0.278753600952829 }
{ ASK z "真数を入力してください" }
{ SET a { =abs(z) } }
{ SET b { =9-(a<10^9)-(a<10^8)-(a<10^7)-(a<10^6)-
(a<10^5)-(a<10^4)-(a<10^3)-(a<10^2)-(a<10^1)-
(a<10^0)-(a<10^-1)-(a<10^-2)-(a<10^-3)-(a<10^-4)-
(a<10^-5)-(a<10^-6)-(a<10^-7)-(a<10^-8) } }
{ SET c { =int(a/10^b)+mod(a,10^b)/10^b } }
{ SET d { =(c<1.05)*0+(c>=1.05)*(c<1.2)*l11l+(c>=1.2)*(c<1.5)*l13l+
(c>=1.5)*(c<1.8)*l17l+(c>=1.8)*(c<1.95)*l19l+(c>=1.95)*(c<2.5)
*l2l+(c>=2.5)*(c<3.5)*l3l+(c>=3.5)*(c<4.5)*l2l*2+(c>=4.5)
*(c<5.5)*l5l+(c>=5.5)*(c<6.5)*(l2l+l3l)+(c>=6.5)*(c<7.5)
*l17l+(c>=7.5)*(c<8.5)*l2l*3+(c>=8.5)*l3l*2 } }
{ SET e { =a-10^(b+d) } }
{ SET f { =b+d+0.434294481903251*((e/10^(b+d))
-(e/10^(b+d))^2/2+(e/10^(b+d))^3/3-(e/10^(b+d))
)^4/4+(e/10^(b+d))^5/5-(e/10^(b+d))^6/6+(e/10^(b+d))
)^7/7-(e/10^(b+d))^8/8+(e/10^(b+d))^9/9-(e/10^(b+d))
)^10/10) } }
"{ a }の常用対数は{ IF{ =10^b } = a "" "およそ" }{ f }です。" }
```

このフィールドの有効数字は13桁です。これで多くの場合は十分かと思われますが、より大きい(あるいはより小さい)値を扱いたい場合は変数 b の値を適宜変更してください。

> 定数の値(上のフィールド中のl2lなど)は、一度定義すれば文書中のどこからでも利用できます。

三角関数の計算

sin、cos、tan などの三角関数を計算する機能も Word には用意されていません。そこで、ここでもテイラー展開を使って近似を行います。図56-1 のように、角度を入力すると三角関数の値が表示されるようにしてみましょう。

角度	sin	cos	tan
30	0.500000	0.866025	0.577350

図 56-1　入力された角度に対応する三角関数の値

まず、2 行 × 4 列の表を作成します。1 行目には、左から順に**角度**、**sin**、**cos**、**tan** と入力します。2 行目には、これから紹介するフィールドをそれぞれ入力してください。

φ という文字を入力するには、まず NumLock 状態にして、Alt キーを押しながらテンキーで 0216 と入力します。

角度

2 行目の左端のセルには以下のフィールドを作成します。

```
{ QUOTE { ASK φ "角度を入力してください" } { φ } }
```

sin

2 番目のセルには以下のフィールドを作成してください。

```
{ QUOTE↵
{ SET x { =0.0174532925199433*(1+MOD(φ -1,90)) } }↵
{ SET Sin φ {↵
=x-x^3/6+x^5/120-x^7/5040+x^9/362880-x^11/39916800+x^13/6227020800 } }↵
{ =Sin φ *(1-MOD(INT(φ /180),2)*2) ¥# 0.000000 } }
```

cos

3 番目のセルには次のフィールドを作成してください。

```
{ QUOTE↵
{ SET x { =0.0174532925199433*(1+MOD(φ -1,90)) } }↵
{ SET Cos φ { =1-x^2/2+x^4/24-x^6/720+x^8/40320-x^10/3628800+↵
x^12/479001600-x^14/87178291200 } }↵
{ =Cos φ *(1-MOD(INT((φ +90)/180),2)*2) ¥# 0.000000 } }
```

tan

最後に、4 番目のセルに以下のフィールドを入力します。

```
{ QUOTE↵
{ SET x { -0.0174532925199433*(1+MOD(ψ -1,90)) } }↵
{ SET Tan φ { =(x-x^3/6+x^5/120-x^7/5040+x^9/362880-↵
x^11/39916800+x^13/6227020800)/(1-x^2/2+x^4/24-x^6/720↵
+x^8/40320-x^10/3628800+x^12/479001600-x^14/87178291200) } }↵
```

```
{ IF { =(1+MOD(φ -1,90))=90 } = 1 "Infinite" { =Tan φ *((1+MOD(φ -1,90))↵
<>90)*(1-MOD(INT(φ /180),2)*2)*(1-MOD(INT((φ +90)/180),2)↵
*2) \# 0.000000 } } }
```

別の角度を入力して計算をしなおすには、表全体を選択してから F9 キーを押します。

—— Paul Edstein

HACK #57 図表番号の機能を拡張する

Wordに用意されている図表番号の機能を使うと、連番以外には組み込みで用意されている章番号しか含めることができません。ここではこの制約を打破するHackを紹介します。

　図表番号に章番号を含めたい場合、Wordに組み込みの見出しレベルを指定する必要があります。つまり、見出し以外のスタイルを使って章番号を作成した場合、この番号を図表の番号に含めることはできません。しかしここで紹介する2種のフィールドを組み合わせると、任意のスタイルによって作成された章番号を図表番号の中で利用できます。以下の例では、ChapterLabelというスタイルを作成し、このスタイルによって作成される番号を図表番号に取り込んでみます。

　図表番号を表示させたい場所にカーソルを移動し、「図」と入力します。次に、［挿入(I)］→［フィールド(F) ...］を選択し、［フィールドの名前(F)］で［StyleRef］、［スタイル名(N)］で［ChapterLabel］をそれぞれ選びます。そして［段落番号の挿入(G)］をクリックします（図57-1）。

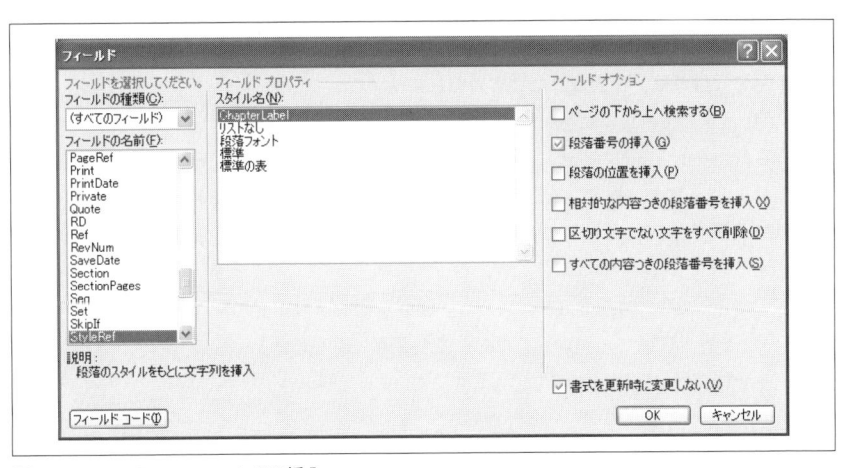

図 57-1　StyleRef フィールドの挿入

```
図 { STYLEREF  ChapterLabel ¥n  ¥* MERGEFORMAT }
```

図 57-2　StyleRef フィールド

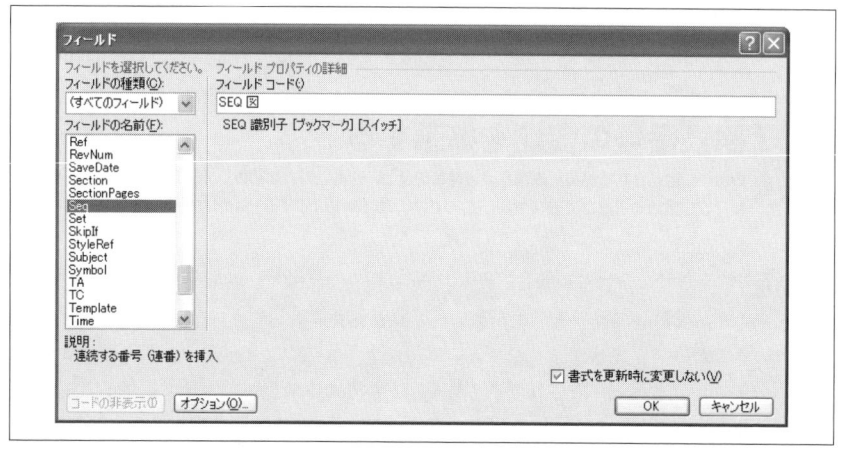

図 57-3　Seq フィールドの挿入

> ChapterLabelスタイルはあらかじめ作成し、実際に文書の中で使用しておいてください。

　最後に［OK］をクリックすると、フィールドが文書中に挿入されます。フィールドコードを常に表示する設定（［ツール(T)］→［オプション(O)...］を選択し、［表示］タブの［フィールドコード(F)］をチェック）の場合、図57-2のように表示されているはずです。もしこのような表示でなければ、挿入された文字列を右クリックして［フィールドコードの表示/非表示(T)］を選択してみてください。

　挿入されたフィールドの直後にハイフンを入力し、続いて［挿入(I)］→［フィールド(F) ...］を選択します。［フィールドの名前(F)］から［Seq］を選び、［フィールドコード(;)］で「SEQ」に続けて「図」と入力します。ここまでの状態を図57-3に示します。最後に［OK］をクリックします。

　これででき上がりです。図57-4の1行目のような図表番号が表示されているはずです。参考のため、2行目にはフィールドコードを表示させてみました。

　図表番号に続けて、図の説明を記入してください。

```
図 1-1
図 { STYLEREF ChapterLabel ¥n ¥* MERGEFORMAT }{ SEQ 図 ¥* MERGEFORMAT }
```

図 57-4 フィールドコード(2 行目)とその表示結果(1 行目)

```
図 { STYLEREF 1 ¥s }-{ SEQ 図 ¥* ARABIC ¥s 1 }
```

図 57-5 組み込みの図表番号を使った場合のフィールドコード

> 次の節では、マクロを使ってこのような図表番号を自動生成してみます。ただし、マクロを作るほどの必要もないというような場合にはフィールドコードをコピー&ペーストするのもよいでしょう。

細かい部分が若干異なりますが、Word に組み込みの図表番号も実は StyleRef と Seq のフィールドを使っています。図 57-5 の例では、[見出し 1] スタイルの段落番号を図表番号に含めています。

図表番号を自動生成する

マクロを使えば図表番号の挿入もずいぶんと簡単になります。以下のコードは、実際に本書の執筆の際に使用したものを元にしています。

```
Sub InsertFigureCaption()
Dim bIsParagraphEmpty As Boolean

With Selection
    .Expand wdParagraph
    If .Characters.Count = 1 Then bIsParagraphEmpty = True
    .Collapse wdCollapseStart
    .Style = "図表番号"
    .InsertBefore "図 "
    .Collapse wdCollapseEnd
    .Fields.Add _
        Range:=Selection.Range, _
        Type:=wdFieldStyleRef, _
        Text:="¥s ChapterLabel", _
        PreserveFormatting:=True
    .Collapse wdCollapseEnd
    .InsertAfter "-"
    .Collapse wdCollapseEnd
    .Fields.Add _
        Range:=Selection.Range, _
        Type:=wdFieldSequence, _
        Text:="図", _
```

```
        PreserveFormatting:=True
    .InsertAfter " "
    .Collapse wdCollapseEnd
    If bIsParagraphEmpty = True Then
        .InsertAfter "図の説明をここに入力"
    Else
        .Expand wdParagraph
    End If
End With
End Sub
```

マクロ実行時の段落に文字列が含まれている場合、この文字列は図の説明文として扱われます。そうでない場合はダミーの文字列が説明文として表示されるので、後で適切な説明文に置き換えてください。

HACK #58 文書に通し番号を付ける

多くの場合、注文書や請求書などの文書には通し番号が付いています。この番号は文書ごとに1ずつ加算され、同じ番号を持つ文書が複数存在することはありません。このような通し番号を自動で作成する方法をここでは紹介します。

例えば請求書を作成する場合、既存のテンプレートを元に作業することが多いと思われます。図 58-1 は Microsoft のサイトからダウンロードできるテンプレートの例です。

この種のテンプレートでは、MACROBUTTON フィールド（**[Hack #51]** 参照）を使って請求書番号などの必要事項を簡単に入力できるようになっているものもあります。

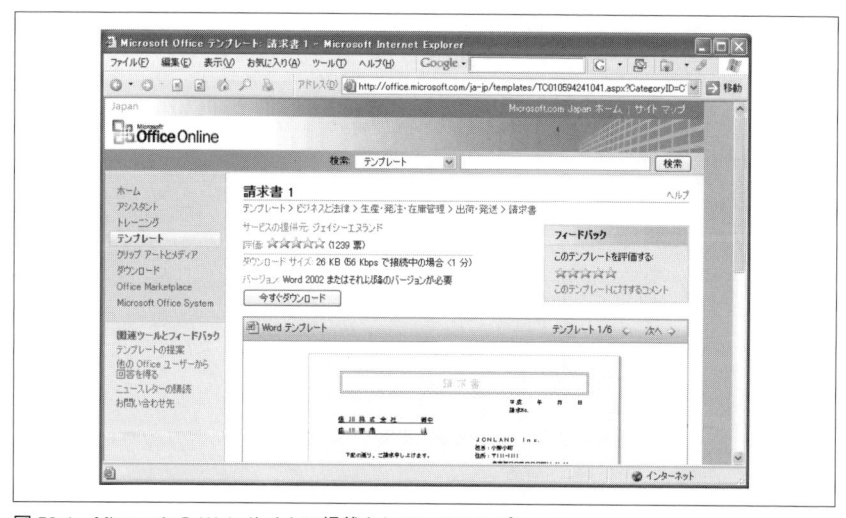

図 58-1　Microsoft の Web サイトに掲載されているテンプレート

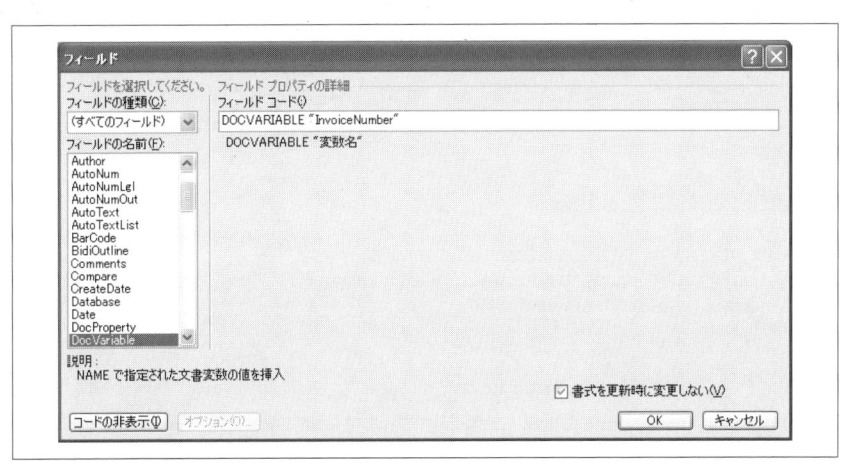

図 58-2　DOCVARIABLE フィールドの作成

しかしMACROBUTTONフィールドを使ったとしても、請求書番号そのものをどうやって管理するかという問題は残ります。最後に発行した請求書番号を忘れてしまった場合にはトラブルが予想されます。そこで、**[Hack #43]** で紹介したオートマクロを使って請求書番号の作成を自動化してみましょう。

まず、テンプレートを用意する必要があります。Microsoft の Web サイトからダウンロード（Word 2002 以降では［新しい文書］作業ウィンドウからアクセスできます）しても、自分で作成した文書をテンプレートとして保存してもかまいません。

請求書番号を表示させたい場所にカーソルを置き、［挿入(I)］→［フィールド(F)...］を選択します。［フィールドの名前(F)］で［DocVariable］を選び、［フィールドコード(I)］をクリックします。そして［フィールドコード(:)］の欄に、「DOCVARIABLE 」に続けて**"InvoiceNumber"** と入力します（図 58-2）。

コード

次に、請求書番号を管理するためのマクロを作成します。［ツール(T)］→［マクロ(M)］→［Visual Basic Editor (V)］を選択し、続いて［挿入(I)］→［標準モジュール(M)］を選択します。そして以下のコードを入力します。

```
Sub AutoNew()
Dim sINIFile As String
Dim sCurrentNumber As String
sINIFile = "C:\InvoiceTemplate.ini"
```

```
    sCurrentNumber = System.PrivateProfileString(sINIFile, _
        "CurrentInvoice", "Number")
    If Len(sCurrentNumber) = 0 Then
        sCurrentNumber = CStr(1)
    End If

    ActiveDocument.Variables("InvoiceNumber") = sCurrentNumber
    ActiveDocument.Fields.Update

    sCurrentNumber = CStr(CInt(sCurrentNumber) + 1)
    System.PrivateProfileString(sINIFile, "CurrentInvoice", _
        "Number") = sCurrentNumber
End Sub
```

このマクロでは、C:¥InvoiceTemplate.ini という.ini ファイル（**[Hack #49]** 参照）を利用して請求書番号を管理しています。このファイルが存在しない場合は空のファイルが自動生成され、請求書番号が 1 にリセットされます。そしてファイルから読み込まれた請求書番号は、InvoiceNumber という「文書変数」にセットされます。先ほど作成したフィールドでは、この文書変数の値を使って請求書番号を表示しています。文書変数というのは文書のプロパティ（［ファイル(F)］→［プロパティ(I)］を選択したときに表示されるもの）に似ていますが、マクロの中でのみ作成あるいは変更できるという点が異なります。最後に、.ini ファイル中の請求書番号を 1 つ加算してこのマクロは終了します。

変更を保存してテンプレートをいったん閉じます。［ファイル(F)］→［新規作成(N)...］を選択して（ここでは［標準］ツールバーの［新規作成］をクリックしてはいけません）、このテンプレートに基づいて文書を新規作成します。すると、新規作成のたびに請求書番号が 1 ずつ加算されてゆきます。

請求書番号を別の値に変更したい場合は、C:¥InvoiceTemplate.ini をテキストエディタで開いて Number=4 の部分を編集します（図 58-3）。例えばここの 4 を 100 に変更すると、次に作成される請求書の番号は 100 になります。

図 58-3　請求書番号を手作業で変更する

HACK #59 相互参照の作成を自動化する

［相互参照］ダイアログボックスには一度に数個の参照先しか表示できないため、長い文書で作業しているときに不便です。そこで、このダイアログボックスを開くことなく相互参照を自動生成する方法をここでは紹介します。

　［相互参照］ダイアログボックス（［挿入(I)］→［参照(N)］→［相互参照(R)...］、Wordのバージョンによっては［挿入(I)］→［クロス リファレンス(R)...］）には一度に最大8個あるいは9個ずつしか参照先の項目を表示できません。このようなダイアログボックスを作ったWordの開発者は、あまりWordで文書を作成したことがなかったのかもしれません。ちょっと長い文書で作業していれば、見出しや図表番号などの参照項目はすぐに1画面には収まらなくなってしまいます。

　相互参照を作成するというのは、［相互参照］ダイアログボックス（図 59-1）で参照先を示す特殊な文字列を選択し、それに対応する実際の文字列をカーソル位置に挿入するということを意味します。しかし［相互参照］ダイアログボックスには限られた数の参照先しか表示できないため、参照先の項目がたくさんある場合はスクロールバーを使うことになります。文書が長ければ長いほど参照先の項目数も増え、相互参照の作業の手間も増大します。

　この Hack では、見出しへの相互参照を自動生成する方法を2つ紹介します。いずれの方法も、選択されている文字列を文書中の見出しと比較し、一致すればその文字列を相互参照に変換します。

Word 内部での処理をまねる

　1つ目の方法では、Word VBAに用意されている GetCrossReferenceItems メソッドを使います。このメソッドは、参照先の候補のリストを返します。Word では参照先のリストを随時

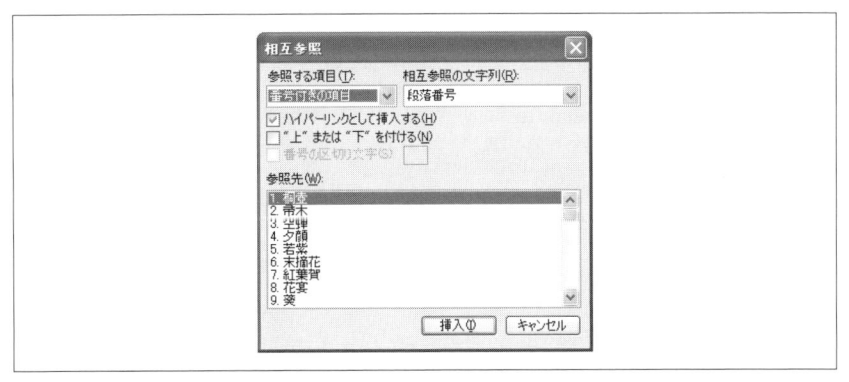

図 59-1 ［相互参照］ダイアログボックス

バックグラウンドで更新しているため、このメソッドの実行は非常に高速です。したがってこのマクロの実行時間は次に紹介するものと比べてかなり短いのですが、速度と引き換えにいくつかの点が犠牲になっています。例えば、[相互参照]ダイアログボックスの[参照する項目(T)]に表示されているもの(組み込みの見出しなど)以外は参照できません。つまり見出し用のスタイルを自分で作成している場合などには、このマクロを使って相互参照を作成することはできません。

マクロの保存方法については**[Hack #40]**、実行方法については**[Hack #2]**をそれぞれ参考にしてください。

図59-1の例の場合、例えば「1. 桐壺」と入力し、この文字列を選択してInsertAutoXRefマクロを実行してみてください。文字列が入力されていた位置に相互参照が挿入されているはずです。なお、複数の段落が選択されていた場合、マクロは何もせずに終了します。

```
Sub InsertAutoXRef()

Dim sel As Selection
Dim doc As Document
Dim vHeadings As Variant
Dim v As Variant
Dim i As Integer

Set sel = Selection
Set doc = Selection.Document

' 複数の段落が選択されていた場合、何もせずに終了します
If sel.Range.Paragraphs.Count <> 1 Then Exit Sub

' 先頭と末尾にスペースや段落記号がある場合は切り詰めます
sel.MoveStartWhile cset:=(Chr$(32) & Chr$(13)), Count:=sel.Characters.Count
sel.MoveEndWhile cset:=(Chr$(32) & Chr$(13)), Count:=-sel.Characters.Count

vHeadings = doc.GetCrossReferenceItems(wdRefTypeHeading)

i = 1
For Each v In vHeadings
    If Trim (sel.Range.Text) = Trim (v) Then
        sel.InsertCrossReference _
            referencetype:=wdRefTypeHeading, _
            referencekind:=wdContentText, _
            referenceitem:=i
        Exit Sub
    End If
i = i + 1
Next v

MsgBox " 相互参照に変換できません: " & sel.Range.Text
End Sub
```

> ・エラー！ 参照元が見つかりません。

図 59-2　自分自身を参照しようとして発生するエラー

　このコードが持つ制約は他にもいくつかあります。例えば同じ文字列を持つ見出しが複数ある場合、先に現れたものが自動的に選択され、2つ目以降の候補は無視されてしまいます。上の例のように見出しに段落番号が付いていれば問題ありませんが、付いていない場合にこの制約が問題となります。例えば本書では「さらなる Hack」という見出しがたくさん使われていますが、これらの中から1つを適切に選ぶということはできません。
　また、このマクロを使った場合自分自身を相互参照してしまう危険性もあります。見出しそのものを選択してこのマクロを実行すると、参照先であるはずの文字列が参照元の文字列に置換されてしまい、図 59-2 のようなエラーメッセージが表示されます。
　このように不注意で見出しを削除してしまうというトラブルは、［相互参照］ダイアログボックスを使っていても発生します。自分自身を参照するとエラーメッセージが表示されますが、そのときにはすでに見出しは削除されてしまっています。

よりよい方法

　ここで紹介するコードは上のコードよりも実行時間の面では劣りますが、柔軟性に富んでおりさまざまな場面に応用できます。なお、このコードを使った場合でも上で触れた「同じ文字列を持つ見出しが複数ある場合」の問題は解決できません。
　このコードでは、Wordに組み込みのスタイルを使っている段落だけでなくすべての段落がチェックの対象になります。つまり、例えば欄外記事用などに自分で作成した見出しスタイルも参照できます。
　さらにこのコードでは、現在選択されている文字列が参照先にならないかどうかをちゃんとチェックします。このおかげで、自分自身を参照してしまうことを防げます。
　このコードは5つのプロシージャに分かれています。`MakeAutoXRef`プロシージャが本体で、他の4つは相互参照を作成するための補助的な役割を果たします。これら5つのプロシージャはすべて同じテンプレートに保存（[Hack #40]参照）してください。実行するときには、文字列を選択してから`MakeAutoXRef`を実行してください。
　まず`MakeAutoXRef`プロシージャについて説明します。これは以下で紹介する他の4プロシージャとともに、文書中の各段落をチェックします。そして選択されている文字列と一致した場合、一致した文字列を含むブックマークを作成し、選択されている文字列をこのブックマークへの参照に置き換えます。一致した文字列がすでにブックマークになっている場合は、そのブックマークをそのまま使います。

```
Sub MakeAutoXRef()
Dim sel As Selection
Dim rng As Range
Dim para As Paragraph
Dim doc As Document
Dim sBookmarkName As String
Dim sSelectionText As String
Dim lSelectedParaIndex As Long

Set sel = Selection
Set doc = sel.Document

If sel.Range.Paragraphs.Count <> 1 Then Exit Sub

lSelectedParaIndex = GetParaIndex(sel.Range.Paragraphs.First)

sel.MoveStartWhile cset:=(Chr$(32) & Chr$(13)), Count:=sel.Characters.Count
sel.MoveEndWhile cset:=(Chr$(32) & Chr$(13)), Count:=-sel.Characters.Count

sSelectionText = sel.Text

For Each para In doc.Paragraphs
    Set rng = para.Range
    rng.MoveStartWhile cset:=(Chr$(32) & Chr$(13)), _
        Count:=rng.Characters.Count
    rng.MoveEndWhile cset:=(Chr$(32) & Chr$(13)), _
        Count:=-rng.Characters.Count
    If rng.Text = sSelectionText Then
        If Not GetParaIndex(para) = lSelectedParaIndex Then
            sBookmarkName = GetOrSetXRefBookmark(para)
            If Len(sBookmarkName) = 0 Then
                MsgBox "ブックマークを作成または取得できません"
                Exit Sub
            End If
            **sel.InsertCrossReference _
                referencekind:=wdContentText, _
                referenceitem:=doc.Bookmarks(sBookmarkName), _
                referencetype:=wdRefTypeBookmark, _
                insertashyperlink:=True**
            Exit Sub
        End If
    End If
Next para

MsgBox "該当するブックマークはありません"
End Sub
```

コード中の太字の部分で、相互参照が実際に作成されます。先ほどのコードとやや似ているのが分かると思います。

補助用プロシージャ

次のプロシージャを使うと、ブックマーク名に使ってはいけない文字列が削除されます。ただし、スペースについては別のプロシージャの中でアンダースコアに置き換えられます。

```
Function RemoveInvalidBookmarkCharsFromString(ByVal str As String) As String
    Dim i As Integer
    For i = 33 To 255
        Select Case i
            Case 33 To 47, 58 To 64, 91 To 96, 123 To 255
                str = Replace(str, Chr (i), vbNullString)
        End Select
    Next i
    RemoveInvalidBookmarkCharsFromString = str
End Function
```

ConvertStringRefBookmarkNameプロシージャは、文字列を受け取って適切なブックマーク名を生成します。ブックマーク名の文字列には、他と区別するためのXREFという語と5桁のランダムな数字が追加されます。

また、このプロシージャを実行すると文字列中のスペースがアンダースコアに変換されます。つまり、「Word Hacks」という文字列は「XREF56774_Word_Hacks」のような形式に変換されます。通常の方法でブックマークを作成すると「_Ref45762234」のようなブックマーク名になってしまいますが、これよりは分かりやすくなっています。

```
Function ConvertStringRefBookmarkName(ByVal str As String) As String
    str = RemoveInvalidBookmarkCharsFromString(str)
    str = Replace(str, Chr$(32), "_")
    str = " " & str
    str = "XREF" & CStr(Int(90000 * Rnd + 10000)) & str
    ConvertStringRefBookmarkName = str
End Function
```

GetParagraphIndexプロシージャを使うと、ある段落が文書中で何番目に位置するかが分かります。2番目の段落に対してこれを使うと2という値が返されます。

```
Function GetParagraphIndex(para As Paragraph) As Long
    GetParagraphIndex = _
        para.Range.Document.Range(0, para.Range.End).Paragraphs.Count
End Function
```

ブックマークを含んでいない段落に対して以下のGetOrSetXRefBookmarkプロシージャを呼び出すと、その段落に対してブックマークが作成され、そのブックマーク名が返されます。すでにブックマークを含んでいる段落に対しては、そのブックマークの名前が返されます。

```
Function GetOrSetXRefBookmark(para As Paragraph) As String
    Dim i As Integer
```

```
    Dim rng As Range
    Dim sBookmarkName As String

    If para.Range.Bookmarks.Count <> 0 Then
        For i = 1 To para.Range.Bookmarks.Count
            If InStr(1, para.Range.Bookmarks(i).Name, "XREF") Then
                GetOrSetXRefBookmark = para.Range.Bookmarks(i).Name
                Exit Function
            End If
        Next i
    End If

    Set rng = para.Range
    rng.MoveEnd unit:=wdCharacter, Count:=-1
    sBookmarkName = ConvertStringRefBookmarkName(rng.Text)
    para.Range.Document.Bookmarks.Add _
        Name:=sBookmarkName, _
        Range:=rng
    GetOrSetXRefBookmark = sBookmarkName
End Function
```

Hack の実行

このマクロにキーボードショートカットを割り当てると、いちいちメニューを操作する必要がなくなりさらに作業の効率がアップします。

まず［ツール(T)］→［ユーザー設定(C)...］を選択し、［キーボード(K)...］をクリックします。このマクロが保存されているテンプレートを［保存先(V)］に指定し、［分類(C)］の中から［マクロ］を選びます。［マクロ(O)］に表示されている［MakeAutoXRef］を選び、好きなキーボードショートカットを指定してください。

HACK #60 文書間で相互参照を行う

複数のWord文書にまたがって相互参照を行う方法を紹介します。

相互参照を行う場合、通常は他の文書中のデータを参照することはできません。しかし、書籍などでは複数の文書に分けて執筆されることがよくあります（かつてはWord自身が文書の分割を推奨しており、Word 2.0のマニュアルには「文書が20ページを超える場合、複数の文書に分割しましょう」という記述があったほどです）。このような場合、ちょっとした工夫が必要になります。

相互参照には、「参照元」と「ターゲット」という2つの構成要素があります。Webのハイパーリンクにたとえると、リンクの文字列が参照元に対応し、リンク先のURLがターゲットに対応しています。複数の参照元から同じターゲットを参照することは可能ですが、1つの参照元が複数のターゲットを参照することはできません。また、ターゲットはURLのよう

に、重複のない識別子を持っていなければなりません。

相互参照の仕組み

　［挿入(I)］→［参照(N)］→［相互参照(R)...］または［挿入(I)］→［クロス リファレンス(R)...］（Wordのバージョンによって異なります）を選択すると、図60-1のようなダイアログボックスがまず表示されます。ここでは段落や図表などを参照できますが、他の文書中のテキストを参照することはできません。

　相互参照を挿入すると、ターゲットのテキストに対して「ブックマーク」が自動生成されます。このブックマークがターゲットの識別子になります。ただしこのブックマークは非表示であり、［挿入(I)］→［ブックマーク(K)...］を選択して［自動的に挿入されたブックマークを表示する(H)］をチェックすると、ブックマークの名前だけは確認できます（図60-2）。もしチェックされているにもかかわらずブックマーク名が表示されない場合は、いったん

図60-1　［相互参照］ダイアログボックス

図60-2　相互参照のために挿入されたブックマーク

図 60-3　たくさんの自動生成されたブックマーク

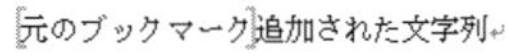

図 60-4　ブックマークに含まれない文字列

チェックを外してからチェックしなおしてください。

　この種のブックマークには、重複を避けるために「_Ref105440027」のような名前が付けられています。ちなみに先頭にアンダースコアが付いていると、そのブックマークは非表示になります。

　このような名前付けによって確かに重複は避けられますが、ユーザーにとってはほとんど意味がありません。例えばあるブックマークがどのターゲットに対応しているか調べたい場合、図 60-3 のように紛らわしいブックマークがたくさんあると途方に暮れてしまいます。

　これから説明するように、ターゲットの文字列を編集しようとすると多くの奇妙な問題に遭遇します。これらの問題に対処するためにも、あるブックマークが本文中のどこに対応しているか知ることは重要です。例えばターゲットの末尾に何か文字列を追加しても、参照元の表示には反映されません。このことを確認するために、適当なブックマークを自分で作成し、その末尾に文字列を追加してみましょう。すると図 60-4 のように、追加した文字列がブックマークの範囲に含まれていないことが分かります（自分で作成したブックマークについては、［ツール（T）］→［オプション（O）...］を選択して［表示］タブで［ブックマーク（K）］をチェックすれば表示されます）。この問題は、ブックマークが自動生成されたものか自分で作成したものかにかかわらず発生します。

　このような問題を避けるためには、ブックマーク中の最後から2番目の文字の後に文字列を挿入し、その後で最後の文字を削除するといった手順が必要になります。しかし他にも問題はあります。ブックマークの先頭に文字列を追加するのは問題なく可能ですが、ブックマークの直前に空行を入れようとして行頭で改行すると、図60-5のようにその空行もブック

```
    [・
  元のブックマーク]
```

図 60-5　ブックマークに含まれてしまう空行

マークの中に含まれてしまいます。

　さて、相互参照の仕組みと問題点が明らかになったところで、いよいよ文書間での相互参照に話題を移しましょう。

INCLUDETEXT フィールドを使った相互参照

　別の文書中の文字列を参照するには、Wordに用意されている相互参照の考え方をそのまま利用します。ターゲットにブックマークを設定し、そのブックマークを参照元から参照するという方法をとります。

> この方法を使う場合、関連する文書はすべて同じフォルダに置いてください。こうすることによって、ファイルを別のフォルダへ移動しても参照関係が崩れにくくなります。

　例えば、「1章.doc」から「6章.doc」までの6つの文書があり、「3章.doc」から「2章.doc」中の見出し文字列を参照したいとします。

　まず、ターゲットが含まれている「2章.doc」を開きます。次にターゲットとなる見出しを、行末の段落記号は除いて選択します。この状態で［挿入(I)］→［ブックマーク(K)...］を選択し、図 60-6 のように分かりやすいブックマーク名を設定して［追加(A)］をクリックし

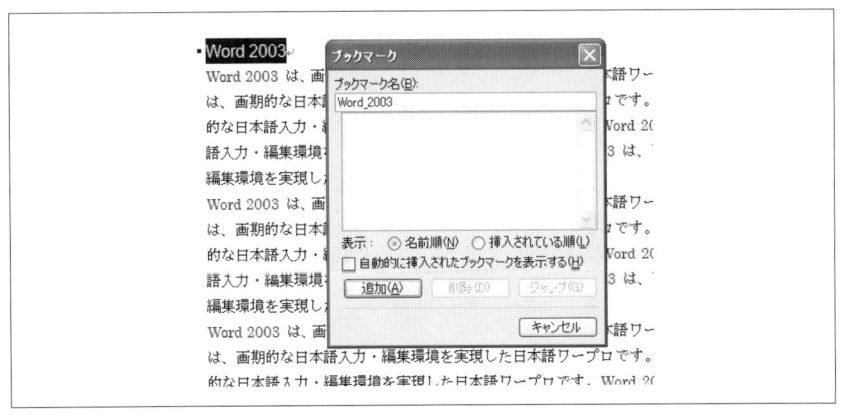

図 60-6　ブックマークに分かりやすい名前を付ける

ます。ブックマーク名の中ではスペースなどの文字が使えず、もしこのような文字が入力されている場合は［追加(A)］がクリックできないようになっています。

ブックマークを表示する設定にしている場合、ブックマークの前後に灰色（Word のバージョンによっては黒）の角カッコが表示されますが、これは印刷されないので心配ありません。

> ブックマークの先頭や末尾を誤って削除または移動してしまうことがないよう、ブックマークは常に表示させておき、最終的な出力は印刷プレビューを使って確認するとよいでしょう。

次に「3章.doc」を開きます。相互参照を挿入したい場所に移動し、Ctrl+F9 を押します。するとフィールド文字（太字の中カッコの対）が表示されるので、その間に以下の内容を入力します。

    INCLUDETEXT "2章.doc" ブックマーク名

ファイル名は二重引用符で囲みますが、ブックマーク名には引用符を使わないという点に注意が必要です。

F9 キーを押すと、フィールドを挿入した位置にブックマークの文字列が表示されます。［ツール(T)］→［オプション(O)...］を選択し、［表示］タブで［フィールドの網かけ表示(:)］を［表示する］に指定しておくと、図60-7のように相互参照している部分を簡単に識別できます。

> 参照先のファイルがちゃんと同じフォルダに存在するにもかかわらず、「エラー！ ファイル名が正しくありません。」というエラーメッセージが表示されることがあります。このような場合は、［ファイル(F)］→［開く(O)］を選択し、ファイルが存在するフォルダに移動してから［キャンセル］をクリックします。そしてフィールド上でF9 キーを押すと、今度は正しく相互参照が行われます。

INCLUDETEXT を使った場合に挿入されるのは、ブックマークの文字列だけではありません。「3章.doc」のブックマーク一覧を見ると、ブックマークそのものも取り込まれていることが分かります。

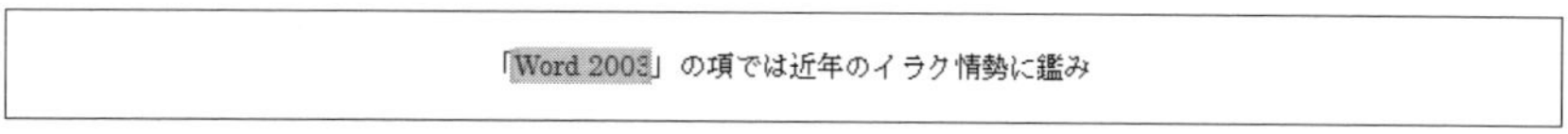

「Word 2003」の項では近年のイラク情勢に鑑み

図 60-7　他の Word 文書への相互参照

ターゲットの中にSEQ(**[Hack #57]**参照)などのフィールドが含まれていても、これらはそのまま参照元の文書に取り込まれてしまいます。このような場合、不正な連番が表示されてしまうことがあります。

相互参照については、「相互参照の作成を自動化する」(**[Hack #59]**)でも紹介しています。

HACK #61 フィールドコードと文字列を相互変換する

Web上で見つけたフィールドコードのサンプルを使うときなどには、フィールドコードを通常の文字列に変換したり、その逆の変換ができたりすると便利だと思いませんか?

　Word以外の世界(例えば本書など)でフィールドコードを表現するのは、フィールド文字(本書では太字の中カッコで表示されます)がWordにとって特別な意味を持つため面倒です。例えば本書「はじめに」の「参考資料」で紹介した情報交換用Webサイトなどに、うまく動作しないフィールドコードを投稿してアドバイスを求めたい場合について考えてみましょう。フィールドの処理結果は、Ctrl+Shift+F9を押すだけで簡単に文字列へ変換できます。しかしフィールドコードそのものを文字列に変換するのは簡単ではありません。

> フィールドの処理結果とは、フィールドコードによる処理の結果表示される文字列を指します。ページ番号や今日の日付などがこれに該当します。一方、「フィールドコード」とはフィールドの中で使用される、処理のためのコマンドを表します。簡単な例として、今日の日付を表示するDATEフィールドコードを使ってみましょう。まず文書中でCtrl+F9を押し、フィールド文字を挿入します。次に、このカッコの間にDATEと入力します。大文字で入力する必要はありませんが、本書では慣習的にフィールドコードをすべて大文字で表示しています。そしてフィールド全体を選択してF9キーを押すと、処理結果が更新されて今日の日付が表示されます。

　このHackでは、やや高度なVBAのテクニックを使ってフィールドコードと文字列の相互変換を行います。フィールドが複雑な入れ子構造になっていても、正しく変換を行えます。なお変換された文字列の中では、フィールド文字は通常の中カッコ({})として表現されます。

フィールドコードを文字列に変換する

　基本的には、フィールドからコードの部分だけを抜き出し、中カッコで囲めばよいだけのようにも思えます。しかし実際にはさほど簡単ではありません。フィールドの中にさらにフィールドが含まれている場合、内側のフィールドを先に変換する必要があります。

処理のためのコード自体はシンプルですが、その中では再帰呼び出しというテクニックが使われています。このテクニックは関数の中で自分自身を呼び出すというものであり、ほとんどのプログラミング言語に用意されています。詳しくは囲み記事「再帰呼び出し入門」をご覧ください。

以下のマクロを実行すると、選択されたフィールドのコードを文字列に変換し、その前後に中カッコを挿入します。FieldCodeToText関数は選択範囲中のフィールドを再帰的にチェックし、実際の変換を行います。好みのテンプレート（**[Hack #40]**参照）を開き、以下のコードを入力してください。

```
Sub ConvertSelectedFieldsToText()
Call FieldCodeToText(Selection.Range)
End Sub

Function FieldCodeToText(rngOrig As Range)
Dim rng As Range

Do
    If rngOrig.Fields.Count <= 1 Then
        ' 選択範囲の中にフィールドは1つしかないので、
        ' 単純にフィールドコードを中カッコで囲みます
        rngOrig.Text = "{ " & _
            rngOrig.Fields(1).Code.Text & " }"
    Else
        ' 選択範囲の中にフィールドが複数あるので、
        ' 2番目のコードを先に処理します。これを
        ' フィールドが1つだけになるまで繰り返します
        Set rng = rngOrig.Duplicate
        rngOrig.Fields(2).Select
        Call FieldCodeToText(Selection.Range)
        rng.Select
    End If
Loop Until rngOrig.Fields.Count = 0

End Function
```

文字列をフィールドコードに変換する

文字列をフィールドコードに変換するには、フィールドコードを文字列に変換する処理の手順を逆に行います。つまり、中カッコで囲まれた文字列をフィールドに変換すればよいことになります。そして元の文字列にあった中カッコは削除されます。

この処理を行うマクロは以下のようになります。TextToFieldCode関数の中で実際の変換が行われており、フィールドの中に別のフィールドがあるような場合でも正しく変換されます。以下のコードを、先ほどのコードと同じテンプレートに保存してください。

再帰呼び出し入門

再帰呼び出しという言葉をここで初めて聞いた方や、ここで紹介するマクロがなぜ動作するのか詳しく知りたい方に、ここでは再帰呼び出しの概念について説明します。プログラミングが苦手な方や、すでに再帰呼び出しを使ったことがある方は読み飛ばしてもかまいません。

一般的に、再帰呼び出しを使うと複雑な処理を簡単なコードで実現できます。行おうとしている作業を細かい断片に分割し、全体の処理が完了するまでその断片を何度も呼び出します。

例えば、1から4までの数字をすべて合計するマクロについて考えてみましょう。この程度の処理なら、以下のようにコードは1行だけで十分です。

```
Sub SumDigits()
    MsgBox 1+2+3+4
End Sub
```

しかし、これが4までではなく1000までや10000までだったらどうしましょう？

そこで、1からkまでの数字をすべて合計するマクロを作ってみましょう。kには1以上の整数であるとします。このような場合、以下のようなアルゴリズムが考えられます。

1. kが1の場合、合計はkつまり1です。
2. kが1より大きい場合、合計は1からk-1までの合計にkを足したものです。

1からk-1までの合計を計算するには、もちろん上のアルゴリズムを使います。一見したところニワトリが先か卵が先かという問題のようにも思えますが、ある意味その通りです。これが再帰呼び出しの本質です。以下のコードをいずれかのテンプレート（**[Hack #40]**参照）に保存し、**[Hack #2]**の「コードを1行ずつ実行する」で紹介した方法を使って処理の流れを追ってみてください。

```
Function SumDigits(k As Long) As Long
    If k = 1 Then
        SumDigits = k
    Else
        SumDigits = k + SumDigits(k - 1)
    End If
End Function

Sub SumDigitsDemo()
    Dim sInput As String
    sInput = InputBox("1からいくつまでの数を合計しますか?")
    If Len(sInput) = 0 Then Exit Sub
    MsgBox SumDigits(CLng(sInput))
End Sub
```

6章 フィールド

```vb
Sub ConvertSelectedTextToFields()
Call TextToFieldCodes(Selection.Range)
End Sub

Function TextToFieldCodes(rngOrig As Range)
Dim rng As Range
Dim fld As Field
Dim str As String

Do
    Set rng = rngOrig.Duplicate
    str = rng.Text
        ' 選択範囲の中で、先頭と末尾以外にも中カッコが残っている
        ' 場合は、その中カッコに囲まれた部分を先に処理します
        If InStr(Mid(str, 2, Len(str) - 2), "}") <> 0 Or _
            InStr(Mid(str, 2, Len(str) - 2), "{") <> 0 Then
            
            ' 選択範囲の開始位置を、残っている開き中カッコの
            ' 位置まで移動します
            Do While InStr(Right(str, Len(str) - 1), "{") > 0
                rng.MoveStart unit:=wdCharacter, Count:=1
                rng.MoveStartUntil cset:="{"
                str = rng.Text
            Loop
            
            ' 選択範囲の終了位置を、残っている閉じ中カッコの
            ' 位置まで移動します
            Do While InStr(Left(str, Len(str) - 1), "}") > 0
                rng.MoveEnd unit:=wdCharacter, Count:=-1
                rng.MoveEndUntil cset:="}", Count:=-Len(str)
                str = rng.Text
            Loop
            
            ' 開きカッコと閉じカッコの対応がとれていない場合は、
            ' エラーになります
            If Left(str, 1) <> "{" Or Right(str, 1) <> "}" Then
                GoTo ERR_HANDLER
            End If
            
            ' 再帰呼び出しを使い、選択範囲の中にさらに中カッコが
            ' ないかどうかチェックします
            Call TextToFieldCodes(rng)
        Else
            ' 選択範囲の中で、先頭と末尾以外に中カッコは見つかり
            ' ませんでした
            
            ' 先頭が開きカッコ、末尾が閉じカッコでなければなりません
            If Left(str, 1) <> "{" Or Right(str, 1) <> "}" Then
                GoTo ERR_HANDLER
            End If
            
            ' 中カッコを削除します
```

```
                rng.Characters(1).Delete
                rng.Characters(rng.Characters.Count).Delete

                ' 選択範囲をクリップボードにカットし、空のフィールドの
                ' 中にペーストします。その際、範囲内のコードは書式なども
                ' 含めてそのまま残ります
                rng.Cut
                Set fld = rng.Fields.Add(Range:=rng, _
                    Type:=wdFieldEmpty, _
                    Text:="", _
                    PreserveFormatting:=False)
                fld.Code.Paste
            End If

    ' 選択範囲の中に中カッコがなくなるまで、処理を続けます
    Loop While InStr(rngOrig.Text, "}") <> 0 Or _
        InStrRev(rngOrig.Text, "{") <> 0


Exit Function
ERR_HANDLER:
rng.Select
If Left(rng.Text, 1) <> "{" Then
    MsgBox "開き中カッコ({)がありません", vbCritical
ElseIf Right(rng.Text, 1) <> "}" Then
    MsgBox "閉じ中カッコ(})がありません", vbCritical
Else
    MsgBox "エラーが発生しました。原因は不明です", vbCritical
End If
End Function
```

Hack の実行

上の手順で作成したテンプレートに基づいた文書を新規作成し、Ctrl+F9 を 2 回押してフィールドコードを 2 つ挿入します。以下のように表示されるはずです。

{ { } }

ここに、以下のようにして QUOTE と DATE の各フィールドコードを入力してください。

{ QUOTE { DATE } }

フィールド全体を選択してF9キーを押すと、今日の日付が表示されます。この日付を選択して右クリックし、［フィールドコードの表示/非表示(T)］をクリックするとフィールドコードが再び表示されます。フィールド全体が選択されている状態のままで、先ほどの`Convert SelectedFieldsToText`マクロを実行します。するとフィールドコードが通常の文字列と中カッコに変換されます。

　変換された文字列全体を選択し、今度は`ConvertSelectedTextToFields`マクロを実行します。すると文字列がフィールドに変換され、元の状態に戻ります。何も表示されていないように見えることもありますが、Alt+F9を押すと変換結果のフィールドを確認できます。

7章
アプリケーション間連携と XML
Hack #62-70

　アプリケーション間の連携には、大きく分けて2つの方法があります。1つは各アプリケーションが直接相手のアプリケーションを呼び出すというもので、もう1つは相互に理解可能な形式でデータを保存するというものです。この章では、前者の例としてWordからPerlスクリプトへの呼び出しとその逆を、後者の例としてPDFとXMLをそれぞれ取り上げます。特に、XMLは近年のデータ交換において大きな役割を果たしており、本書でも重点的に解説します。

　XML文書はWord 2003からサポートされるようになりました。Word文書に対して［ファイル（F）］→［名前を付けて保存（A）...］を選択したときに、［ファイルの種類（T）］の中に［XMLドキュメント］という項目が新たに追加されました。XMLはExtensible Markup Languageの略で、データや文書などあらゆる情報を読みやすいテキスト形式で保存するための規格です。また、XMLは相互運用性が高くかつオペレーティングシステムに依存しないため、Word以外のアプリケーションでWord文書を作成するということも可能になりました。

> この章で紹介するXML関連のHackのうち、「Word上でGoogleサーチを行う」**[Hack #70]** はWord 2002以降で、その他のHackはWord 2003以降でのみ利用できます。

　XMLを使うと、特定のアプリケーションまたは業界向けのデータ構造（ボキャブラリとも呼ばれます）を定義できます。例えば、技術文書を記述するためにDocBookというボキャブラリが定義されています。同様に、MicrosoftはWord文書のデータ構造を表現するためにWordprocessingMLというボキャブラリを定義しました。このボキャブラリは従来の.doc形式と完全に互換性があり、両者の間で変換を行っても文書中の何らかのデータが欠損してしまうということはありません。また、.doc形式のファイルは特定のアプリケーション（Wordなど）がなければ開けませんが、XMLはテキスト形式なのでどんなアプリケーションからも開くことができます。

　本書では、WordprocessingMLやXMLに関する基本的な事柄については扱っていません。

代わりに、WordprocessingML を使うといったい何ができるのかという点に注目し、XSLT（Extensible Stylesheet Language Transformationsの略。XML文書の構造を変換するために使われる、一種のプログラミング言語）を使った便利なHackを紹介しています。WordprocessingMLやOffice 2003でのXML関連の機能、一般的なXMLに関する話題などについては、O'Reillyから出版されている以下のタイトルを参考にしてください。

- "*Office 2003 XML*"
- "*Learning XSLT*"
- "*Learning XML*"（邦題『入門 XML』）

Adobe Acrobat を使わずに PDF ファイルを作成する

PDFは文書を表示するためのファイル形式として事実上の世界標準になりつつあります。ただし、PDFファイルを表示するためのAdobe Readerは無料でダウンロードできますが、PDFファイルを作成するためのAdobe Acrobatを入手するには最低でも数千円は必要です。そこで、Adobe Acrobatの代わりにGhostscriptとGhostWordという2つのフリーソフトを使ってPDFを作成してみましょう。

Adobe Acrobat を購入しなくても、いくつかのフリーソフトを組み合わせることによってWordの文書ファイルからPDFファイルを作成することは可能です。ここではGhostscriptというユーティリティソフトを利用します。このソフトはPostScript形式のファイルからPDFを作成するためのものであり、多くのオペレーティングシステムに対応しています。PostScriptはページ記述言語と呼ばれるものの一種であり、PostScript対応のプリンタを使って印刷するときにはこの形式のデータがコンピュータからプリンタへと送信されます。

Wordでは、プリンタを使って印刷する代わりにそのデータをファイルに出力することができます。このときに使うプリンタドライバがPostScript に対応していれば、ファイルにはPostScript形式のデータが出力されることになります。つまり、このファイルをGhostscriptに与えればPDFファイルを作成できるのです。

プリンタがPostScriptに対応しているかどうかを調べるには、まず適当な文書をファイルに出力してみます。［ファイル(F)］→［印刷(P)...］を選択し、［ファイルへ出力(L)］をチェックして［OK］をクリックします。続いてファイル名と保存先のフォルダを指定して［OK］をクリックします。こうして生成された.prnファイルをメモ帳などのテキストエディタで開いてみましょう。もしこのプリンタがPostScript対応であれば、ファイルの先頭付近に%!PSで始まる行があるはずです（図62-1）。なお、行末が文字化けするために複数の行が連続して表示されてしまうこともあります。

もし出力されたファイルがPostScript形式でなかった場合も、あきらめる必要はありませ

```
 [%-12345X@PJL SET STRINGCODESET=UTF8
@PJL JOB NAME="Microsoft Word - a.doc"
@PJL COMMENT "HP Color LaserJet 5550 PS (60.34.41.0); PScript 0.3.1296.1"
@PJL COMMENT "App Filename: Microsoft Word - a.doc; 5-12-2005"
@PJL SET JOBATTR="JobAcct4=20050512143559"
@PJL SET JOBATTR="JobAcct5=4e88d3ca-d90d-41ad-a32f-c96702e2202c"
@PJL DMINFO ASCIIHEX="0400040101020D1010011532303035303531323035333535339"
@PJL ENTER LANGUAGE=POSTSCRIPT
%!PS-Adobe-3.0
%%Title: Microsoft Word - a.doc
%%Creator: PScript5.dll Version 5.2.2
%%CreationDate: 5/12/2005 14:35:59
%%BoundingBox: (atend)
%%Pages: (atend)
%%Orientation: Portrait
%%PageOrder: Special
%%DocumentNeededResources: (atend)
%%DocumentSuppliedResources: (atend)
%%DocumentData: Clean7Bit
%%TargetDevice: (HP Color LaserJet 5550 ) (3010.107) 0
%%LanguageLevel: 3
%%EndComments

%%BeginDefaults
%%PageBoundingBox: 12 13 583 829
%%ViewingOrientation: 1 0 0 1
%%EndDefaults

%%BeginProlog
%%BeginResource: file Pscript_WinNT_ErrorHandler 5.0 0
```

図 62-1　PostScript ファイルをテキストエディタで表示する

ん。ほとんどの PostScript 対応プリンタドライバはメーカーの Web サイトからダウンロードできます。例えば hp color LaserJet 5550 のプリンタドライバは http://www3.jpn.hp.com/CPO_TC/printer/clj5550/sw_clj5550.html で公開されているので、ここから PostScript ドライバをダウンロードし、プリンタの追加ウィザードを使ってインストールしてみましょう。

ファイルに出力するだけなので、プリンタそのものは必要ありません。

PostScript 対応のプリンタドライバをインストールすれば、これから紹介する Ghostscript、GSview、GhostWord の 3 点を組み合わせて PDF ファイルを簡単に作成できます。

> Word 関連のものもそうでないものも含めて、PDF に関する詳しい情報については O'Reilly の "*PDF Hacks*"（邦題同じ）をご覧ください。

Ghostscript と GSview の入手

オリジナルの Ghostscript は米国ウィスコンシン大学のサイト（http://www.cs.wisc.edu/~ghost/）からダウンロードできます[†]。Ghostscript 自体はコマンドラインからの操作を必要とするとても複雑なプログラムであり、初心者が使いこなすには難があります。そこで、より簡単に Ghostscript を操作するための GSview というソフトも公開されており、http://www.cs.wisc.edu/~ghost/gsview/ で公開されています。

[†] 訳注：日本語に対応した Ghostscript が http://auemath.aichi-edu.ac.jp/~khotta/ghost/ で公開されています。

GSviewにはグラフィカルなユーザーインタフェースが用意されており、PostScriptだけでなくPDFやその他の形式のファイルも表示させることができます。フリーソフトですが、40オーストラリアドル(3,300円程度)を支払ってユーザー登録を行うこともできます。ユーザー登録をしない場合、起動のたびに登録を促すダイアログボックスが表示されます。

GSviewは絶対必要というわけではありませんが、PostScriptファイルの表示に便利なのでインストールしておいて損はないでしょう。

GhostWord の入手

GhostWord は Word 上から Ghostscript を操作できるようにするためのアドインです。これをインストールすると、GhostWord の GUI（図 62-2）を起動するためのツールバーが Word に追加されます。この GUI を使って、Word 文書から PDF ファイルを作成できます。また、この GUI は Word 以外の環境からでも起動でき、コマンドラインから操作することもできます。

GhostWord を使って作成した PDF ファイルには、ブックマーク、リンク、表示設定や文書に関するその他の情報を含めることができます。[Document] タブの [Optimize PDF for] の中にはさまざまなPDF文書の用途に合わせた出力設定があらかじめ用意されています。これらの設定をそのまま使うことも、[Converter Settings] タブで詳細な設定を行うこともできます。ここで行った設定の内容は、ファイルに保存して後で再利用することもできます。

GhostWordはhttps://sourceforge.net/projects/ghostword/で公開されており、無料でダウンロードできます。

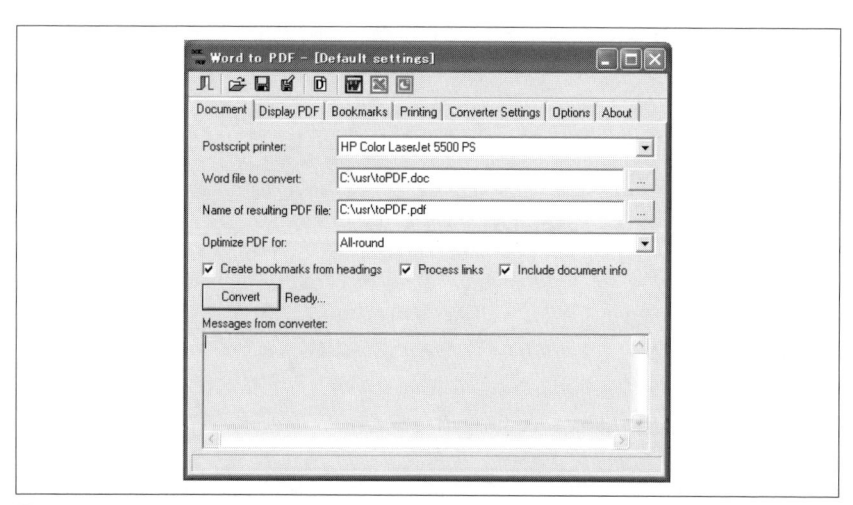

図 62-2　GhostWord のウィンドウ

HACK #63 他のアプリケーションから Word を操作する

COMオートメーションを利用すると、Word上でVBAを使って行う処理の多くは他のアプリケーションからも実行できます。

　Wordをはじめとする Office アプリケーションはすべて「COM オートメーション」をサポートしています。COM (Component Object Model) とは、相手先で利用されているプログラミング言語を意識することなく他のアプリケーションを操作できるようにしようというもので、Microsoftによって開発されました。呼び出し元と呼び出し先のアプリケーションが両方ともCOMに対応していれば、簡単に呼び出し先のアプリケーションを操作できます。

　COMを使うということは、銀行のATMを利用するのに似ています。それぞれのATMは形状もボタンの配置も異なりますが、利用者にとってはカードを挿入すると現金を引き出せるという点が重要なのであり、ATMの外見や内部で行われる処理については気にしていません。COMサーバーはちょうどATMに似ており、利用者すなわちアプリケーション(クライアントと呼ばれます)が何らかのサービスを要求すると、内部で何らかの処理が行われて処理結果が返されます。クライアントにとっては、自分が理解できる形式で処理結果が返されるということだけが重要であり、サーバー内部で実際にどのような処理が行われているかについては知る必要がありません。

　COMを理解できるのはExcelなどのOfficeアプリケーションだけではありません。C++やVisual Studio .Netなどの開発環境や、Perlなどのスクリプト言語からでもWordをCOMサーバーとして利用でき、Wordのオブジェクトモデル([Hack #2]参照)にアクセスして任意の処理を実行できます。逆に、COMサーバーとして動作するアプリケーションを作成すれば、WordからVBA経由でこのアプリケーションにアクセスすることもできます。

　他のアプリケーションからWordを操作する場合、今まで使い慣れてきた段落、コメント、文書、フィールドなどをWordのオブジェクトとして利用できます。これらのオブジェクトはほとんどの場合、Word上でマクロを実行する場合と同様に操作できます。特に他のOfficeアプリケーションから操作する場合は、Word上でのマクロとほぼまったく同じ感覚でマクロを作成できるでしょう。一方、VBA以外の言語を使ってWordを操作する場合は、Wordのオブジェクト構造にアクセスする方法が若干異なります。これらのそれぞれのケースについて、以下で解説します。

他のOfficeアプリケーションからWordを操作する

　Officeの各アプリケーションは、きわめてスムーズに協調動作するようにできています。例えばExcel上でWordを操作するための手順は、Word上での操作とほとんど変わりがありません。ただし大きな違いが1つだけあり、Word上では`Word.Application`という親オブジェクトが暗黙のうちに指定されています。例えば、現在開かれている文書の名前をダイアログ

ボックスに表示するには、Word上では以下のように記述します。**[Hack #2]** で紹介した［イミディエイト］ウィンドウを使って試してみるとよいでしょう。

```
MsgBox ActiveDocument.Name
```

一方、以下のようにWordの`ActiveDocument`オブジェクトであるということを明示的に指定してもかまいません。

```
MsgBox Word.Application.ActiveDocument.Name
```

しかしこのような記述は、Word上では必要ありません。Word上では特に指定しない限り、すべてのオブジェクトはWordのオブジェクトであると仮定されているためです。Wordが起動していれば、これに対応するWordオブジェクトが必ず存在し、Word上で動作するすべてのマクロからアクセスできます。

Word以外のOfficeアプリケーションからWordを操作する場合には、`Word.Application`オブジェクトを明示的に指定する必要があります。ここではExcelを使ってWordにアクセスしてみましょう。

ExcelのマクロからWordを呼び出すには、まずExcel上で起動したVisual Basic Editorを使ってWordオブジェクトへの参照を設定する必要があります。Visual Basic Editor上で［ツール（T）］→［参照設定（R）...］を選択し、図63-1のように［Microsoft Word 11.0 Object Library］（11.0という数字はWordのバージョンによって異なります）をチェックします。

これでExcelからWordにアクセスする準備が整いました。オブジェクト名や組み込みの定数なども含めて、Word上でのマクロからアクセスできるものはすべてExcel上でもアクセスできます。

Excel上で以下のマクロを使うとWordのインスタンスを新たに起動し、新規文書を作成し

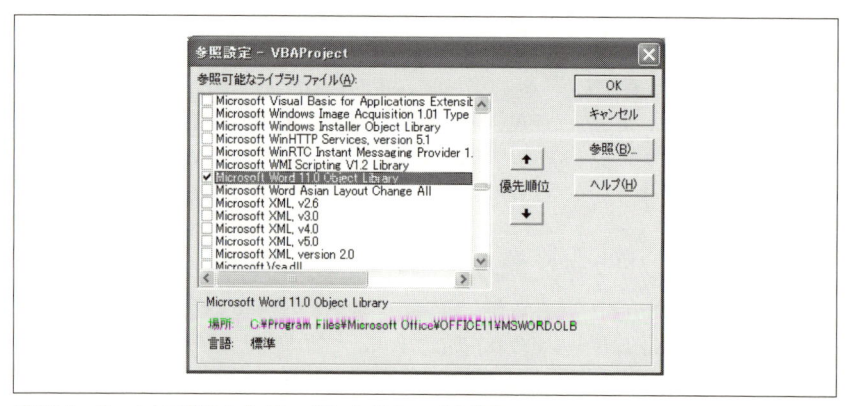

図63-1　Excel上で起動したVisual Basic Editorでの設定

てその中に文字列を挿入します。

```
Sub HelloFromExcel()
Dim wd As Word.Application
Dim doc As Document

Set wd = New Word.Application
wd.Visible = True

Set doc = wd.Documents.Add
doc.Range.InsertAfter "Hello, Word"
doc.Range.Style = wdStyleHeading1
End Sub
```

2つのアプリケーションが人手を介することなくやり取りすることを目的としてCOMは設計されました。そのため、Visibleプロパティの値をTrueに指定しない限りWordのウィンドウは表示されません。この指定を忘れると、ユーザーはWordが起動したことに気付かないでしょう。

> WordをCOMサーバーとして利用する場合や特にその動作テストを行う場合は、必ずVisibleプロパティをTrueに指定しましょう。そうしないと、バックグラウンドでWordインスタンスが多数実行されることになり、システムの処理速度が低下してしまいます。どうしてもウィンドウを表示したくない場合は、マクロの終了前に必ずQuitメソッドを呼び出してWordを閉じるようにしましょう。上の例では、最終行の直前に以下の行を追加します。

```
wd.Quit
```

さらに、Wordインスタンスへの参照をNothingにするようにしましょう。上の行に続けて、以下のように記述します。

```
Set wd = Nothing
```

上のコードでは、Wordがすでに起動しているかどうかに関係なくWordのインスタンスを新しく作成していました。代わりに以下のようなコードを使えば、すでにWordが起動していればそのインスタンスを引き続き利用し、起動していなければ新たにインスタンスを作成します。

```
Sub HelloAlreadyOpenWordFromExcel()
Dim wd As Word.Application
Dim doc As Document
On Error Resume Next
Set wd = Word.Application
```

図 63-2　Word が起動していなかった場合のエラーメッセージ

```
    If Err.Number = 429 Then
        Set wd = New Word.Application
        Err.Clear
    ElseIf Err.Number <> 0 Then
        MsgBox Err.Number & vbCr & Err.Description
        Exit Sub
    End If

    wd.Visible = True
    Set doc = wd.Documents.Add
    doc.Range.InsertAfter "Hello, Word"
    doc.Range.Style = wdStyleHeading1
End Sub
```

このマクロでは、COM（ActiveX とも呼ばれます）コンポーネントを作成できなかった場合に 429 というエラーコードが返されるということを利用しています。エラーコードを確認するには、If Err.Number = 429 Then から始まる 3 行をコメントアウトし、その次の行の ElseIf を If に変更してマクロを実行します。すると図 63-2 のようなメッセージが表示されます。

Visual Basic Editor の ［参照設定］ダイアログボックスを使って参照を作成しておくと、その時点でアプリケーション間でのやり取りのための準備が完了するため、実際のやり取りを高速に実行できます。この手法は「事前バインディング」と呼ばれ、たとえて言うならば料理番組の収録前にあらかじめ時間のかかる下準備をすませておき、本番中にはその準備済みの材料を使って調理するようなものです。できるだけ事前バインディングを使うようにしましょう。

一方、参照がまだ作成されていないかもしれないコンピュータ上でもマクロを実行しなければならない場合は、「実行時バインディング」と呼ばれる手法が必要になります。この場合、Word のオブジェクトモデルは Object 型の変数に格納されます。

以下のコードは、実行時バインディングを使うように HelloAlreadyOpenWordFromExcel マクロを書き換えたものです。

```
Sub HelloFromExcelLateBinding()
Dim wd As Object
Dim doc As Object
On Error Resume Next
Set wd = GetObject(Class:="Word.Application")
```

```
    If Err.Number = 429 Then
        Set wd = CreateObject(Class:="Word.Application")
        Err.Clear
    ElseIf Err.Number <> 0 Then
        MsgBox Err.Number & vbCr & Err.Description
    End If

    wd.Visible = True
    Set doc = wd.Documents.Add
    doc.Range.InsertAfter "Hello, Word"
    doc.Range.Style = doc.Styles("見出し 1")
End Sub
```

wdとdoc変数がそれぞれObject型として宣言されていることに気付かれたかと思います。また、事前バインディングを行わない場合wdStyleHeading1などのWordに組み込みの定数を利用できません。そこで、このコードでは実際のスタイル名を使ってスタイルを適用しています。

実行時バインディングを行う場合、マクロを実行するたびにアプリケーション間のやり取りのための準備作業が行われます。したがって実行時バインディングは事前バインディングより低速です。

スクリプト言語からWordを操作する

ここではPerlを使ってWordを操作する方法を紹介します。もちろん、PythonやRubyなど他のスクリプト言語でも同様の概念に基づいてWordを操作できます。

今までの例ではVBAを使ってWordのオブジェクト構造にアクセスしていましたが、他の言語を使ってこれにアクセスするには若干の困難が伴います。今までのコードをVBA特有の部分とWordのオブジェクトモデルに基づく部分（プログラミング言語に依存しない部分）に切り分け、VBA特有の部分を他の言語の構文に基づいて書き換えなければなりません。つまり、操作の対象となるWordのオブジェクト構造はどんな言語を使っても同じですが、これにアクセスするためのコードは言語ごとに異なります。

手始めに、先ほどのHelloFromExcelLateBindingマクロの中からWordのオブジェクトモデルそのものに関する部分を抜き出し、太字で下に表示します。

```
Sub HelloFromExcelLateBinding()
Dim wd As Object
Dim doc As Object
On Error Resume Next
Set wd = GetObject(class:="Word.Application")
If Err.Number = 429 Then
    Set wd = CreateObject(class:="Word.Application")
    Err.Clear
```

```
    ElseIf Err.Number <> 0 Then
        MsgBox Err.Number & vbCr & Err.Description
    End If

    wd.Visible = True
    Set doc = wd.Documents.Add
    doc.Range.InsertAfter "Hello, Word"
    doc.Range.Style = doc.Styles("見出し 1")
End Sub
```

太字の部分は他の言語でも流用できます。その他の部分はVBA固有であり、他の言語でそのまま使うことはできません。上のコード中からは分かりにくいのですが、実はドットを使った記法(Documents.Add のように、プロパティやメソッドをドットで区切って記述すること)もVBAによって決められた部分であり、他の言語でも使えるとは限りません。このコードをPerlで書き直したものを下に示します。ここでも、Wordのオブジェクトモデルに由来する部分は太字で表示しています。

```
#!/usr/bin/perl

use Win32::OLE qw(in with);
use Win32::OLE::Variant;

my $word;
eval {$word = Win32::OLE->GetActiveObject('Word.Application')};
die "Wordがインストールされていません。" if $@;
unless (defined $word) {
    $word = Win32::OLE->new('Word.Application', sub { $_[0]->Quit; })
        or die "Wordを起動できません。";
}

$word->{'Visible'} = 1;
my $doc = $word->{'Documents'}->Add;
$doc->{'Range'}->InsertAfter('Hello, Word');
$doc->{'Range'}->{'Style'} = '見出し 1';
```

このスクリプトを例えばHelloWord.plのような名前で保存したら、DOS(コマンド)プロンプトを開いて以下のコマンドを実行します。

```
> perl HelloWord.pl
```

Perlを使い慣れている人ならVBA版のコードとの類似点を見つけ出せるしれませんが、一見したところ両者のコードはほとんど別物のようにも見えます。

ただしPerlは極端な例であり、PythonやRubyではドットの記法がそのまま使えるためもっとVBA版に似たコードになります。

HACK #64 Word から Perl のコードを呼び出す

Word のマクロから Perl のコードを呼び出すための方法を 2 つ紹介します。

　文字列処理に関しては、Perl は VBA をはるかにしのぐほど強力です。すでに Perl で何らかのコードを書いたことがあるなら、Word からこのコードを呼び出したいと思われたことも多いかと思います。

> このHackでは、読者のコンピュータにPerlがすでにインストールされており、コマンドラインから利用可能であることを仮定しています。フリーのWindows版PerlはActiveState(http://www.activestate.com/、英文)などでダウンロードできます。

　この Hack では、Word のマクロから Perl のコードを呼び出す方法を 2 つ紹介します。1 つ目の方法はとても洗練されているのですが、特定のソフトウェアが必要になります。このソフトウェアは ActiveState からリリースされており、Perl のコードから DLL（Dynamic Link Library）を生成してくれます。もう 1 つの方法では特別なソフトウェアは必要ありませんが、やや力技とも言える手法を使っています。

Perl Dev Kit による COM オブジェクトの作成

　ActiveState の Web サイトでは、フリーの Perl 実行環境である ActivePerl に加えて、Perl のコードからWindowsアプリケーションを作成するためのソフトウェアも販売しています。このソフトウェアはPerl Dev Kit（PDK）と呼ばれ、単体で実行できる.exeファイルだけでなくインストーラや.Netアプリケーションも作成できます。21日間の無料試用期間が設けられており、この期間が経過すると作成したアプリケーションも実行できなくなります。ライセンス費用は 145 〜 245 ドルです。試用版は http://www.activestate.com/Products/Perl_Dev_Kit/（英文）でダウンロードできます。PDK Pro PackまたはPDK Deployment Toolsをダウンロードしてください。

> 以降の手順ではPDKが必要になるので、あらかじめインストールしておいてください。なお、後で紹介する 2 つ目の方法ではPDKは必要ありません。

　PDKには、PerlのスクリプトからWindowsのDLLを生成するためのPerlCTRLというツールが含まれています。DLLの作成にはやや手間がかかりますが、いったん作成してしまえばこれを COM オブジェクト（[Hack #63]）として利用するのはとても簡単です。

ここでは、Perl の split 関数を呼び出すためのインタフェースをスタンドアロンのプログラムとして作成します。本書では PerlCTRL の詳細には触れず、簡単な使用法のみを説明します。

> VBAにもsplitという関数はあります。しかしPerl版では区切り文字として正規表現を使うことができ、より強力です。

以下のコードを元に、COMオブジェクトを作成してゆきます。ご覧の通り、コードの中では単に組み込みの split 関数を呼び出しているだけです。

```perl
package PerlSample;

sub Split {
    my $pattern = shift;
    my $string = shift;

    my @list = split(/$pattern/, $string);

    return \@list;
}
```

Perl のコードから COM オブジェクトを作成するには、大きく分けて以下の3つの手順が必要です。

1. PDK を使ってテンプレートファイルを作成します。このファイルには、PerlCTRL が DLL を作成するために必要な情報のひな型が保存されています。
2. 作成したプログラムに合わせて、テンプレートファイルを変更します。
3. テンプレートファイルから DLL を生成します。

まず、テンプレートファイルやDLLファイルを保存するためのフォルダを適当な場所に作成します。DOS(コマンド)プロンプトを開いてこのフォルダに移動し、以下のコマンドを入力します。

```
> PerlCtrl -t > template.pl
```

次に、生成された template.pl をメモ帳などのテキストエディタで開きます。図64-1 のように表示されます。

このファイルには、WindowsがDLLを識別するためのIDが3つ記述されています。これらのIDはテンプレートを作成するときに、PerlCTRLによって生成されます。行末のコメント

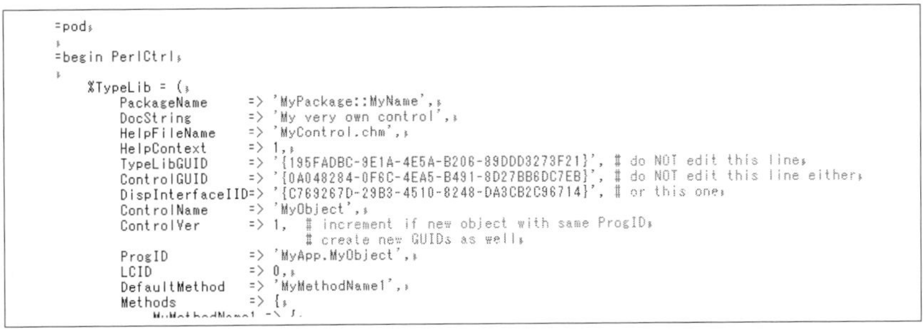

```
=pod

=begin PerlCtrl

    %TypeLib = (
        PackageName    => 'MyPackage::MyName',
        DocString      => 'My very own control',
        HelpFileName   => 'MyControl.chm',
        HelpContext    => 1,
        TypeLibGUID    => '{195FADBC-9E1A-4E5A-B206-89DDD3273F21}', # do NOT edit this line
        ControlGUID    => '{0A048284-0F6C-4EA5-B491-8D27BB6DC7EB}', # do NOT edit this line either
        DispInterfaceIID=> '{C769267D-29B3-4510-8248-DA3CB2C96714}', # or this one
        ControlName    => 'MyObject',
        ControlVer     => 1, # increment if new object with same ProgID,
                             # create new GUIDs as well
        ProgID         => 'MyApp.MyObject',
        LCID           => 0,
        DefaultMethod  => 'MyMethodName1',
        Methods        => {
```

図 64-1　PerlCTRL によって生成されたテンプレート

にもあるように、これらの行は勝手に書き換えてはいけません。これ以外の行は、以下のように書き換えます。

```
package PerlSample;

sub Split {
    my $pattern = shift;
    my $string = shift;

    my @list = split(/$pattern/, $string);

    return \@list;
}

=pod

=begin PerlCtrl

%TypeLib = (
PackageName  => 'PerlSample',
TypeLibGUID  => '{195FADBC-9E1A-4E5A-B206-89DDD3273F21}', # do NOT edit this line
ControlGUID  => '{0A048284-0F6C-4EA5-B491-8D27BB6DC7EB}', # do NOT edit this line either
DispInterfaceIID=> '{C769267D-29B3-4510-8248-DA3CB2C96714}', # or this one
ControlName  => 'PerlSample',
ControlVer   => 1, # increment if new object with same ProgID
                   # create new GUIDs as well
ProgID       => 'PerlSample.Split',
DefaultMethod=> '',
Methods      => {
    'Split' => {
        RetType          => VT_ARRAY|VT_VARIANT,
        TotalParams      => 2,
        NumOptionalParams=> 0,
        ParamList        =>[ 'pattern' => VT_BSTR,
                             'string'  => VT_BSTR ]
    },
```

```
},   # end of 'Methods'
Properties      => {
},   # end of 'Properties'
);   # end of %TypeLib

=end PerlCtrl

=cut
```

繰り返しますが、太字で表示されている3行は変更してはいけません。

編集が終わったら、このファイルをPerlCOMObject.ctrlというファイル名で同じディレクトリに保存します。次に以下のコマンドを入力します。

> **PerlCtrl PerlCOMObject.ctrl**

PerlCOMObject.ctrlファイルに誤りがなければ、以下のように表示されます。

```
Created 'PerlCOMObject.dll'
```

続いて、生成されたDLLをWindowsに登録します。以下のコマンドを入力してください。

> **regsvr32 PerlCOMObject.dll**

少し待つと、DLLの登録に成功したというメッセージが表示されます(図64-2)。

いよいよWord上のマクロから、このDLLをCOMオブジェクトとして呼び出してみましょう。好みのテンプレート(**[Hack #40]** 参照)に、以下のコードを入力してください。

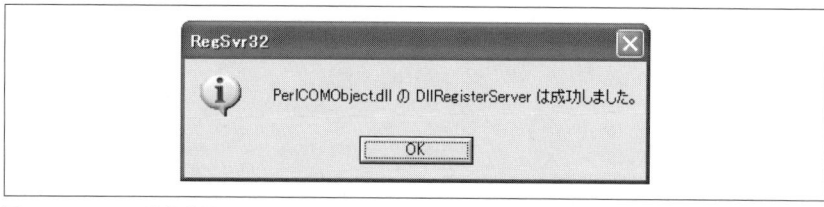

```
Sub TestPerlObject()
Dim pl As Object
Set pl = CreateObject("PerlSample.Split")
Dim str As String
Dim var() As Variant
Dim v As Variant

str = "Hello from Perl!"
var = pl.Split(" ", str)
For Each v In var
    MsgBox v
```

図 64-2　DLL の登録結果

```
Next v
End Sub
```

このマクロを実行すると、「Hello from Perl!」という文字列がスペースで区切られ、それぞれの単語がダイアログボックスに次々と表示されます。

DLL の登録を解除したい場合は、以下のコマンドを入力してください。

```
> regsvr32 /u PerlCOMObject.dll
```

VBA の Shell 関数を使って Perl を直接呼び出す

VBA には、他の Windows アプリケーションを起動するための関数が用意されています。Shell 関数を使うと、DOS（コマンド）プロンプトでコマンドを入力した場合とほぼ同等の結果を得られます。例えば、Visual Basic Editor の［イミディエイト］ウィンドウ（**[Hack #2]** 参照）で以下のように入力すると、メモ帳が起動します。

```
Shell("notepad.exe")
```

Perl 本体も実行可能ファイルなので、Shell 関数を使えば Perl スクリプトをマクロの中から実行できます。例えば、C:¥foo.pl という Perl スクリプトがあり、Perl が C:¥perl にインストールされている場合、以下のように Shell 関数を呼び出します。

```
Shell("C:¥perl¥bin¥wperl.exe C:¥foo.pl")
```

Shell 関数が呼び出されてアプリケーションが起動すると、VBA 上での処理はそのアプリケーションの終了を待たずに次の行に移ります。

> wperl.exe は perl.exe と異なり、DOS（コマンド）プロンプトのウィンドウを表示しません。

呼び出し元の Word マクロと呼び出された Perl スクリプトとの間で何らかのデータをやり取りしたい場合は、クリップボードを使うと便利です。マクロの中で、Perl スクリプトに渡したいデータをあらかじめクリップボードにコピーしておきます。Perl スクリプトはクリップボード中のデータを読み込み、これに基づいて処理を行い、処理の結果をクリップボードに書き戻します。そしてマクロはクリップボード中のデータを読み込み、文書中のデータを変更するなどの処理を行います。

しかし、Perl スクリプトの処理が終了する前に Word マクロがクリップボード中のデータを読み込もうとしてしまう場合もあります。つまり、Word マクロは Perl スクリプトの処理

が終了するまで待つ必要があります。ここでは「セマフォ」のようなものを使ってこの問題の解決を試みています。すなわち、まずWordマクロはコンピュータ上に一時フォルダを作成してからPerlスクリプトを呼び出します。そしてPerlスクリプトは処理が終了して結果をクリップボードにコピーしたら、この一時フォルダを削除します。Wordマクロの側では、一時フォルダが削除されるのを待ってからクリップボードにアクセスします。このような仕組みのおかげで、クリップボードにアクセスしたときには必ずそこに処理結果がコピーされているということになります。

> セマフォの詳細については、http://interglacial.com/~sburke/tpj/as_html/tpj23.htmlやhttp://interglacial.com/~sburke/tpj/as_html/tpj24.html(ともに英文)をご覧ください。

Wordマクロの中からたくさんのPerlスクリプトにアクセスするという場合は、指定されたPerlスクリプトを呼び出してその終了を待つという汎用的なマクロを作っておくと便利です。以下に示すRunPerlマクロを実行するには、Perlスクリプトのファイル名、一時フォルダの名前、そして最大の待ち時間(この時間以上待っても一時フォルダが削除されない場合は待つのをあきらめます)の3つを引数と指定します。Perlスクリプトが一時フォルダを削除した場合このマクロはTrueを返し、一時フォルダが削除されないので待つのをあきらめた場合にFalseを返します。**[Hack #40]** を参考にしながら、以下のコードをテンプレートに入力してください。

```
Function RunPerl(sPerlScriptToRun As String, _
        sSemFolderName As String, _
        sngWaitMax As Single) As Boolean

Dim sPerlPath As String
Dim sFullShellCommand As String
Dim sSemDir As String
Dim sSemDirFullName As String
Dim sngStartTime As Single

' ウィンドウを表示しないPerlを使用します
sPerlPath = "C:\perl\bin\wperl.exe"

' 環境変数を使い、一時フォルダの完全なパス名を決定します
sSemDirFullName = Environ("TEMP") & "\" & sSemFolderName

' スクリプトのパス名にスペースが含まれている場合に備えて、パス名の両端に
' 二重引用符を追加します
sFullShellCommand = sPerlPath & " " & _
    Chr(34) & sPerlScriptToRun & Chr(34)
```

```
' セマフォとなる一時フォルダが作成されていない場合は、新たに作成します
If Not LCase(Dir(sSemDirFullName, vbDirectory)) = LCase(sSemFolderName) Then
    MkDir (sSemDirFullName)
End If

' 待ち時間の計測を開始します
sngStartTime = Timer

' スクリプトを呼び出します
Shell (sFullShellCommand)

' セマフォの一時フォルダが削除されるか、待ち時間が最大値を超えるまで
' 待ちます
Do While LCase$(Dir$(sSemDirFullName, vbDirectory)) = _
            sSemFolderName And _
        ((Timer - sngStartTime) < sngWaitMax)

    ' 残りの待ち時間をステータスバーに表示します
    StatusBar = "Perl スクリプトの終了をあと " & _
        Int((sngWaitMax - (Timer - sngStartTime))) & _
        " 秒待ちます ..."
Loop

If LCase$(Dir$(sSemDirFullName, vbDirectory)) = sSemFolderName Then
    ' 待つのをあきらめます
    RmDir (sSemDirFullName)
    StatusBar = "Perl スクリプトは指定時間内に終了しませんでした。"
    RunPerl = False
Else
    ' Perl スクリプトによってセマフォの一時フォルダが削除されました
    StatusBar = ""
    RunPerl = True
End If

End Function
```

実際にこのマクロを使って、以下のような電話番号を変換するPerlスクリプトを呼び出してみましょう。このスクリプトは、Tim Meadowcroft が *Computer Science and Perl Programming*(O'Reilly)に寄稿したものです。なお、ここではイギリスの電話番号が使われています。

このスクリプトは、まずクリップボードから文字列を取得します。そしてその文字列に対していくつかの正規表現に基づく置換を試み、その結果をクリップボードにコピーします。置換できなかった場合、クリップボード上の文字列は変更されません。クリップボードへのアクセスには、ActiveState 製の Perl に標準で用意されている Win32::Clipboard モジュールを利用します。最後に一時フォルダを削除してスクリプトは終了します。以下のコードを、C:¥FixPhoneNumbers.pl として保存してください。

```perl
use Win32::Clipboard;

my $TEMP = $ENV{"TMP"};
my $clipcontents = Win32::Clipboard();
my $cliptext = $clipcontents->Get();
my $num = PerlFixPhone($cliptext);

if ($num != '') {
    $cliptext = $num
}

$clipcontents->Set($cliptext);
rmdir("$TEMP/vba_sem") || die "$TEMP\\vba_sem フォルダを削除できません: $!";

sub PerlFixPhone {
    # 変換規則:
    #   020 xxxx xxxx  :  変換の必要はありません
    #   xxx xxxx       :  020 7xxx xxxx に変換します
    #   2xxx           :  1号館の内線番号は 020 7457 2xxx に変換します
    #   8xxx           :  2号館の内線番号は 020 7220 8xxx に変換します
    #   0171 xxx xxxx  :  020 7xxx xxxx に変換します
    #   0181 xxx xxxx  :  020 8xxx xxxx に変換します
    # これ以外の番号はエラーとみなし、無視します
    #
    local $_ = shift;
    return $_ if /^020 \d{4} \d{4}$/;
    return $_ if s/^\s*(\d{3})[-\s]+(\d{4})\s*$/020 7$1 $2/;
    return $_ if s/^\s*(\d{3})[-\s]+(\d{4})[-\s]+(\d{4})\s*$/$1 $2 $3/;
    return $_ if s/^\s*(2\d{3})\s*$/020 7457 $1/;
    return $_ if s/^\s*(8\d{3})\s*$/020 7220 $1/;
    return $_ if s/^\s*0171[-\s]+(\d{3})[-\s]+(\d{4})\s*$/020 7$1 $2/;
    return $_ if s/^\s*0181[-\s]+(\d{3})[-\s]+(\d{4})\s*$/020 8$1 $2/;
    return '';
}
```

最後に、RunPerlマクロを使ってFixPhoneNumbers.plスクリプトを呼び出すマクロを作成します。このコードはRunPerlと同じテンプレートに入力してください。

```
Sub UsePerlToFixSelectedPhoneNumber()
' 選択されている範囲を Perl スクリプトに渡します
Dim sel As Selection

Set sel = Selection
' 選択範囲に文字列が含まれていない場合は終了します
If sel.Type = wdSelectionIP Then
    MsgBox "文字列を選択してください"
    Exit Sub
End If

' 選択範囲の文字列をクリップボードにコピーし、Perl
' スクリプトからアクセスできるようにします
```

```
    sel.Copy

    ' Perlスクリプトを呼び出します。成功した場合は、クリップ
    ' ボードから処理結果を取得して選択範囲に貼り付けます
    If (RunPerl(sPerlScriptToRun:="C:\FixPhoneNumbers.pl", _
                sSemFolderName:="vba_sem", _
                sngWaitMax:=5)) = True Then
        sel.Paste
    Else
        MsgBox "Perlスクリプトは指定時間内に終了しませんでした "
    End If

End Sub
```

このマクロを早速実行してみましょう。まず、Word文書に以下のような電話番号を入力します。

```
0171 123 6554
8000
220-8537
220 8537
```

まずいずれかの電話番号を選択し、[ツール(T)] → [マクロ(M)] → [マクロ(M) ...]を選択してUsePerlToFixSelectedPhoneNumberを実行します。すると、FixPhoneNumbers.plに記述されている変換規則に基づいて電話番号が変換されます。すべての電話番号を変換すると、以下のようになるはずです。

```
020 7123 6554
020 7220 8000
020 7220 8537
020 7220 8537
```

もしPerlスクリプトの実行に長い時間がかかるようなら、RunPerlマクロに渡すsngWaitMax引数の値を適宜調整してください。ただし、ここで紹介しているような簡単な文字列処理の場合は5秒もあれば十分でしょう。

—— Sean M. Burke、Andy Bruno、Andrew Savikas

HACK #65 XML処理のためのツールを入手する

他のHackでも必要となる、XML関連のツールを選りすぐって紹介します。

本書中のXML関連のHackでは、DOS(コマンド)プロンプト上で利用するXSLTプロセッサがたびたび必要になります。

このようなXSLTプロセッサはMicrosoftからもリリースされています。Microsoftのダウ

ンロードセンター（http://www.microsoft.com/downloads/search.aspx、英文）にアクセスし、「msxsl.exe」というキーワードで検索してみてください。

> ダウンロードしたmsxsl.exeはC:¥WINDOWSフォルダに置きましょう。こうすると、どのフォルダからでもmsxslと入力するだけでこのXSLTプロセッサを実行できるようになります。

また、libxmlプロジェクト（http://www.xmlsoft.org/、英文）では便利なXML関連のツール

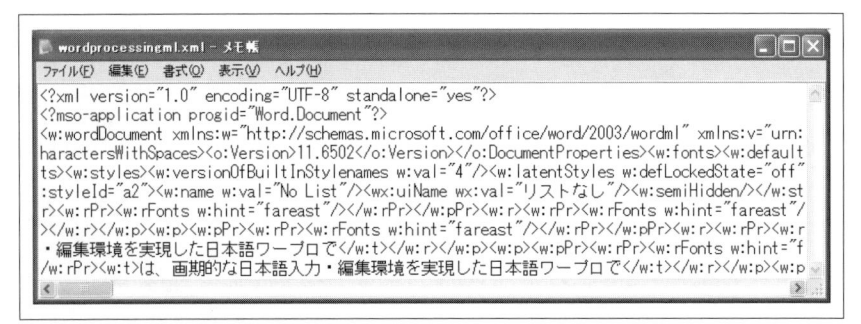

図 65-1 WordprocessingML 文書の例

図 65-2 xmllint によって整形された文書

がいくつか公開されています。これらの Windows 版は http://www.zlatkovic.com/libxml.en.html（英文）で公開されています。これらのツールの中でも、xmllintコマンドは特に便利です。--formatというオプションを付けてこのコマンドを実行すると、読み込んだXML文書に空白や改行を追加し、読みやすく表示してくれます。WordprocessingML の学習や、XSLT を使って生成した WordprocessingML 文書のチェックなどに xmllint は効果的です。

WordprocessingML文書をメモ帳で表示すると、図65-1のようになります。文書全体がわずか数行の中にすべて押し込まれてしまい、人間が読んで正しく理解するのは困難です。

この文書に対してxmllint --formatコマンドを実行すると、図65-2のような文書が生成されます。改行やインデントが挿入されたおかげで、図65-1と比べて格段に読みやすい文書になりました。

libxml プロジェクトでは、xsltproc という名前のコマンドライン版 XSLT プロセッサも開発しています。その他には、Java で実装された XSLT プロセッサとして Saxon（http://saxon.sourceforge.net/、英文）や Xalan-Java（http://xml.apache.org/xalan-j/、英文）などが挙げられます。

HACK #66 メモ帳を使って Word 文書を作成する

簡単な文書であれば、メモ帳を使って作成できます。わざわざ Word を起動する必要もありません。

1行や2行しかないWord文書でも、一度XML形式で保存すると入力した文字列に加えて大量のデータが追加されます。

ただし、このような追加のデータがWordprocessingML文書中に存在しなかった場合、次に保存するときにWordがデータを補ってくれます。つまり、WordprocessingML文書を作成する際には基本的なデータ構造だけ記述すればよいということになります。

ためしに、メモ帳などのテキストエディタを使って以下のようなWordprocessingML文書を作ってみましょう。

```xml
<?xml version="1.0"?>
<?mso-application progid="Word.Document"?>
<w:wordDocument
    xmlns:w="http://schemas.microsoft.com/office/word/2003/wordml">
  <w:body>
    <w:p>
      <w:r>
        <w:t>Hello, World!</w:t>
      </w:r>
    </w:p>
  </w:body>
</w:wordDocument>
```

図66-1　Word 用の XML 文書

図66-2　Word 上で開いた XML 文書

　w:body 要素が文書中の本文に相当します。w:p は段落、w:r は行区切りで仕切られた範囲、w:t は実際の文字列にそれぞれ対応します。

　このファイルを Hello.xml というファイル名で保存したら、ファイルが保存されたフォルダをエクスプローラで開いてみましょう。すると図66-1 のように、XML 文書と Word 文書が組み合わさったようなアイコンが表示されます。

　このアイコンをダブルクリックすると、普段使っているXMLビューア(多くの場合Internet Explorer) ではなくWordが起動します(図66-2)。このファイルをWord上で上書き保存してからテキストエディタで開くと、**[Hack #65]** の図65-1のように大量の情報が追加されていることが分かるはずです。

　Internet Explorer (あるいは通常のXMLビューア)ではなくWordが起動したのは、文書中に次のような行が記述されているためです。

```
<?mso-application progid="Word.Document"?>
```

　これは「処理命令 (Processing Instruction)」と呼ばれ、XML 文書と Word を関連付ける役割を果たします。このような処理命令は他の Office アプリケーションでも使われており、progid として Excel では Excel.Sheet、InfoPath では InfoPath.Document がそれぞれ使われてい

ます。

　この Hack を通じて、普通のテキストエディタを使って Word 文書を作成できるということを理解していただけたかと思います。ただ、この WordprocessingML 文書には基本的な構造と本文の文字列しか記述されておらず、書式などについては［標準］スタイルに頼っています。より複雑な WordprocessingML 文書の作成方法については、「XML 文書を Word 文書に変換する」（[Hack #67]）を参考にしてください。

—— Evan Lenz

HACK #67 XML 文書を Word 文書に変換する

XSLT スタイルシートを正しく作成すれば、通常の XML 文書を Word 文書へと簡単に変換できます。

　WordprocessingML の魅力は、プログラムなどによって作成された XML 文書を人手を介さずに Word 文書へと変換できるという点にあります。ここでは、HTML にやや似ている以下のような XML 文書を題材に、この文書を WordprocessingML の構文にのっとった Word 文書に変換する方法を紹介します。まず、メモ帳などのテキストエディタで以下の XML 文書を作成し、simpleDocument.xml というファイル名で保存します。保存の際、文字コードには必ず UTF-8 を指定してください。

```
<doc>
    <h1> これは文書のタイトルです。</h1>
    <para> これは <emphasis> 斜体 </emphasis> です。</para>
    <h2> これは第 2 レベルの見出しです。</h2>
    <para> これは <strong> 太字 </strong> です。</para>
    <para> これは <strong><emphasis> 太字斜体 </emphasis>
            </strong> です。</para>
    <para><emphasis><strong> これも </strong></emphasis> です。</para>
    <para> また、<emphasis> ここは斜体で <strong> ここは太字斜体
            </strong></emphasis> です。</para>
    <para> そして、<strong> ここは太字で <emphasis> ここは太字斜体で、
            </emphasis> ここではやっぱり太字 </strong> です。</para>
</doc>
```

　この XML 文書は、ルートとなる doc 要素の下に para、h1、h2 の各要素が同じレベルで並んだフラットな構造を持っています。

　この XML 文書を変換して、図 67-1 のような Word 文書を生成することをこの Hack では目指します。生成された Word 文書の中では、XML 文書中のそれぞれの要素がそれぞれの書式に対応しています。例えば h1 要素は太字でフォントサイズも大きく表示され、emphasis 要素は斜体で、strong 要素は太字でそれぞれ表示されています。

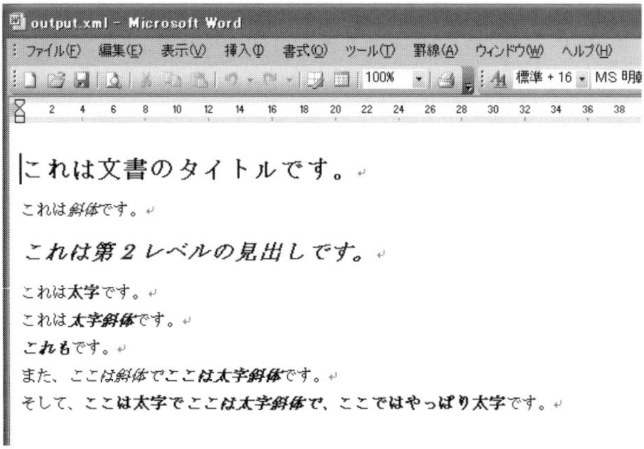

図 67-1　変換後の WordprocessingML 文書

コード

　WordprocessingML文書への変換には以下に示すようなXSLTスタイルシートを使います。それぞれのxsl:template要素に、元のXML文書中の各要素や文字列に対応する「テンプレート規則」が記述されます。XSLTプロセッサは元のXML文書を先頭からチェックし、テンプレート規則に記述されている内容に基づいて段落（w:p要素）、テキスト（w:t要素）やその他の書式設定などを出力します。

　テキストエディタで以下のような文書を作成し、先ほどのsimpleDoc.xmlと同じフォルダにcreateWordDocument.xsl というファイル名で保存してください。

```
<xsl:stylesheet version="1.0"
  xmlns:xsl="http://www.w3.org/1999/XSL/Transform"
  xmlns:w="http://schemas.microsoft.com/office/word/2003/wordml">

<xsl:output indent="yes"/>

<xsl:template match="/">
  <xsl:processing-instruction name="mso-application">
    <xsl:text>progid="Word.Document"</xsl:text>
  </xsl:processing-instruction>
  <w:wordDocument>
    <xsl:attribute name="xml:space">preserve</xsl:attribute>
    <w:body>
      <xsl:apply-templates select="/doc/*"/>
    </w:body>
  </w:wordDocument>
</xsl:template>
```

```
<xsl:template match="h1 | h2 | para">
  <w:p>
    <xsl:apply-templates/>
  </w:p>
</xsl:template>

<xsl:template match="h1/text()">
  <w:r>
    <w:rPr>
      <w:sz w:val="32"/>
      <w:b/>
    </w:rPr>
    <w:t>
      <xsl:copy/>
    </w:t>
  </w:r>
</xsl:template>

<xsl:template match="h2/text()">
  <w:r>
    <w:rPr>
      <w:sz w:val="28"/>
      <w:b/>
      <w:i/>
    </w:rPr>
    <w:t>
      <xsl:copy/>
    </w:t>
  </w:r>
</xsl:template>

<xsl:template match="para/text()">
  <w:r>
    <w:t>
      <xsl:copy/>
    </w:t>
  </w:r>
</xsl:template>

<xsl:template match="emphasis/text()">
  <w:r>
    <w:rPr>
      <w:i/>
    </w:rPr>
    <w:t>
      <xsl:copy/>
    </w:t>
  </w:r>
</xsl:template>

<xsl:template match="strong/text()">
  <w:r>
```

```
            <w:rPr>
              <w:b/>
            </w:rPr>
            <w:t>
              <xsl:copy/>
            </w:t>
          </w:r>
        </xsl:template>

        <xsl:template match="emphasis/strong/text() | strong/emphasis/text()"
                      priority="1">
          <w:r>
            <w:rPr>
              <w:i/>
              <w:b/>
            </w:rPr>
            <w:t>
              <xsl:copy/>
            </w:t>
          </w:r>
        </xsl:template>

      </xsl:stylesheet>
```

ここで使われているテンプレート規則のうち、ポイントとなるものについて簡単に解説します。まず、以下のテンプレート規則はh1、h2、paraの3つにマッチします。これらの要素のいずれかが記述されていると、w:p要素が生成され、元の文書中の要素がWord文書での段落に対応付けられます。

```
        <xsl:template match="h1 | h2 | para">
          <w:p>
            <xsl:apply-templates/>
          </w:p>
        </xsl:template>
```

また、xsl:apply-templates要素はマッチした要素の子要素に対して引き続きマッチングを行うということを意味します。そのマッチングの結果、子要素に対して別のテンプレート規則が適用されることになります。例えば以下のテンプレート規則は、emphasis要素の直下にある文字列に対して適用されます。

```
        <xsl:template match="emphasis/text()">
          <w:r>
            <w:rPr>
              <w:i/>
            </w:rPr>
            <w:t>
              <xsl:copy/>
            </w:t>
```

```
        </w:r>
    </xsl:template>
```

このテンプレート規則の中では、w:i 要素が最も重要な役割を果たしています。WordprocessingML文書の中にこの要素が存在すると、一連の文字列（w:r要素に囲まれた部分）が斜体で表示されるようになります。w:t要素には、w:rの中で実際に表示される文字列が格納されます。また、xsl:copy要素はマッチした文字列をそのまま出力先の文書に表示させるという意味を持ちます。

Hack の実行

変換を行うには、DOS（コマンド）プロンプトを開いてsimpleDocument.xmlなどを保存したフォルダに移動し、以下のコマンドを実行します。

```
> msxsl simpleDocument.xml createWordDocument.xsl -o output.xml
```

すると変換結果としてoutput.xmlというファイルが生成されます。このファイルをエクスプローラ上でダブルクリックすると、図 67-1 のような Word 文書が表示されます。

さらなる Hack

先ほどのスタイルシートを使うと、文字列に対して直接文字サイズや太字などの書式設定が行われてしまいます。そこでスタイルを作成し、そのスタイルを使って書式設定を行うようにしてみましょう。スタイルはw:styles 要素（以下の文書中で、太字で表示されている部分）を使って作成します。

以下のXSLTスタイルシートを、同じディレクトリにcreateStyledWordDoc.xslというファイル名で保存しましょう。

```
<xsl:stylesheet version="1.0"
    xmlns:xsl="http://www.w3.org/1999/XSL/Transform"
    xmlns:w="http://schemas.microsoft.com/office/word/2003/wordml">

    <xsl:output indent="yes"/>

    <xsl:template match="/">
      <xsl:processing-instruction name="mso-application">
        <xsl:text>progid="Word.Document"</xsl:text>
      </xsl:processing-instruction>
      <w:wordDocument>
        <xsl:attribute name="xml:space">preserve</xsl:attribute>
        <w:styles>
          <w:style w:styleId="h1" w:type="paragraph">
            <w:name w:val="Heading 1"/>
```

```
            <w:rPr>
              <w:sz w:val="32"/>
              <w:b/>
            </w:rPr>
          </w:style>
          <w:style w:styleId="h2" w:type="paragraph">
            <w:name w:val="Heading 2"/>
            <w:rPr>
              <w:sz w:val="28"/>
              <w:b/>
              <w:i/>
            </w:rPr>
          </w:style>
          <w:style w:styleId="emphasis" w:type="character">
            <w:name w:val="Italic"/>
            <w:rPr>
              <w:i/>
            </w:rPr>
          </w:style>
          <w:style w:styleId="strong" w:type="character">
            <w:name w:val="Bold"/>
            <w:rPr>
              <w:b/>
            </w:rPr>
          </w:style>
          <w:style w:styleId="emphasisAndStrong" w:type="character">
            <w:name w:val="Bold and Italic"/>
            <w:rPr>
              <w:b/>
              <w:i/>
            </w:rPr>
          </w:style>
        </w:styles>
        <w:body>
          <xsl:apply-templates select="/doc/*"/>
        </w:body>
      </w:wordDocument>
    </xsl:template>

    <xsl:template match="h1">
      <w:p>
        <w:pPr>
          <w:pStyle w:val="h1"/>
        </w:pPr>
        <xsl:apply-templates/>
      </w:p>
    </xsl:template>

    <xsl:template match="h2">
      <w:p>
        <w:pPr>
          <w:pStyle w:val="h2"/>
        </w:pPr>
        <xsl:apply-templates/>
```

```
      </w:p>
</xsl:template>

<xsl:template match="para">
  <w:p>
    <xsl:apply-templates/>
  </w:p>
</xsl:template>

<xsl:template match="h1/text() | h2/text() | para/text()">
  <w:r>
    <w:t>
      <xsl:copy/>
    </w:t>
  </w:r>
</xsl:template>

<xsl:template match="emphasis/text()">
  <w:r>
    <w:rPr>
      <w:rStyle w:val="emphasis"/>
    </w:rPr>
    <w:t>
      <xsl:copy/>
    </w:t>
  </w:r>
</xsl:template>

<xsl:template match="strong/text()">
  <w:r>
    <w:rPr>
      <w:rStyle w:val="strong"/>
    </w:rPr>
    <w:t>
      <xsl:copy/>
    </w:t>
  </w:r>
</xsl:template>

<xsl:template match="emphasis/strong/text() | strong/emphasis/text()"
              priority="1">
  <w:r>
    <w:rPr>
      <w:rStyle w:val="emphasisAndStrong"/>
    </w:rPr>
    <w:t>
      <xsl:copy/>
    </w:t>
  </w:r>
</xsl:template>

</xsl:stylesheet>
```

スタイルに関する詳細についてはここでは触れませんが、実際に文字列に対してスタイルを適用するにはw:rStyle要素を使うということだけは覚えておくとよいでしょう。

```
<xsl:template match="emphasis/text()">
  <w:r>
    <w:rPr>
      <w:rStyle w:val="emphasis"/>
    </w:rPr>
    <w:t>
      <xsl:copy/>
    </w:t>
  </w:r>
</xsl:template>
```

ここではemphasisという識別子が指定されていますが、これはスタイルシートの先頭付近で以下のように宣言されています。

```
<w:style w:styleId="emphasis" w:type="character">
  <w:name w:val="Italic"/>
  <w:rPr>
    <w:i/>
  </w:rPr>
</w:style>
```

いずれのスタイルシートを使っても、生成された文書の外見はまったく変わりません。例えばemphasis要素中の文字列はともに斜体で表示されます。書式設定が文字列に対して直接行われるか、スタイルを使って指定されるかという点だけが異なります。

——Evan Lenz

HACK #68 XSLTを使って複数のWord文書を一括処理する

XSLTを使い、複数のWordprocessingML文書から情報を抜き出して1つのWordprocessingML文書にまとめてみましょう。

WordprocessingMLとXSLTがあれば、複数のWord文書に対して何らかの一括処理を行うのはとても簡単です。文書の変換に関する詳細は「XSLTを使って文書を整形する」(**[Hack #69]**)に譲り、ここでは複数のWord文書から情報を抜き出したレポートの作成に焦点を絞ります。具体的には、それぞれの文書に含まれているコメントをすべて抜き出したものを1つのレポートにまとめます。このレポートもWord文書になります。

まず空のフォルダと5つの適当なWord文書(もちろん、コメントも入力しておいて下さい)を用意し、それぞれの文書をXML形式でこのフォルダに保存します。ファイル名は以下のようにしましょう。

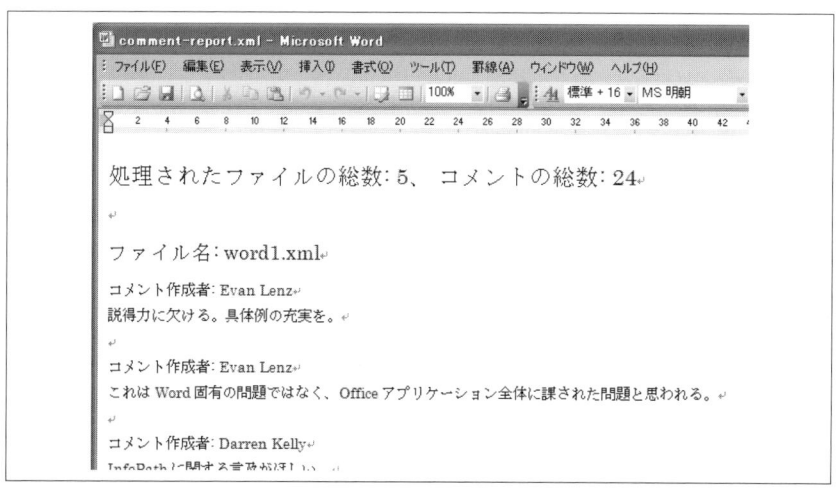

図68-1　複数の文書から抜き出されたコメント

- word1.xml
- word2.xml
- word3.xml
- word4.xml
- word5.xml

それぞれの文書に入力されているコメントを、その作成者も含めて図68-1のように表示させることを目標とします。

次に以下のようなXML文書を作成し、先ほど作成したフォルダにfile-list.xmlというファイル名で保存してください。

```
<input-files>
  <file>word1.xml</file>
  <file>word2.xml</file>
  <file>word3.xml</file>
  <file>word4.xml</file>
  <file>word5.xml</file>
</input-files>
```

処理対象のファイルを変更したい場合は、file要素を適宜変更してください。

コード

レポートを生成するためのコードは以下の通りです。同じフォルダに、bulk-report.xslというファイル名で保存してください。保存の際、文字コードとしてUTF-8を必ず指定してください。

```
<xsl:stylesheet version="1.0"
  xmlns:xsl="http://www.w3.org/1999/XSL/Transform"
  xmlns:w="http://schemas.microsoft.com/office/word/2003/wordml"
  xmlns:aml="http://schemas.microsoft.com/aml/2001/core">

  <xsl:variable name="input-docs" select="document(/input-files/file)"/>

  <xsl:variable name="all-comments"
     select="$input-docs//aml:annotation[@w:type='Word.Comment']"/>

  <xsl:template match="/">
    <xsl:processing-instruction name="mso-application">
      <xsl:text>progid="Word.Document"</xsl:text>
    </xsl:processing-instruction>
    <w:wordDocument>
      <xsl:attribute name="xml:space">preserve</xsl:attribute>
      <w:body>
        <w:p>
          <w:r>
            <w:rPr>
              <w:sz w:val="32"/>
            </w:rPr>
            <w:t>処理されたファイルの総数: </w:t>
            <w:t>
              <xsl:value-of select="count(input-files/file)"/>
            </w:t>
            <w:t>、コメントの総数: </w:t>
            <w:t>
              <xsl:value-of select="count($all-comments)"/>
            </w:t>
          </w:r>
        </w:p>
        <w:p/>
        <xsl:for-each select="input-files/file">
          <w:p>
            <w:r>
              <w:rPr>
                <w:sz w:val="28"/>
              </w:rPr>
              <w:t>ファイル名: <xsl:value-of select="."/></w:t>
            </w:r>
          </w:p>
          <xsl:apply-templates select="document(.)//aml:annotation
                                      [@w:type='Word.Comment']"/>
        </xsl:for-each>
```

```
        </w:body>
      </w:wordDocument>
    </xsl:template>

    <xsl:template match="aml:annotation">
      <w:p>
        <w:r>
          <w:t>コメント作成者: <xsl:value-of select="@aml:author"/></w:t>
        </w:r>
      </w:p>
      <xsl:copy-of select="aml:content/*"/>
      <w:p/>
    </xsl:template>

</xsl:stylesheet>
```

このスタイルシートを使うと、まずレポートの概要としてファイルとコメントの総数が表示されます。

```
<w:t>処理されたファイルの総数: </w:t>
<w:t>
  <xsl:value-of select="count(input-files/file)"/>
</w:t>
<w:t>、コメントの総数: </w:t>
<w:t>
  <xsl:value-of select="count($all-comments)"/>
</w:t>
```

次にfile-list.xmlに記述されているfile要素のそれぞれについて、まず見出しとしてファイル名を表示します。

```
<xsl:for-each select="input-files/file">
  <w:p>
    <w:r>
      <w:rPr>
        <w:sz w:val="28"/>
      </w:rPr>
      <w:t>File: <xsl:value-of select="."/></w:t>
    </w:r>
  </w:p>
  ...
</xsl:for-each>
```

> w:sz要素のw:val属性に指定されている数値は、フォントサイズが0.5ポイントの何倍かということを表します。したがって上の例 (`<w:sz w:val="28"/>`) では14ポイントのフォントが使われます。

以下のように XSLT の document 関数を利用すると、文書中のすべての aml:annotation 要素のうち w:type 属性の値が Word.Comment であるものだけを抜き出せます。

```
<xsl:apply-templates select="document(.)//aml:annotation
        [@w:type='Word.Comment']"/>
```

そしてそれぞれのコメントについて、作成者を1段落目に表示し、コメント本文を次の段落に表示しています。以下の部分がこの処理に該当します。

```
<xsl:template match="aml:annotation">
  <w:p>
    <w:r>
      <w:t>From <xsl:value-of select="@aml:author"/>:</w:t>
    </w:r>
  </w:p>
  <xsl:copy-of select="aml:content/*"/>
  <w:p/>
</xsl:template>
```

Hack の実行

DOS(コマンド)プロンプトを開き、ファイルを保存したフォルダで以下のコマンドを実行します。

```
> msxsl file-list.xml bulk-report.xsl -o comment-report.xml
```

生成された comment-report.xml ファイルをダブルクリックすると、図68-1のような文書が表示されます。

—— Evan Lenz

HACK #69 XSLT を使って文書を整形する

文書を印刷または配布する前に、書式の設定が統一されているかどうかチェックしたり、不要なコメントを削除したりすることがあるかと思います。XSLT を使い、このようなこまごました処理を自動で行ってしまいましょう。

この章ではこれまでに、Word 文書を生成したり([Hack #67])そこから情報を抜き出したり([Hack #68])してきました。この Hack では、XSLT を使って Word 文書の内容を書き換えようと思います。厳密には元の文書から新しい文書を作成するのですが、後に新しい文書で元の文書を上書きすることがほとんどであり、実質的に文書を直接変更するのと変わりはありません。XSLT を使った場合は必ずこのような手順が行われます。

ここで紹介する XSLT スタイルシートを使うと、元の文書の中から不要と思われるいくつ

かの情報が削除されます。作者とタイトル以外の文書プロパティ、ユーザー定義の文書プロパティすべて、コメント、スペルミスの語句、削除や書式変更の履歴などがすべて削除されます。同時に、文書の表示形式を［下書き］に変更し、表示倍率を 100% に戻します。

コード

テキストエディタを使って以下のようなXSLスタイルシートを作成し、cleanup.xslというファイル名で保存してください。文字コードには UTF-8 を使います。

```
<xsl:stylesheet version="1.0"
  xmlns:xsl="http://www.w3.org/1999/XSL/Transform"
  xmlns:w="http://schemas.microsoft.com/office/word/2003/wordml"
  xmlns:o="urn:schemas-microsoft-com:office:office"
  xmlns:aml="http://schemas.microsoft.com/aml/2001/core">

  <!-- 特に指定がないものについては、すべてそのままコピーします -->
  <xsl:template match="@*|node()">
    <xsl:copy>
      <xsl:apply-templates select="@*|node()"/>
    </xsl:copy>
  </xsl:template>

  <!-- 表示形式を［下書き］に、表示倍率を 100% に指定します -->
  <xsl:template match="w:docPr">
    <xsl:copy>
      <w:view w:val="normal"/>
      <w:zoom w:percent="100"/>
      <xsl:apply-templates select="*[not(self::w:view or self::w:zoom)]"/>
    </xsl:copy>
  </xsl:template>

  <!-- 作者とタイトル以外の文書プロパティをすべて削除します -->
  <xsl:template match="o:DocumentProperties">
    <xsl:copy>
      <xsl:copy-of select="o:Author|o:Title"/>
    </xsl:copy>
  </xsl:template>

  <!-- ユーザー定義の文書プロパティをすべて削除します -->
  <xsl:template match="o:CustomDocumentProperties"/>

  <!-- コメントとコメント参照をすべて削除します -->
  <xsl:template match="aml:annotation[starts-with(@w:type,
      'Word.Comment')]"/>

  <!-- スペルミスに関する情報を削除します -->
  <xsl:template match="w:proofErr"/>

  <!-- 削除の履歴を削除します -->
```

```
<xsl:template match="aml:annotation[@w:type='Word.Deletion']"/>

<!-- 書式変更の履歴を削除します -->
<xsl:template match="aml:annotation[@w:type='Word.Formatting']"/>

<!-- 挿入の履歴を削除します -->
<xsl:template match="aml:annotation[@w:type='Word.Insertion']">
  <!-- 挿入された文字は残します -->
  <xsl:apply-templates select="aml:content/*"/>
</xsl:template>

</xsl:stylesheet>
```

このスタイルシートは「恒等変換」と呼ばれる手法を使っています。冒頭に現れる、以下のテンプレート規則が重要な役割を果たしています。

```
<xsl:template match="@*|node()">
  <xsl:copy>
    <xsl:apply-templates select="@*|node()"/>
  </xsl:copy>
</xsl:template>
```

やや呪文めいて見えますが、この部分が恒等変換の中核となっています。このテンプレート規則を適用すると、すべてのノード(要素や属性、文字列など)がそのまま変更されずに出力されます。特に指定がない場合は、このテンプレート規則が文書全体に対して適用されます。つまり、他にテンプレート規則がなければ元のXML文書と生成されたXML文書はまったく同一になります。しかし適用可能なテンプレート規則が他にも存在する場合は、恒等変換のテンプレート規則は優先順位が低いため適用されません。

一方、テンプレート規則の中に何も記述されていない場合は、マッチしたノードは削除されます(厳密には、コピーされないという表現の方がより正確です。しかし、他のすべてのノードはそのままコピーされるので実質的に削除と同等です)。例えば、以下のテンプレート規則が適用されると o:CustomDocumentProperties 要素は削除されます。

```
<!-- ユーザー定義の文書プロパティをすべて削除します -->
<xsl:template match="o:CustomDocumentProperties"/>
```

Hack の実行

まず、コメントやスペルミスなどを含む文書を適当に作成し(図69-1)、[Webレイアウト]に表示形式を変更します。この文書をXML形式で、先ほどのXSLファイルと同じフォルダに保存します。ファイル名はdirty.xmlとします。DOS(コマンド)プロンプトを開き、このフォルダで次のコマンドを実行します。

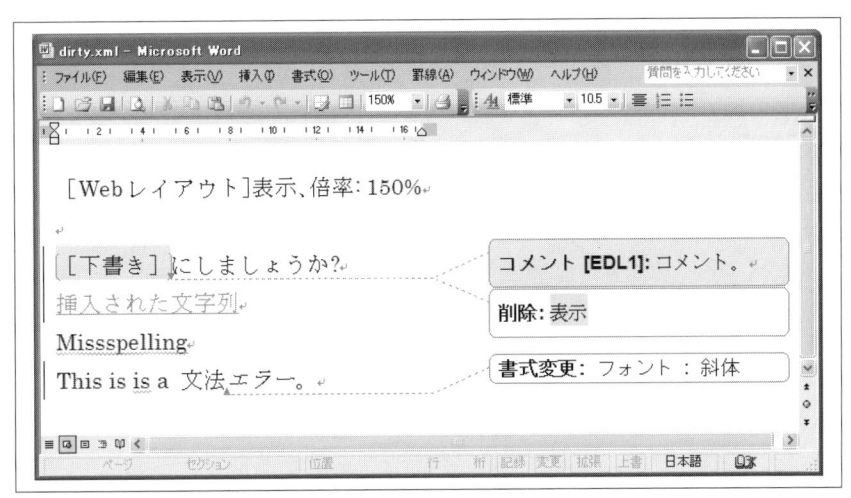

図 69-1　不要なデータを多く含む文書（dirty.xml）

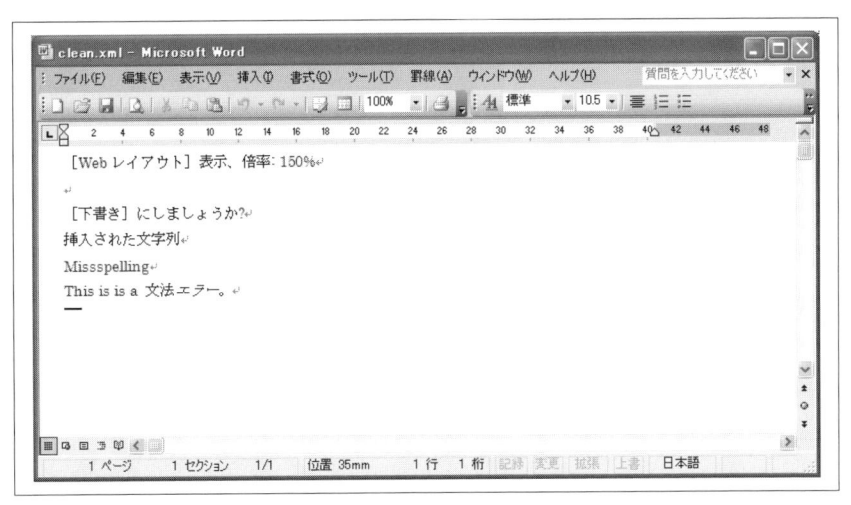

図 69-2　変換後の文書（clean.xml）

```
> msxsl dirty.xml cleanup.xsl -o clean.xml
```

すると図69-2のような文書がclean.xmlというファイル名で生成されます。両者を見比べれば、効果は歴然です。

コメントや変更の履歴は削除され、表示形式は［下書き］に変更され、表示倍率は100%に戻ります。スペルを間違えた単語はそのまま残っていますが、その単語がスペルミスである

という情報は削除されています。文法ミスについても同様で、うっとうしい破線は表示されなくなります。

さらなる Hack

このように XSLT を使って Word 文書を修正するというのは、決して筆者の単なる思い付きではありません。Office 2003 の Professional 版か単体の Word 2003 を持っていれば、文書を保存するときに Word のユーザーインタフェースを使って XSLT による変換の処理を呼び出せます。

Word で dirty.xml を開き、［ファイル（F）］→［名前を付けて保存（A）...］を選択します。［ファイルの種類（T）］で［XML ドキュメント（*.xml）］を選び、［変換の適用（A）］をチェックして［変換（M）...］をクリックします。ここで XSLT スタイルシートとして cleanup.xsl を指定すると、文書が変換され、元の文書は変換後の文書で上書きされます。

> Office 2003 を使っていても、Standard 版や Personal 版などでは［変換の適用］チェックボックスが表示されません。

—— Evan Lenz

HACK #70 Word 上で Google サーチを行う

XML Web サービスを使い、Word のマクロ上で Google にアクセスする方法を紹介します。

この Hack では、Word の中から Google の検索エンジンにアクセスしてみます。検索ワードを入力すると、マッチしたサイトのアドレスが表示されるようなマクロを作成します。

Visual Basic Editor 上での準備

Google のトップページはとてもシンプルですが、Word のマクロから Google にアクセスするための手順は若干複雑です。その概略は以下の通りです。

1. Office Web Services Toolkit を Microsoft の Web サイトからダウンロードしてインストールします（無料）。Microsoft のダウンロードセンター（http://www.microsoft.com/downloads/search.aspx?displaylang=ja）で、「Office Web Services Toolkit」を検索してみてください。

2. Google 関連のマクロを保存するためのテンプレートを新規作成します。Google にアクセスするためのコードが Office Web Services Toolkit によって自動生成されるので、

関連するコードは1つのテンプレートにまとめておくとよいでしょう。まず白紙の文書を新規作成し、［ファイル（F）］→［名前を付けて保存（A）...］を選択してこの文書を［文書テンプレート（*.dot）］として保存します。

3. 作成されたテンプレートが開いている状態で、［ツール（T）］→［マクロ（M）］→ Visual Basic Editor（V）］を選択します。［ツール（T）］メニューの中に、［Web Service References（W）...］という項目が追加されていることを確認します（図70-1）。

4. ［ツール（T）］→［Web Service Reference（W）...］を選択します。［Web Service References Tool］ダイアログボックスで、［キーワード（K）］に **google** と入力して［検索（S）］をクリックします。しばらく待つと図70-2のように検索結果が表示されるので、［GoogleSearchService］の左隣にあるチェックボックスをチェックして［追加（A）］をクリックします。

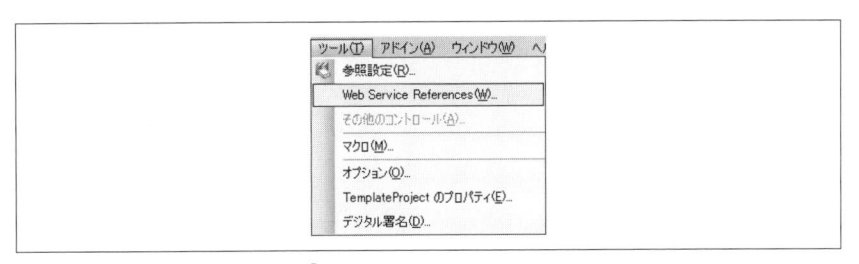

図70-1 ［Web Service References］コマンド

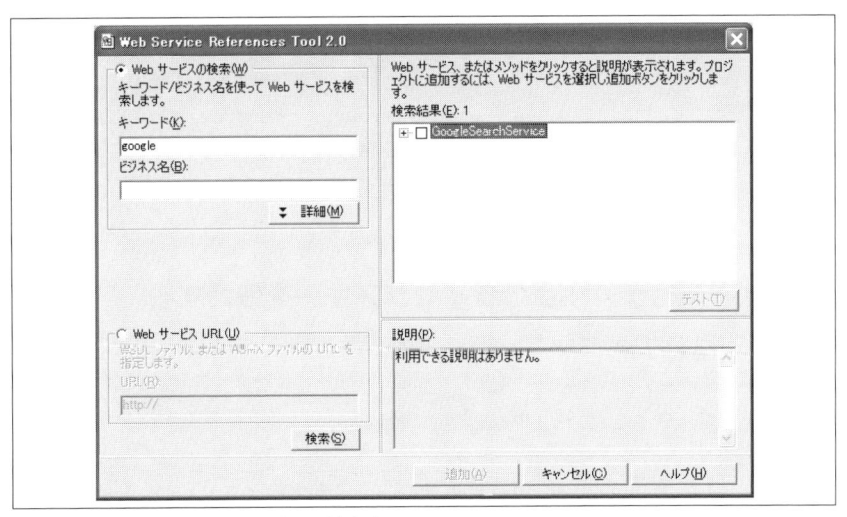

図70-2 GoogleのWebサービスを検索する

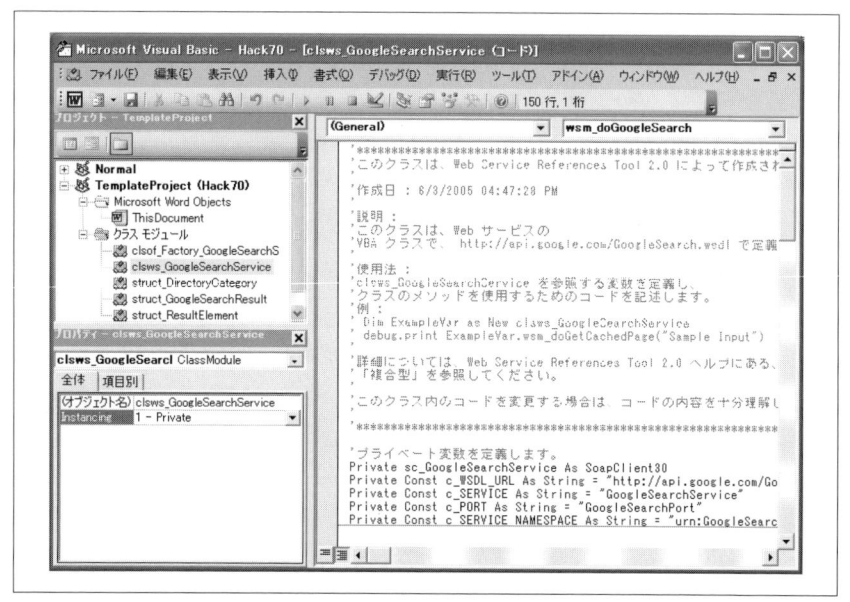

図70-3　Office Web Services Toolkit によって生成されたコード

［追加(A)］をクリックすると、Visual Basic Editor のウィンドウ上で何かが開いたり閉じたりといった現象が少しの間立て続けに発生します。これは、Webサービスにアクセスするためのコード(図70-3)がテンプレートに追加されているためです。

> Office Web Services Toolkit が生成するコードは、Google からダウンロードされた WSDL(Web Services Description Language)ファイルがベースになっています。Office Web Services ToolkitはWebサービスにアクセスするために必要な情報をWSDLから取り出し、これに基づいてVBAのコードを生成しています。

Google Web APIs のライセンスキーを取得する

Google の API (Application Programming Interface) を利用するには、ライセンスキーを取得する必要があります。Googleサーチを行う際にはこのキーをリクエストの中に含める必要があります。ライセンスキーは http://www.google.com/apis で取得できます(無料)。

> Google Web APIsの詳細についてはO'Reillyの "Google Hacks"（邦題同じ）をご覧ください。

ライセンスキーを申請すると、このような文字列がライセンスキーとしてGoogleから電子メールで届きます。

```
12BuCK13mY5hOE/39KNOcK@tTH3DoOR
```

コードを利用する際には、**ライセンスキーをここに入力**という部分に自分のライセンスキーを入力してください。

コード

先ほどのテンプレートが開いている状態で、Visual Basic Editor を起動しそのテンプレートを選択します。そして［挿入(I)］→［標準モジュール(M)...］を選択し、以下のコードを入力します。

```vb
Sub SimpleGoogleSearch()
Dim vSearchResults As Variant
Dim v As Variant
Dim sResults As String
Dim sGoogleAPIKey As String
Dim sSearchQuery As String
Dim lStart As Long
Dim lMaxResults As Long
Dim bFilter As Boolean
Dim sRestrict As String
Dim bSafeSearch As Boolean
Dim sLanguageRestrict As String
Dim sInputEncoding As String
Dim sOutputEncoding As String
Dim google_search As New clsws_GoogleSearchService

sGoogleAPIKey = "ライセンスキーをここに入力"
lStart = 1
lMaxResults = 10
bFilter = True
sRestrict = ""
bSafeSearch = False
sLanguageRestrict = ""
sInputEncoding = "UTF-8"
sOutputEncoding = "UTF-8"

sSearchQuery = InputBox("検索ワードを入力してください")
If Len(sSearchQuery) = 0 Then Exit Sub

vSearchResults = google_search.wsm_doGoogleSearch( _
    str_key:=sGoogleAPIKey, _
    str_q:=sSearchQuery, _
    lng_start:=lStart, _
    lng_maxResults:=lMaxResults, _
```

```
                bln_filter:=bFilter, _
                str_restrict:=sRestrict, _
                bln_safeSearch:=bSafeSearch, _
                str_lr:=sLanguageRestrict, _
                str_ie:=sInputEncoding, _
                str_oe:=sOutputEncoding).resultElements

    On Error Resume Next
    For Each v In vSearchResults
        sResults = sResults & v.URL & vbCr
    Next v
    If Len(sResults) <> 0 Then
        MsgBox "以下のサイトがヒットしました: " & vbCr & sResults
    Else
        MsgBox "ヒットするサイトはありませんでした"
    End If

End Sub
```

まず、以下のように宣言することによって、Googleサーチを呼び出すためのクラスのインスタンスを作成しています。このクラスはOffice Web Services Toolkitが生成したものです。

```
Dim google_search As New clsws_GoogleSearchService
```

GoogleサーチをおこなうためのAPI呼び出しはやや複雑です。google_searchオブジェクトには10個もの引数が必要になります。それぞれの引数の意味は以下の通りです。詳細についてはO'Reillyの"*Google Hacks*"（邦題同じ）をご覧ください。

str_key

 Googleから取得したライセンスキーを指定します。これを指定しないと検索を行えません。

str_q

 検索ワードを指定します。複数の語句を指定したり、オプションを追加したりすることも可能です。

lng_start

 検索結果の中で、何番目のものを取得するかを指定します。1回のアクセスで取得する検索結果を10個とすると、例えばここに16という値を指定すると16から25までの検索結果が返され、300と指定すれば300から309までが返されます。ただし、検索結果の先頭には1ではなく0という番号が付いています。つまり実際には、ここで16を指定すると正確には17番目から26番目までの結果が返されることになります。この番号付け方法は奇妙に思われるかもしれませんが、プログラミングの世界で

は一般的であり、使っているうちにきっと慣れてくるでしょう。なお、ここでは0から999までの値を指定できます。検索結果は最大1,000個までしか返されないためです。

lng_maxResults
何個の検索結果を返してほしいかを指定します。1回のアクセスで取得できるのは最大10個であり、1から10までの値を指定できます。

bln_filter
フィルタというと成人向けコンテンツの制限などを連想しがちですが、ここでのフィルタは類似したページを検索結果から除くためのものです。ここでTrueを指定すると、タイトルや本文がよく似ているページが同一ホスト上または同一サイト内に3つ以上あっても、検索結果としては先頭の2件しか返されません。

str_restrict
これもコンテンツの制限とは関係ありません。検索結果を特定のジャンルに制限する場合に指定します。指定できるキーワードとしては、unclesam(アメリカ政府)、linux(Linux)、mac(Macintosh)、bsd(FreeBSD)があります。また、特定の国のコンテンツだけを対象に検索することもできます。この場合の指定方法についてはAPIドキュメントを参照してください。これらの制限を行いたくない場合は、空文字列("")を指定してください。

bln_safeSearch
これがコンテンツの制限のための引数です。ここでTrueを指定すると、問題のある(成人向けなど)コンテンツは検索結果に含まれなくなります。

str_lr
特定の言語のページだけを検索したい場合に指定します。指定できる言語名についてはAPIドキュメントに掲載されています。ここで空文字列を指定すると、すべての言語のページが検索対象になります。
例えば、日本語のページだけを検索したい場合はlang_jaと指定します。複数の言語のページにまたがって検索を行いたい場合は、言語名をパイプ(|)で区切って指定します。日本語または英語のページを検索したい場合は、lang_ja|lang_enと指定します。
特定の言語のページを除いて検索したい場合は、言語名の前にマイナス記号(-)を追加します。例えば英語以外のページを検索するには、-lang_enと指定します。

str_ie
: 検索ワードが使っている文字コードを指定します。APIドキュメントには「リクエストにはUTF-8を使うべきであり、検索結果にもUTF-8が使われていると仮定してよい」と記されています。初期バージョンのAPIではlatin1やcyrillicなど多くの文字コードを利用できましたが、現在ではUTF-8に一本化されています。実際、UTF-8以外の文字コードを指定しても無視されてしまいます。

str_oe
: 検索結果の文字コードを指定します。上で述べた通り、現在では必ずUTF-8です。

Hackの実行

Hackを実行するには、まずVisual Basic Editorを終了してWordに戻ります。［ツール(T)］ → ［マクロ(M)］ → ［マクロ(M) ...］を選択し、SimpleGoogleSearchを選んで［実行(R)］をクリックします。すると、まず図70-4のようなダイアログボックスが表示されます。

検索ワードを入力して［OK］をクリックし、しばらく待つと別のダイアログボックスが表示されます。ここには検索ワードにヒットしたページのURLが表示されます(図70-5)。

このマクロは実際のところあまり役には立ちませんが、読者自身のアイデアでさまざまな機能拡張が可能です。例えば検索結果を表形式でWord文書に追加したり、作業ウィンドウに表示したりといった応用が考えられます。

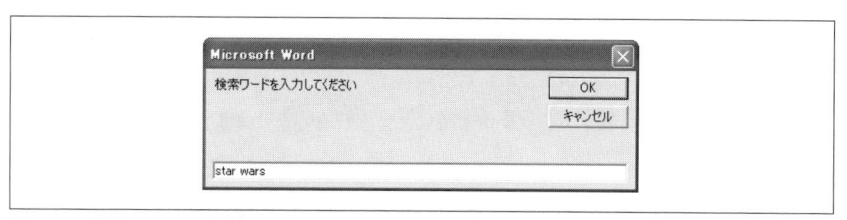

図70-4　検索ワードの入力

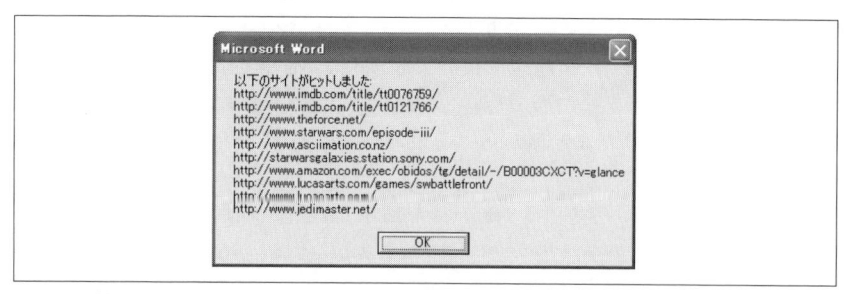

図70-5　検索結果の表示

索引

記号

↵(改行マーク) xiv
.ini ファイル 185
.reg ファイル 34
_(アンダースコア) xiv
{ }(フィールド文字) 191
（文字） 142

A

Acrobat 234
ActivePerl 243
ActiveState 243
ActiveX 240
ASCII 116
AutoExec 163
AUTOTEXTLIST フィールド 193

C

COM 240
COM オートメーション 237
COM オブジェクトの作成 243
cos 210

D

Data キー 57
DATE フィールド 195
DLL 243
Dynamic Link Library 243

E

Emacs 風のキー入力 109
Excel 238

Extensible Markup Language 233

F

FaceID Browser 187
FileSearch オブジェクト 161

G

Ghostscript 234, 235
GhostWord 234, 236
Google Web APIs 272
Google の検索エンジン 270
GSview 235

H

Hack ix
Hello, World 10

I

IIf 177
INCLUDETEXT フィールド 225
IntelliSense 15
Internet Explorer 上で表示しない 32

L

Len 関数 176
libxml プロジェクト 252

M

Macintosh 版の Word xi
MACROBUTTON フィールド 192
Microsoft Office テンプレート xii
Microsoft Office の公式サイト xi

msxsl.exe 252

N

Normal.dot 56, 155

O

Office Update xi
Office Web Services Toolkit 270
Office アシスタントをカスタマイズする 41
OpenOffice.org ix
Option Explicit 12
Optional 属性 159
Outlook オブジェクト 139

P

PDF ファイルを作成する 234
PDK 243
Perl 241
　〜のコードを呼び出す 243
Perl Dev Kit 243
Perl Package Manager 151
Perl スクリプト 150
PPM 151
Processing Instruction 254
Python 242

Q

QFE 300
Quick Fix Engineering 300

R

RegExp オブジェクト 121
regsvr32 246
Rich Text Format 150
RTF 150
Ruby 242

S

ScreenUpdating プロパティ 70
Shell 関数 247
Shift_JIS 116
sin 210
STARTUP フォルダ 157

T

tan 210

U

Unicode 116

V

VBA .... ix, 8
　〜の Shell 関数 247
　〜のコードを高速化する 175
VBacs 109
vbNullString 定数 176
VBScript 121
Visual Basic Editor 15
Visual Basic for Applications .... ix, 8

W

Web Services Description Language 272
Windows 版の Word xi
winword 56, 60
Woody's Watch xii
WOPR vii
Word xi
　〜から Perl のコードを呼び出す 243
　〜関連のニュースグループ xii
　〜の MVP サイト xii
　〜のオブジェクトモデル 17
　〜の基本操作 19
　〜のステータスバー 178
　〜のダイアログボックス 172
　Windows 版の〜 xi
　Macintosh 版の〜 xi
Word.Application オブジェクト 237
WordprocessingML 233, 253
WSDL 272

X

XML 233
xmllint コマンド 253
XSLT 262, 266
XSLT スタイルシート 256
XSLT プロセッサ 251

あ行

アイコン 187

アウトライン	101
〜を使って組織図を作成する	103
［新しい文書］作業ウィンドウ	35
アドイン	155
アプリケーションイベント	168
アンダースコア（_）	xiv
一時ファイル	161
〜を削除する	54
一括処理	262
イベント	168
イベントハンドラ	168
［イミディエイト］ウィンドウ	15
インターセプト	165
上書きモードを無効化する	128
オートマクロ	163
〜を無効化する	164
オブジェクトモデル	17

か行

改行マーク（↵）	xiv
隠し文字	90
角度	210
各ページにタイトルを表示する	82
箇条書き	93
下線の作成	74
関数	202
起動方法を変更する	59
脚注を表示する	80
キャラクター	41
クラスモジュール	48
グリッド線	73
クリップボードにコピー	115
グローバルテンプレート	155
〜にマクロを追加する	157
〜の作成	156
計算実行	113
検索結果の文字列	125
コードを1行ずつ実行する	16
コマンド	2
〜の名前を調べる	166
〜の優先順位	167
〜を対話的に実行する	172
〜を削除する	135
〜を文字列に変換する	137

さ行

再帰呼び出し	228
最近使ったファイル	45
最終印刷時刻	200
最終保存時刻	200
作業ウィンドウ	35
〜にテンプレートを追加する	36
〜に文書を追加する	36
作業メニュー	58
サブメニュー	25
サブルーチン	9
三角関数の計算	209
算術演算子	201
参照元	222
事前バインディング	240
実行時バインディング	240
自動生成された文字スタイル	142
ショートカットキー	3
ショートカットメニュー	2
〜に登録する	193
〜をカスタマイズする	19
処理命令	254
数式フィールド	201
数値の表示形式を指定する	207
スクリプト言語からWordを操作する	241
スタートアップスイッチ	60
スタイル区切り	89
スタイルを設定する	75
スタイルを変更する	91
ステータスバーに文字列を表示	178
図表番号	211
〜を自動生成する	213
正規表現を使って検索する	120
整数同士の割り算	175
セッション	63
設定項目	31
セマフォ	248
相互参照	217, 222
組織図を作成する	103

た行

ターゲット	222
ダイアログボックス	172
対数の計算	209
タブ	13
〜の種類	73
〜を使って下線を引く	72
段落スタイル	142
段落番号	93
ツールチップ	159
ツールバー	2
〜上のボタンを入れ替える	3
〜の名前	25
常にすべてのメニューを表示する	2

テキスト入力欄	192
テンプレート	106
〜を使ってマクロを管理する	155
通し番号	214
特殊文字	70
〜を検索する	118
〜を入力する	116
トラブルシューティング	54

な行

年度を表示する	199
年齢を計算する	200

は行

ハイパーリンクを解除する	131
ハック	ix
バリアント型	176
比較演算子	202
日付計算	195
ビュー	23
表示オプション	6
表示形式	23
ファイルサイズを節約する	149
フィールドコード	227
〜を文字列に変換する	227
フィールド文字({ })	191
フォントの一覧を表示する	67
ブックマーク	223
〜を削除する	134
プログレスバーを表示	178
文書間で相互参照	222
文書テンプレート	155
文書に通し番号を付ける	214
編集記号を表示させる	6
棒グラフを作成する	77
ボキャブラリ	233
ボタンにスタイルを割り当てる	95
ボタン用のアイコン	187

ま行

マイドキュメント	29
マイクロソフトヘルプとサポート	xii
マクロ	ix
〜の実行	13
〜の整理	12
〜のデバッグ	12
〜の保存先	11
〜を自動実行する	163
マクロ入門	8
マクロ名の付け方	158
メニュー項目を追加する	22
メニュー項目を変更する	5
メニューへの登録	25
メモ帳	253
目次に表示する	88
文字コード	116
〜を調べる	120
文字スタイル	142
文字列を表にする	83
文字列をフィールドコードに変換する	228

や行

ユーザー設定	1, 21
ユーザーフォームの作成	50

ら行

リストテンプレート	149
ルーラー	78
レジストリのDataキー	57
レジストリのバックアップ	57
論理関数	203

わ行

ワークグループテンプレート	106
枠線を表示する	83

● **訳者紹介**

日向 あおい（ひゅうが あおい）

推定精神年齢2歳の自称プログラマー。同5歳の妻、実年齢0歳の息子とともに神奈川県に暮らす。精神年齢で息子に追いつかれる日も近いと思われる。

● **カバーの説明**

本書の表紙にはハンドミキサーが描かれています。電気を使ったミキサーに関する世界初の特許は1885年に登録されました。しかし当時のミキサーは工業的な色彩が強く、ケーキの生地を泡立てるというよりはむしろペンキを攪拌する方が適しているのではないかというような外見でした。1930年代には、モーターが組み込まれたふたでガラス製の容器を覆うような形のミキサーもありました。そして第2次世界大戦ごろには、扇風機のようにモーターをスタンド上部に固定し、その下にボウルを置くといった形式のものが現れました。後にミキサーはどんどん小型化し、取っ手が付いて簡単に持ち運べるようになりました。ハンドミキサーの誕生です。今日ではこのように手軽なハンドミキサーからスタンド式の強力なものまでさまざまなバリエーションがあります。

Word Hacks
—— プロが教える文書活用テクニック

| 2005年7月23日 | 初版第1刷発行 |
| 2007年7月3日 | 初版第2刷発行 |

著　　　者	Andrew Savikas（アンドリュー・サビカス）
訳　　　者	日向 あおい（ひゅうが あおい）
発　行　人	ティム・オライリー
印刷・製本	株式会社平河工業社
発　行　所	株式会社オライリー・ジャパン
	〒160-0002　東京都新宿区坂町26番地27　インテリジェントプラザビル1F
	Tel　（03）3356-5227
	Fax　（03）3356-5263
	電子メール　japan@oreilly.co.jp
発　売　元	株式会社オーム社
	〒101-8460　東京都千代田区神田錦町3-1
	Tel　（03）3233-0641（代表）
	Fax　（03）3293-6224

Printed in Japan（ISBN4-87311-238-9）
乱丁、落丁の際はお取り替えいたします。

本書は著作権上の保護を受けています。本書の一部あるいは全部について、株式会社オライリー・ジャパンから文書による許諾を得ずに、いかなる方法においても無断で複写、複製することは禁じられています。